U0802284

# 概率论与数理统计

主　编　李海军　窦林立
副主编　俞珊珊　展正然　范毅君
　　　　张　曼　杨少静

辽宁大学出版社 | 沈阳
Liaoning University Press

**图书在版编目（CIP）数据**

概率论与数理统计/李海军，窦林立主编. --沈阳：辽宁大学出版社，2024.12.--ISBN 978-7-5698-1646-4

Ⅰ.O21

中国国家版本馆 CIP 数据核字第 2024YF0031 号

**概率论与数理统计**

GAILÜ LUN YU SHULI TONGJI

出 版 者：辽宁大学出版社有限责任公司

（地址：沈阳市皇姑区崇山中路 66 号　邮政编码：110036）

印 刷 者：河北浩润印刷有限公司

发 行 者：辽宁大学出版社有限责任公司

幅面尺寸：185mm×260mm

印　　张：17.75

字　　数：280 千字

出版时间：2024 年 12 月第 1 版

印刷时间：2024 年 12 月第 1 次印刷

责任编辑：张　蕊

封面设计：徐澄玥

责任校对：范　微

书　　号：ISBN 978-7-5698-1646-4

定　　价：78.00 元

联系电话：024-86864613

邮购热线：024-86830665

网　　址：http://press.lnu.edu.cn

# 前言

近年来，随着我国经济建设与科学技术的迅速发展，高等教育进入了一个飞速发展时期，已经突破了以前的精英式教育，发展成为一种终身学习的大众化教育，高等学校教育教学观念不断更新，教育改革不断深入，在这个背景下，我们按照普通高校对概率论与数理统计教学的基本要求，突出应用，结合学生实际，编写了本教材 .

本书内容包括随机事件及其概率、随机变量及其分布、多维随机变量及其分布、随机变量的数字特征、大数定律和中心极限定理、样本及抽样分布、参数估计、假设检验 .

与现有同类教材相比，本书有如下特点：兼顾各个层次学生的实际情况，以易于学生接受的方法介绍概率论与数理统计的基本内容，在注重理论基础的同时，还考虑到基本知识的具体应用，书中正文页面设置了“学习笔记区”，便于学生记录老师补充的内容及自己的体会等 . 本书主要用作高等学校理工科本科及经济、管理类各专业的教材，同时也可作为科技及工程技术人员的参考资料 .

全书分为两部分：概率论部分（第一章至第五章），其中第一章由范毅君编写，第二章由张曼编写，第三章由展正然编写，第四章、第五章由俞珊珊编写；数理统计部分（第六章至第八章），其中第六章、第七章由窦林立编写，第八章由杨少静编写 . 全书由李海军、窦林立统稿 . 此外，本教材从立项到出版得到了保定理工学院领导、教务处和基础课教学部领导的大力支持，在此一并表示衷心的感谢 .

由于编者水平有限，书中难免有不妥之处，希望使用本教材的教师和学生提出宝贵意见 .

编 者

2013 年 10 月

# 目录

## 第一章　随机事件及其概率



## 第二章　随机变量及其分布



## 第三章　多维随机变量及其分布

## 第四章 随机变量的数字特征



## 第五章 大数定律和中心极限定理



## 第六章 样本及抽样分布



## 第七章 参数估计



## 第八章 假设检验

# 第一章

# 随机事件及其概率

概率论与数理统计是高等院校理工类、经管类的重要课程之一，是一门研究随机现象数量规律的数学学科，也是近代数学的重要组成部分．20 世纪以来，它的理论与方法已广泛应用于工业、农业、军事和科学技术等各个领域，同时它又向基础学科、工科学科渗透，与其他学科相结合发展成为边缘学科．本章介绍的随机事件及其概率是概率论中最基本、最重要的概念之一．

## 第一节 随机事件

### 一、随机现象

在自然界和人类的社会活动中，会发生各种各样的现象，这些现象大体可以分为两类．一类现象是事先可以预言的，在一定条件下，必然发生或必然不发生的现象，称为必然现象或确定性现象．

例如：

（1）同性电荷相斥，异性电荷相吸．

（2）在一个标准大气压下，纯水加热至 100℃必然沸腾．

我们在前面学过的高等数学、微积分和线性代数都是研究必然现象的数学工具．

另一类现象是事先不能预言的，在一定条件下我们事先无法准确预知其结果的现象，称为偶然现象或随机现象．

例如：

（1）某运动员投篮一次，可能投中也可能投不中．

（2）当我们走出校园到达第一个十字路口时，遇到的可能是红灯，也可能是绿灯.

从表面上看，随机现象的结果是不可预知的，呈现出不确定性，似乎毫无规律. 但是，人们在经过长期的观察和实践之后，发现这类现象在大量重复出现时，却呈现出某种规律性，我们称之为**统计规律性**. 例如，抛掷硬币试验，在一次试验中，确实无法预料会产生什么结果，但在大量的重复试验中，我们会得到正、反面出现的次数大致相等的规律. 表 1–1 是抛掷硬币试验记录.

**表 1–1　抛掷硬币试验记录**

| 试验者 | 抛掷次数 | 正面出现次数 | 正面出现频率 |
|---|---|---|---|
| 德摩根 | 2048 | 1061 | 0.5181 |
| 蒲丰 | 4040 | 2048 | 0.5069 |
| 费希尔 | 10000 | 4979 | 0.4979 |
| 皮尔逊 | 24000 | 12012 | 0.5005 |

数据表明，当抛掷次数越来越多时，频率越来越集中于 0.5.

又如，为评价一种新药的疗效，通过足够多个病例的试用和观察，可以对其效果做出客观的估计.

概率论与数理统计就是研究随机现象统计规律性的一门学科. 它的理论和方法应用遍及所有科学技术领域、工农业生产、国民经济等部门，特别是随着计算机的普及使用，它在经济管理、金融保险、生物医药等方面的应用也更加广泛、更加深入.

## 二、随机试验

为了研究随机现象的统计规律性，需要进行多次重复的试验、实验和观察，我们把这些工作统称为试验. 通常把具有以下三种特征的试验称为**随机试验**，常用字母 $E$ 来表示.

（1）可重复性：试验可以在相同的条件下重复进行.

（2）可观察性：试验结果可观察，所有可能的结果是明确的.

（3）不确定性：每次试验出现的结果事先不能准确预知．

例如：

$E_1$：掷一枚骰子，观察出现的点数．

$E_2$：掷一枚骰子，观察出现点数的奇偶性．

$E_3$：记录电话交换台一分钟内收到的呼唤次数．

$E_4$：在一批灯泡中，任选一只，观察它的寿命．

注：本书之后提到的试验都是指随机试验．

## 三、样本空间

对于随机试验，尽管每次试验将要出现的结果是不确定的，但其所有可能的结果是明确的，我们把随机试验 $E$ 的所有可能的结果组成的集合称为**样本空间**，记为 $\Omega$（或 $S$）；样本空间的元素，即试验 $E$ 的每个结果称为**样本点**，记为 $\omega$（或 $e$）．对应上部分中的试验可以写出相应的样本空间 $\Omega_k$.

$\Omega_1=\{1,2,3,4,5,6\}$

$\Omega_2=\{奇，偶\}$

$\Omega_3=\{0,1,2,\cdots\}$

$\Omega_4=\{t|0\leqslant t<+\infty\}$

样本空间可以是有限集或无限集，它有以下三种类型．

（1）有限集合：样本空间中的样本点数是有限的，如 $\Omega_1$ 和 $\Omega_2$.

（2）无限可列集合：样本空间中的样本点数是无限的，但可列出，如 $\Omega_3$.

（3）无限不可列集合：样本空间中的样本点数是无限的，但不可列出，如 $\Omega_4$.

注：相同的试验，观察的角度和试验的目的不同，样本空间可能不同，如 $E_1$ 和 $E_2$.

## 四、随机事件

在实际中，人们常常需要研究样本空间中满足某些条件的样本点组成的集合，即关心满足某种条件的试验结果是否会出现．例如，考虑抛出的骰子出现的点数为奇数，则满足这一条件的样本点组成其样本空间 $\Omega_1$ 的一个子集 $A=\{1,3,5\}$，则称 $A$ 为试验 $E_1$ 的一个随机事件．

一般地，我们把试验 $E$ 的样本空间 $\Omega$ 的子集称为**随机事件**，简称事件，用字母 $A$，$B$，$C$ 等表示，事件所描述的含义用“$\{\ \}$”表示．例如，在抛掷骰子的试验中，用随机事件 $A$ 表示事件“点数为奇数”，即 $A=\{1,3,5\}$ 是一个随机事件．若试验的结果出现在 $A$ 中，则称事件 $A$ 发生，否则称 $A$ 不发生．

特别地，把由一个样本点组成的单点集，称为基本事件，记为 $\{\omega\}$．例如，在抛掷骰子的试验中有 6 个基本事件：$\{1\}$，$\{2\}$，$\{3\}$，$\{4\}$，$\{5\}$，$\{6\}$．

**例 1**　从编号分别为 1，2，…，9 的 9 只球中任取一个观察其编号，“取到 6 号球”“取到偶数号球”“取到编号不大于 9”“取到编号大于 9”都是随机事件，可分别记为：

$A=\{$取到 6 号球$\}$

$B=\{$取到偶数号球$\}$

$C=\{$取到编号不大于 9$\}$

$D=\{$取到编号大于 9$\}$

可以看出，随机事件是随机试验中可能发生也可能不发生的事件．在每次试验中一定发生的事件称为**必然事件**，如 $C$；在每次试验中不可能发生的事件称为**不可能事件**，如 $D$.

另外，样本空间 $\Omega$ 包含随机试验的所有可能结果（样本点），它是自身的子集，因此作为事件，它必然发生，所以 $\Omega$ 为必然事件；空集 $\varnothing$ 不包含任何样本点，它也是 $\Omega$ 的子集，所以 $\varnothing$ 称为不可能事件．

显然，必然事件与不可能事件都是确定性事件，为方便讨论，今后将他们看作两个特殊的随机事件．

## 五、事件的关系与运算

事件是样本空间的子集，故事件之间的关系与运算可按集合之间的关系和运算来处理．下面给出这些关系和运算，根据“事件发生”的含义，说明它们在概率论中的含义．

设试验 $E$ 的样本空间为 $\Omega$，而 $A$，$B$，$A_i$ 等是 $\Omega$ 的子集．

### 1. 事件的包含与相等

如果事件 $A$ 发生必然导致事件 $B$ 发生，那么称事件 $B$ 包含事件 $A$，记为

$A \subset B$，如图 1–1 所示．

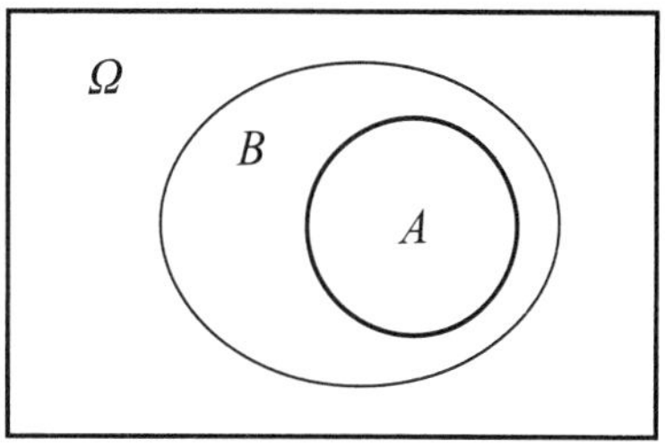

图 1–1

对任一事件 $A$ 有 $\varnothing \subset A \subset \Omega$．

如果 $A \subset B$ 与 $B \subset A$ 同时成立，那么称事件 $A$ 与事件 $B$ 相等，记为 $A = B$.

**例 2**　在一个袋子中有形状大小相同的 5 个球，其中有 2 个红球，3 个白球，从中任取 3 个，设 $A$ 表示“恰取到一个红球”，$B$ 表示“至少取到一个红球”，$C$ 表示“最多取到 2 个白球”，$D$ 表示“取到黑球”，则 $D = \varnothing \subset A \subset B$，$B = C$.

**2. 事件的和**

事件 $A$ 和事件 $B$ 至少有一个发生，称为事件 $A$ 与事件 $B$ 的和（并），记为 $A + B$ 或 $A \cup B$，如图 1–2 阴影部分所示．

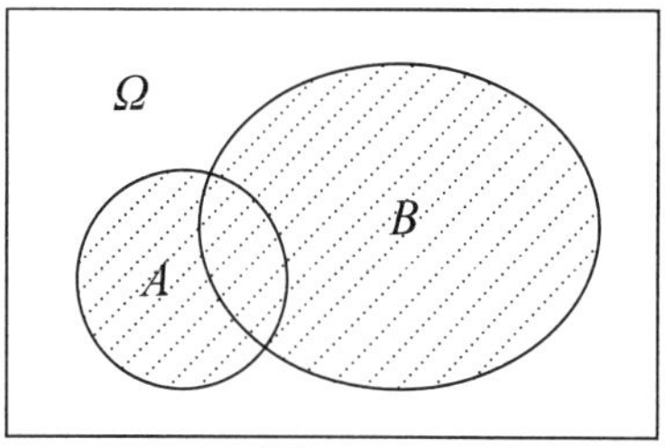

图 1–2

**例 3**　甲、乙同时向一个目标各射击一次，设 $A$ 表示“甲击中目标”，$B$ 表示“乙击中目标”，$C$ 表示“目标被击中”，则事件 $C$ 发生意味着事件 $A$ 和事件 $B$ 至少有一个发生，即 $C = A \cup B$．

事件和的概念可以推广到 $n$ 个事件和的情形：设 $A_1$，$A_2$，⋯，$A_n$ 为这 $n$ 个事件的和（并），记为

$$A = A_1 + A_2 + \cdots + A_n = \sum_{i=1}^{n} A_i .$$

**3. 事件的积**

事件 $A$ 和事件 $B$ 同时发生，称为事件 $A$ 与事件 $B$ 的积（交），记 $AB$ 或 $A \cap B$，如图 1–3 中阴影部分所示．

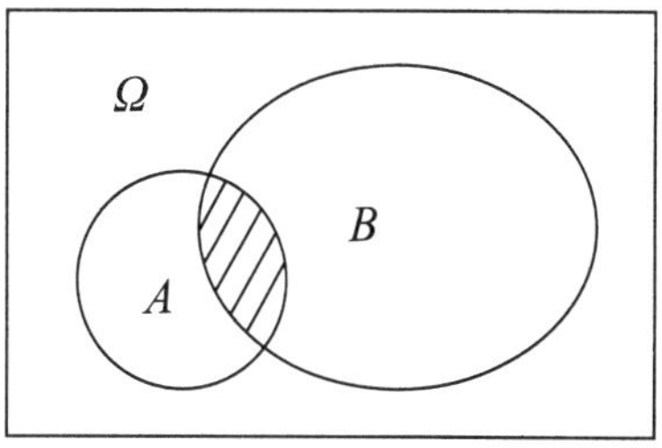

图 1–3

**例 4**　在一个盒子中，有大小形状相同的 3 只球，每次随机地取出一个球，设 $A$={第一次取到了白球}，$B$={第二次取到了白球}，$C$={两次都取到了白球}，则事件 $C$ 发生意味着第一次、第二次取到的都是白球，即 $C = AB$.

同样，事件的积的概念可推广到 $n$ 个事件的积的情形：设 $A_1$，$A_2$，⋯，

$A_n$ 为这 $n$ 个事件的积（交），记为

$$A = A_1 A_2 \cdots A_n = \prod_{i=1}^{n} A_i .$$

4. 事件的差

事件 $A$ 发生而事件 $B$ 不发生，称为事件 $A$ 与事件 $B$ 的差，记为 $A-B$，如图 1–4 中阴影部分所示 .

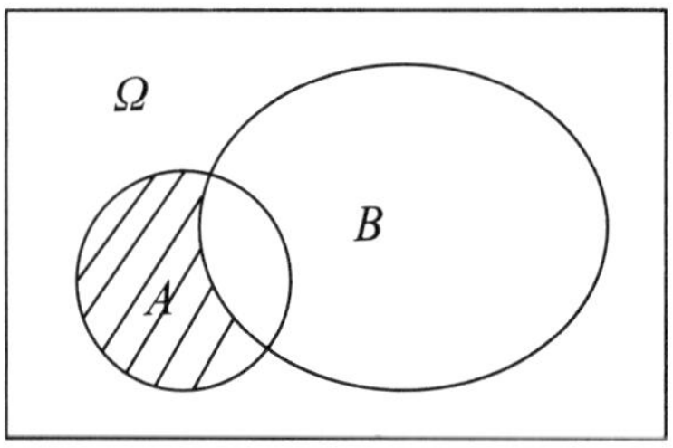

图 1–4

**例 5** 投掷骰子试验中，$A=\{$出现两点$\}=\{2\}$，$B=\{$出现点数小于 3$\}=\{1, 2\}$，则 $B-A=\{1\}$.

5. 互不相容事件（互斥事件）

若事件 $A$ 与事件 $B$ 不能同时发生，即 $AB=\varnothing$，则称事件 $A$ 与事件 $B$ 互不相容（互斥），如图 1–5 所示 .

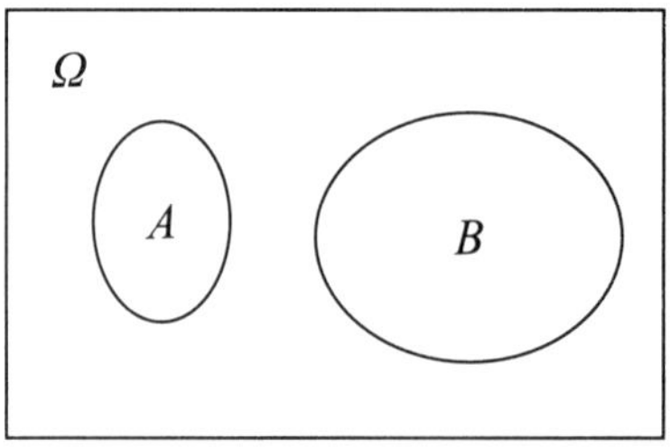

图 1–5

**例 6** 投掷骰子试验中，$A=\{$出现奇数点$\}$，$B=\{$出现偶数点$\}$，$C=\{$出现两点$\}$，则 $A$ 与 $B$，$A$ 与 $C$ 互斥 .

6. 对立事件（互逆事件）

事件 $A$ 和事件 $B$ 互不相容，且 $A \cup B = \Omega$，则称事件 $A$ 和事件 $B$ 为对立事件，也称事件 $A$ 和事件 $B$ 为互逆事件，这时 $B$ 称为 $A$ 的逆事件，记为 $\overline{A}$ . 如图 1–6 中阴影部分所示 .

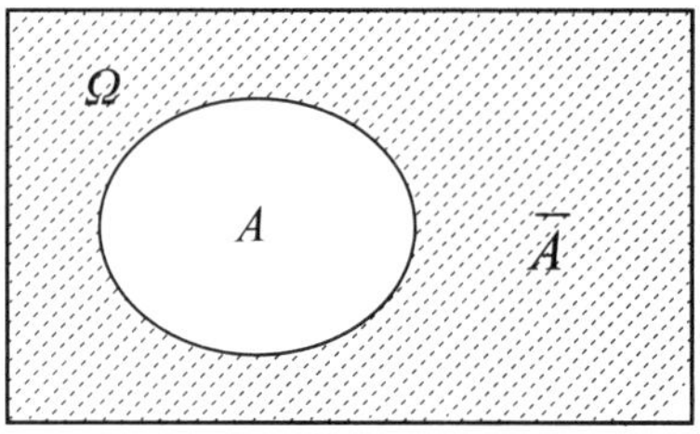

图 1–6

**例 7** 事件 $A=\{$零件合格$\}$ 的对立事件 $\overline{A}=\{$零件不合格$\}$；事件 $B=\{$零件全部合格$\}$的对立事件 $\overline{B}=\{$至少有一个零件不合格$\}$.

一般地，对立事件必然是互斥事件，但互斥事件不一定是对立事件 . 在上例中，$A$ 与 $C$ 互斥，但不是对立事件 .

7. 完备事件组

若随机事件 $A_1$，$A_2$，$\cdots$，$A_n$ 两两互不相容，且 $A_1 \cup A_2 \cup \cdots \cup A_n = \Omega$，则称事件 $A_1$，$A_2$，$\cdots$，$A_n$ 构成一个完备事件组 .

显然$\overline{A}$与 $A$ 构成一个完备事件组 .

事件间的关系与集合的关系是一致的，为了方便，给出对照表表 1–2：

**表 1–2　对照表**

| 记号 | 概率论 | 集合论 |
|---|---|---|
| $\Omega$ | 样本空间，必然事件 | 全集 |
| $\varnothing$ | 不可能事件 | 空集 |
| $\omega$ | 样本点 | 元素 |
| $A$ | 事件 | 子集 |
| $\overline{A}$ | $A$ 的对立事件 | $A$ 的余集 |
| $A\subset B$ | 事件 $A$ 发生导致事件 $B$ 发生 | $A$ 是 $B$ 的子集 |
| $A=B$ | 事件 $A$ 与事件 $B$ 相等 | $A$ 与 $B$ 相等 |
| $A\cup B$ | 事件 $A$ 与事件 $B$ 至少有一个发生 | $A$ 与 $B$ 的和集 |
| $AB$ | 事件 $A$ 与事件 $B$ 同时发生 | $A$ 与 $B$ 的交集 |
| $A-B$ | 事件 $A$ 发生而事件 $B$ 不发生 | $A$ 与 $B$ 的差集 |
| $AB=\varnothing$ | 事件 $A$ 和事件 $B$ 互不相容 | $A$ 与 $B$ 没有相同的元素 |

## 六、事件的运算规律

由集合的运算律，易给出事件间的运算律：

（1）交换律：$A\cup B=B\cup A$，$A\cap B=B\cap A$ .

（2）结合律：$(A\cup B)\cup C=A\cup(B\cup C)$，$(A\cap B)\cap C=A\cap(B\cap C)$ .

（3）分配律：$(A\cup B)\cap C=(A\cap C)\cup(B\cap C)$，

$(A\cap B)\cup C=(A\cup C)\cap(B\cup C)$.

（4）对偶律：$\overline{A\cup B}=\overline{A}\cap\overline{B}$，$\overline{A\cap B}=\overline{A}\cup\overline{B}$ .

（5）幂等律：$A\cup A=A$，$A\cap A=A$ .

（6）吸收律：$A\cup\Omega=\Omega$，$A\cap\Omega=A$；$A\cup\varnothing=A$，$A\cap\varnothing=\varnothing$ .

以上各运算律均可推广到有限个或可数个事件的情形 .

**例 8**　$A$，$B$，$C$ 为三个事件，用 $A$，$B$，$C$ 的运算关系表示下列各事件：

（1）“$A$ 不发生”：$\overline{A}$．

（2）“$A$ 发生而 $B$ 不发生”：$A\overline{B}$．

（3）“$A$ 与 $B$ 都发生，而 $C$ 不发生”：$AB\overline{C}$．

（4）“$A$，$B$，$C$ 至少有一个发生”：$A\cup B\cup C$．

（5）“$A$，$B$，$C$ 至少有一个不发生”：$\overline{A}\cup\overline{B}\cup\overline{C}$ 或 $\overline{ABC}$．

（6）“$A$，$B$，$C$ 中恰有两个发生”：$AB\overline{C}\cup A\overline{B}C\cup\overline{A}BC$．

（7）“$A$，$B$，$C$ 中至少有两个发生”：$AB\cup AC\cup BC$．

（8）“$A$，$B$，$C$ 都不发生”：$\overline{A}\,\overline{B}\,\overline{C}$ 或 $\overline{A\cup B\cup C}$．

注：用其他事件的运算来表示一个事件，方法往往不唯一，如本例中的（5），我们应学会用不同方法表述同一事件，特别在解决具体问题时，往往要根据需要选择一种恰当的表示方法．

## 习题 1.1

1. 用 $A$ 表示事件“甲种产品畅销，乙种产品滞销”，则其对立事件 $B$ 为（　）

   A. “甲种产品滞销，乙种产品畅销”

   B. “甲、乙两种产品均畅销”

   C. “甲种产品滞销”

   D. “甲种产品滞销或乙种产品畅销”

2. 写出下列随机试验的样本空间：

   （1）生产产品直到有 10 件正品为止，记录生产产品的总件数．

   （2）从标有 1，2，3，4，5 这 5 张卡片中任取 2 张．

   （3）在单位圆内任意取一点，记录它的坐标．

3. 两个事件互不相容与两个事件对立有何区别？举例说明．

4. 证明：$(A\cup B)-B=A-B$．

## 第二节　随机事件的概率

对一个随机试验，人们不仅需要知道它可能会出现哪些结果，更希望知道某些事件在一次试验中发生的可能性的大小．为此，我们首先引入频率的概念，它描述了事件发生的频繁程度，进而引出表征事件在一次试验中发生的可能性大小的常数——概率．

### 一、频率

**定义 1**　若在相同条件下进行 $n$ 次试验，其中事件 $A$ 发生的次数为 $n_A$，则称

$$f_n(A)=\frac{n_A}{n}=\frac{\text{事件 }A\text{ 出现的次数}}{\text{试验的总次数}}$$

为事件 $A$ 发生的频率，$n_A$ 称为频数．

显然，频率具有下列性质：

（1）非负性：对任意事件 $A$，有 $f_n(A)\geqslant 0$，进一步地，$0\leqslant f_n(A)\leqslant 1$.

（2）规范性：$f_n(\Omega)=1$．

（3）可加性：若 $A_1$，$A_2$，…，$A_n$ 是两两互不相容的事件，则

$$f_n(A_1\cup A_2\cup\cdots\cup A_n)=f_n(A_1)+f_n(A_2)+\cdots+f_n(A_n)\ .$$

事件 $A$ 发生的频率 $\frac{n_A}{n}$ 的大小反映了事件发生的频繁程度，频率越大，事件 $A$ 发生越频繁，意味着 $A$ 在一次试验中发生的可能性越大，反之亦然．一个随机事件的频率与试验的次数和频数有关，因而不是一个固定的常数，那么能否用频率表示事件 $A$ 在一次试验中发生的可能性的大小呢？先看下面的例子．

**例 1**　为检查某种小麦的发芽情况，从一大批种子中抽取 10 批种子做发芽试验，其结果见表 1–3.

表 1–3 试验结果

| 种子粒数 | 2 | 5 | 10 | 70 | 130 | 310 | 700 | 1500 | 2000 | 3000 |
|---|---|---|---|---|---|---|---|---|---|---|
| 发芽粒数 | 2 | 4 | 9 | 60 | 116 | 282 | 639 | 1339 | 1806 | 2715 |
| 发芽频率 | 1 | 0.8 | 0.9 | 0.857 | 0.892 | 0.910 | 0.913 | 0.893 | 0.903 | 0.905 |

由表 1–3 可以看出，在抽取的 10 批种子中，发芽粒数随着种子粒数的不同而不同，也就是说，频率不是一个固定的数值，它具有波动性．但随着种子粒数的增加，发芽率仅在 0.9 附近有微小变化，这里 0.9 就是频率的稳定值．

大量试验表明，在多次重复试验中，同一事件发生的频率不尽相同，但却在某一固定的常数附近摆动，呈现出一定的稳定性．随着试验次数的增加，这种现象越显著，我们把这种“频率的稳定性”称为**统计规律性**，频率接近的固定常数看作相应事件的概率，于是得到概率的统计定义．

**定义 2** 在大量的重复试验中，若事件 $A$ 发生的频率稳定地在某一常数 $P$ 附近摆动，则把这个数 $P$ 称为事件 $A$ 的概率，记为 $P(A)=P$.

根据这一定义，在实际应用时，往往可用试验次数足够多时的频率来估计概率的大小，且随着试验次数的增加，估计的精度会越来越高．

## 二、概率的公理化定义

概率的统计定义从直观上给出了概率的定义，然而它在理论上和应用中又存在着缺陷．从理论上讲，人们会问：为什么频率具有稳定性？（要回答这个问题，需要用到大数定律．）从应用上讲，由于经济成本的限制，尤其是一些破坏性试验，不可能进行大量的重复试验，同时，没有充分的理由认为，试验 $n+1$ 次计算出的频率会比试验 $n$ 次的更接近所求的概率，$n$ 多大才好呢？没法确定．因此，必须研究概率更加严格的数学化定义．从频率的稳定性及其性质得到启发，给出概率的公理化定义．

**定义 3** 设随机试验 $E$ 的样本空间为 $\Omega$，对于任意事件 $A$ 赋予一个实数，记为 $P(A)$，若集合函数 $P(\cdot)$ 满足下列三个条件：

（1）非负性：对任意事件 $A$，有 $P(A)\geqslant 0$.

（2）规范性：对于必然事件 $\Omega$，有 $P(\Omega)=1$.

（3）可列可加性：设 $A_1$，$A_2$, …是两两互不相容的事件，则有

$$P(\bigcup_{i=1}^{\infty} A_i) = \sum_{i=1}^{\infty} P(A_i) \ ,$$

则称 $P(A)$ 为事件 $A$ 的概率 .

## 三、概率的性质

利用概率的定义，可推出概率的一些重要性质 .

**性质 1**　$P(\varnothing)=0$.

**证明**　令 $A_n=\varnothing$（$n=1,2,\cdots$），则 $\bigcup_{i=1}^{\infty} A_i=\varnothing$, 且 $A_iA_j=\varnothing$ $(i\neq j, i, j=1,2,\cdots)$. 由概率的可列可加性得

$$P(\varnothing)=P(\bigcup_{i=1}^{\infty} A_i)=\sum_{i=1}^{\infty} P(A_i)=\sum_{i=1}^{\infty} P(\varnothing) .$$

由概率的非负性知，$P(\varnothing)\geqslant 0$，故由上式可知 $P(\varnothing)=0$.

**性质 2**（有限可加性）若 $A_1$，$A_2$，…，$A_n$ 是两两互不相容的事件，则

$$P(A_1\cup A_2\cup\cdots\cup A_n)=P(A_1)+P(A_2)+\cdots+P(A_n) \ .$$

**证明**　令 $A_{n+1}=A_{n+2}=\cdots=\varnothing$，即有

$$A_iA_j=\varnothing \ (i\neq j, i, j=1,2,\cdots) .$$

由概率的可列可加性得

$$\begin{aligned} P(A_1\cup A_2\cup\cdots\cup A_n) &= P(\bigcup_{i=1}^{\infty} A_i)=\sum_{i=1}^{\infty} P(A_i)=\sum_{i=1}^{n} P(A_i)+\sum_{i=n+1}^{\infty} P(A_i) \\ &= \sum_{i=1}^{n} P(A_i)+0=P(A_1)+P(A_2)+\cdots+P(A_n). \end{aligned}$$

特别地，若 $A$，$B$ 互不相容，则 $P(A\cup B)=P(A)+P(B)$ .

**性质 3**（逆事件的概率）对任一事件 $A$，有 $P(\bar{A})=1-P(A)$ .

**证明**　因 $A\cup\bar{A}=\Omega$，且 $A\bar{A}=\varnothing$，由性质 2，得

$$1=P(\Omega)=P(A\cup\bar{A})=P(A)+P(\bar{A}),\ 因此 P(\bar{A})=1-P(A). .$$

**性质 4**　若 $B\subset A$，则有 $P(A-B)=P(A)-P(B)$，且有 $P(A)\geqslant P(B)$.

**证明**　由 $B\subset A$ 知 $A=B\cup(A-B)$，且 $B(A-B)=\varnothing$，由概率的有限可加性

得 $P(A)=P(B)+P(A-B)$，故 $P(A-B)=P(A)-P(B)$，由概率的非负性 $P(A-B)\geqslant 0$ 知 $P(A)\geqslant P(B)$.

**性质 5** 对任一事件 $A$，有 $P(A)\leqslant 1$.

**证明** 因 $A\subset\Omega$，由性质 4 可得 $P(A)\leqslant P(\Omega)=1$.

**性质 6** （加法公式）对任意两事件 $A, B$ 有

$$P(A\cup B)=P(A)+P(B)-P(AB).$$

**证明** 因 $A\cup B=A\cup(B-AB)$, 且 $A\cap(B-AB)=\varnothing$, 又 $AB\subset B$, 故有

$$P(A\cup B)=P(A)+P(B-AB)=P(A)+P(B)-P(AB).$$

注：加法公式可推广到 $n$ 个事件的情形．当 $n$=3 时，有

$$P(A\cup B\cup C)=P(A)+P(B)+P(C)-P(AB)-P(BC)-P(AC)+P(ABC).$$

**例 2** 已知 $P(A)=0.5$, $P(B)=0.4$, $P(\bar{A}B)=0.2$，求：

（1）$P(AB)$.（2）$P(A\text{-}B)$.（3）$P(A\cup B)$．（4）$P(\bar{A}\bar{B})$

**解** （1）因为 $AB+\bar{A}B=B$，且 $AB\cap\bar{A}B=\varnothing$, 故有

$$P(AB)=P(B)-P(\bar{A}B)=0.4-0.2=0.2.$$

（2）$P(A-B)=P(A)-P(B)=0.5-0.2=0.3$.

（3）$P(A\cup B)=P(A)+P(B)-P(AB)=0.5+0.4-0.2=0.7$.

（4）$P(\bar{A}\bar{B})=P(\overline{A\cup B})=1-P(A\cup B)=1-0.7=0.3$.

## 习题 1.2

1. 下列说法正确的是（　）

A. 任一事件的概率总在（0，1）之内　　B. 不可能事件的概率不一定为 0

C. 必然事件的概率一定为 1　　D. 以上均不对

2. 设 $P(A)=0.2$，$P(A\cup B)=0.4$，且 $A$ 和 $B$ 互不相容，求 $P(B)$.

3. 已知 $P(A)=P(B)=P(C)=\dfrac{1}{4}$，$P(AB)=P(BC)=\dfrac{1}{16}$，求 $A, B, C$ 三个事件中至少出现一个的概率．

## 第三节　等可能概型

本节讨论两类比较简单的随机试验，随机试验中每个样本点的出现是等可能的情形，即等可能概型．这类随机试验是最简单的概率模型，是概率论发展初期的主要研究对象．

### 一、古典概型

我们称具有下列两个特征的随机试验模型为古典概型：

（1）试验的基本结果只有有限个．

（2）试验中每个基本事件发生的可能性相同．

**定义 1**　试验 $E$ 是只含有 $n$ 个基本事件的古典概型，随机事件 $A$ 中包含 $k$ 个基本事件，则 $A$ 发生的概率为

$$P(A)=\frac{k}{n}=\frac{A\text{包含的基本事件数}}{E\text{中基本事件的总数}}$$

根据上式要计算古典概型中事件 $A$ 的概率，必须先确定清楚基本事件的含义，然后再计算基本事件的总数和 $A$ 中包含的基本事件数．这样，一个求概率的问题转化为一个计数的问题，在这些计数的计算中，排列组合是常用的知识．

**例 1**　抛掷一颗匀质骰子，观察出现的点，求“出现的点数是小于 4 的奇数”的概率．

**解**　设 $A$={出现小于 4 的奇数}，则基本事件总数 $n=6$，$A$ 包含基本事件“出现 1 点”和“出现 3 点”，即 $k=2$，故

$$P(A)=\frac{2}{6}=\frac{1}{3}.$$

**例 2**　设 10 件产品中，有 3 件次品，其余均为正品，求：

（1）任取一件，是次品的概率．

（2）任取两件，刚好有一件正品，一件次品的概率．

**解** （1）10件产品中任取一件，共有$C_{10}^1=10$种取法，10件产品中有3件次品，取一件次品的取法有$C_3^1=3$种，根据古典概率计算，事$A$={取到产品为次品}，则

$$P(A)=\frac{C_3^1}{C_{10}^1}=\frac{3}{10}.$$

（2）10件产品中任取两件的取法有$C_{10}^2=45$种，其中刚好有一件正品、一件次品的取法有$C_3^1C_7^1$种，记$B$={刚好一件正品，一件次品}，则

$$P(B)=\frac{C_3^1C_7^1}{C_{10}^2}=\frac{7}{15}.$$

**例3** 用1，2，3，4，5，6这6个数排成四位数，求：

（1）没有相同数字的四位数的概率．

（2）没有相同数字的四位偶数的概率．

**解** 设$A$={没有相同数字的四位数}，$B$={没有相同数字的四位偶数}，基本事件总数$n=6^4$.

（1）事件$A$包含的基本事件数为$k_A=A_6^4$，所以$P(A)=\frac{A_6^4}{6^4}=\frac{5}{18}$.

（2）事件$B$包含的基本事件数为$k_B=A_5^3A_3^1$，所以$P(B)=\frac{A_5^3A_3^1}{6^4}=\frac{5}{36}$.

**例4** 设盒中有3只白球，2只红球．从盒中随机取出一只球，连续取两次．

（a）第一只取出后放回，再取第二只．

（b）每一只取出后不放回，接着取第二只．

试求在以上两种情况下，以下各事件的概率：

（1）取到2只白球．

（2）取到2只颜色相同的球．

（3）至少取到1只白球．

**解** 在（a）情况下：

（1）设$A$={取到2只白球}，则$P(A)=\frac{3\times 3}{5\times 5}=\frac{9}{25}$.

（2）设$B$={取到2只红球}，则$A+B$={取到2只颜色相同的球}，于是

$$P(A+B)=P(A)+P(B)=\frac{9}{25}+\frac{2\times2}{5\times5}=\frac{13}{25}.$$

（3）设 $C$={至少取到 1 只白球}，则 $P(C)=P(\bar{B})=1-P(B)=\frac{21}{25}$.

在（b）情况下：

（1）$P(A)=\frac{3\times2}{5\times4}=\frac{3}{10}$.

（2）$P(B)=\frac{2\times1}{5\times4}=\frac{1}{10}$，$P(A+B)=P(A)+P(B)=\frac{2}{5}$.

（3）$P(C)=P(\bar{B})=1-P(B)=\frac{9}{10}$.

## 二、几何概型

古典概型只适用于试验的可能结果是有限个且等可能性的情况．在实际问题中，我们经常会遇到样本空间所含的基本事件为无限个的情况，若等可能的条件依旧成立，我们考虑把古典概率的定义作进一步推广，于是引出了几何型概率的定义．

**例 5**　从区间 [0，3] 中随机地取一数 ω，这时的样本空间

$$\Omega=\{\omega|0\leqslant\omega\leqslant3\}=[0,3]$$

是无限集，不再是古典概型，古典概型失效．假定每个数被取到的可能性都一样，我们这样来理解等可能的含义，就是取到的数在区间内某一部分区间 $I$ 上的可能性与 $I$ 的长度成正比，而与 $I$ 的位置无关．

比如，$A$={取到的数小于 1}，$B$={取到的数在 1 与 2 之间}，我们很自然会想到

$$P(A)=\frac{[0,1]\text{的长度}}{[0,3]\text{的长度}}=\frac{1}{3},\ P(B)=\frac{[1,2]\text{的长度}}{[0,3]\text{的长度}}=\frac{1}{3}.$$

将这个例子一般化，得到下述定义．

**定义 2**　如果试验 $E$ 的结果可以几何地表示为某区域 $\Omega$ 中的点（区域 $\Omega$ 可以是一维的，二维的，三维的，……），且落在 $\Omega$ 中的任意位置是等可能的．事件 $A$ 表示点落在 $\Omega$ 的某一个子区域内，该子区域仍记为 $A$，用 $\Omega_A$ 表示

子区域 $A$ 大小的度量（如长度、面积、体积等），仍用 $\Omega$ 表示区域 $\Omega$ 大小的度量，则

$$P(A)=\frac{A\text{的度量}}{\Omega\text{ 的度量}}=\frac{\Omega_A}{\Omega}$$

称为几何型概率．

**例 6（会面问题）** 甲、乙两人约定在八点至九点之间在某地会面，先到者等候 15 分钟后即离去．求两人能会面的概率．

**解** 记八点为会面的起始时刻，$x$，$y$ 分别表示甲、乙到达的时刻，则两人到达事件的一切可能结果对应边长为 60 的正方形内所有点（如图 1–7 所示）．设 $A=\{$两人能会面$\}$，则 $A$ 发生的充分必要条件是 $|x-y|\leqslant 15$，即 $A$ 对应阴影部分内的一切点．

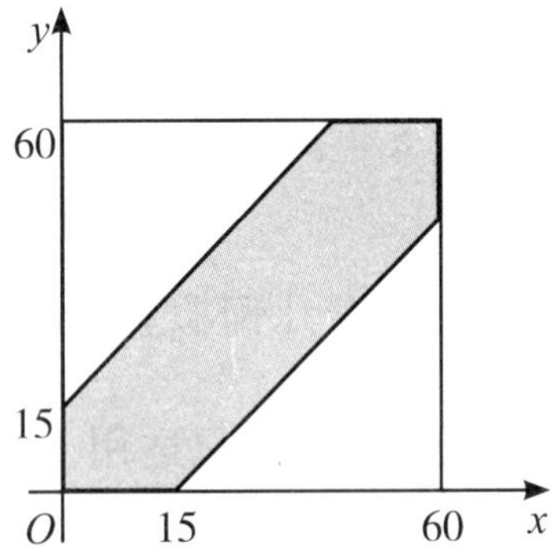


图 1–7

归结为几何概型就是向平面区域 $\Omega=\{(x,y)|0\leqslant x,y\leqslant 60\}$ 内取点，事件 $A$ 取自 $\Omega$ 中的子区域 $A=\{(x,y)||x-y|\leqslant 15\}$ 中，于是

$$P(A)=\frac{A\text{的面积}}{\Omega\text{的面积}}=\frac{60^2-45^2}{60^2}=\frac{7}{16}.$$

**例 7** 从区间 [0,1] 中任取两个数，试求两数之和大于 1.2 的概率．

**解** 从 [0,1] 中任取的两个数 $x$，$y$，相当于从区域 $\Omega=\{(x,y)|0<x<1,0<y<1\}$ 中随机取点，设 $A$："两个数之和大于 1.2"，则事件 $A$ 即取自 $\Omega$ 中的子区域 $A=\{(x,y)|x+y>1.2,0<x,y<1\}$（如图 1–8 所示），这是一个几何概型，于是

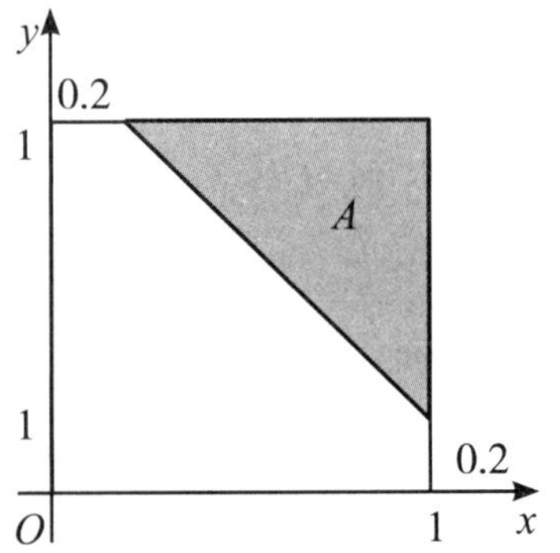


图 1–8

$$P(A)=\frac{A\text{的面积}}{\Omega\text{的面积}}=\frac{0.8\times 0.8\times\frac{1}{2}}{1}=0.32.$$

# 习题　1.3

1. 先后抛掷 3 枚均匀的硬币，至少出现一次正面的概率是（　　）

A. $\frac{1}{8}$　　B. $\frac{3}{8}$　　C. $\frac{5}{8}$　　D. $\frac{7}{8}$

2. 设有 10 件产品，其中 6 件正品，4 件次品，从中任取 3 件，求下列事件的概率：

（1）只有一件次品 .

（2）最多 1 件次品 .

（3）至少 1 件次品 .

3. 袋中共有 8 个球，分别是 5 个白球和 3 个黑球，现从中任取两个，试求下列事件发生的概率：

（1）两个均是白球 .

（2）两个球中一个是白球，另一个是黑球 .

（3）至少有一个黑球 .

4. 在一个均匀陀螺的圆周上均匀地刻上区间 [0, 4] 上的所有实数，旋转陀螺，求陀螺停下来后，圆周与桌面的接触点位于区间 [0.5, 2] 的概率？

# 第四节　条件概率

## 一、条件概率概述

在概率论中，经常要考虑在随机事件 $A$ 发生的前提下，事件 $B$ 发生的概率，记为 $P(B|A)$，它与事件 $B$ 发生的概率 $P(B)$ 是不相同的．下面用一个例子说明这一点，并得到条件概率的定义．

**例 1**　袋中有 20 只球，其中 6 只是玻璃球，另外 14 只是塑料球．玻璃球中有 2 只是红色的，4 只是蓝色的；塑料球中有 4 只是红色的，10 只是蓝色的．现从中任取一只，若令 $A=\{取到蓝色球\}$，$B=\{取到玻璃球\}$，求 $P(A)$，$P(B)$，$P(AB)$，$P(B|A)$．

**解**　袋中球的分类情况见表 1–4：

**表 1–4　分类情况列表**

单位：只

| 类别 | 玻璃球 | 塑料球 | 合计 |
|---|---|---|---|
| 红球 | 2 | 4 | 6 |
| 蓝球 | 4 | 10 | 14 |
| 合计 | 6 | 14 | 20 |

易知，$P(A)=\dfrac{14}{20}$，$P(B)=\dfrac{6}{20}$，$P(AB)=\dfrac{4}{20}$．

而求 $P(B|A)$ 时，应注意当 $A$ 发生时，即取到的是蓝色球，原来的样本空间（20 个基本事件）被缩小，此时样本空间仅有 14 个基本事件组成，显然

$$P(B|A)=\frac{4}{14},$$

我们还可以看到，

$$P(B|A)=\frac{4}{14}=\frac{4/20}{14/20}=\frac{P(AB)}{P(A)}.$$

这式子对一般古典概型问题总是成立的．一般地，若试验的基本事件总数为 $n$，$A$ 包含的基本事件数为 $m$（$m>0$），$AB$ 包含的基本事件数为 $k$，则

$$P(B|A)=\frac{k}{m}=\frac{k/n}{m/n}=\frac{P(AB)}{P(A)}.$$

**定义**　设两个事件 $AB$，且 $P(A)>0$，则称

$$P(B|A)=\frac{P(AB)}{P(A)}$$

为在事件 $A$ 发生的条件下，事件 $B$ 发生的条件概率．

类似地，可以定义在事件 $B$ 发生的条件下，事件 $A$ 发生的条件概率：

$$P(A|B)=\frac{P(AB)}{P(B)}\quad(P(B)>0).$$

不难验证，条件概率 $P(\cdot|A)$ 符合概率定义中的三个条件：

（1）非负性：对于每一事件 $B$，有 $P(B|A)\geqslant 0$．

（2）规范性：对于必然事件 $\Omega$，有 $P(\Omega|A)=1$．

（3）可列可加性：设 $B_1, B_2, \cdots$ 是两两互不相容的事件，则有

$$P\left(\bigcup_{i=1}^{\infty}B_i|A\right)=\sum_{i=1}^{\infty}P(B_i|A).$$

既然条件概率符合上述三个条件，故 1.2 中概率的性质都适用于条件概率．例如，$P(\overline{B}|A)=1-P(B|A)$．

**例 2**　设某动物活到 20 岁以上的概率为 0.8，活到 25 岁的概率为 0.4，问现今活到 20 岁的这种动物能活到 25 岁的概率是多大?

**解**　设 $A=\{$动物活到 20 岁$\}$，$B=\{$动物活到 25 岁$\}$，则所求问题就是条件概率 $P(B|A)$，有题设可知 $P(A)=0.8$，$P(B)=0.4$，于是

$$P(B|A)=\frac{P(AB)}{P(A)}=\frac{0.4}{0.8}=0.5.$$

注：条件概率从计算方法上一般有两种，一种是从定义公式出发来做（例 2），另一种是从缩减样本空间来做（例 1）．

**例 3**　设 10 件产品中有 2 件一等品、7 件二等品和 1 件次品．规定一、二

等品为合格品，从中任取一件，若已知取得是合格品，求它是一等品的概率．

**解** 令 $A$={取得一等品}，$B$={取得合格品}，则

方法 1：因为 9 件合格品中有 2 件一等品，所以 $P(A|B)=\frac{2}{9}$ ．

方法 2：因为 $P(B)=\frac{9}{10}$， $P(AB)=P(A)=\frac{2}{10}$，

所以 $P(A|B)=\frac{P(AB)}{P(B)}=\frac{2}{9}$ ．

## 二、乘法公式

由条件概率的定义可得：

$$P(AB)=P(B)P(A|B) \quad (P(B)>0),$$
$$P(AB)=P(A)P(B|A) \quad (P(A)>0),$$

这就是概率的乘法公式．

上式可推广到任意有限个事件乘积的情形：

设 $A_1, A_2, \cdots, A_n$ 为 $n(n\geqslant 2)$ 个事件，满足 $P(A_1A_2\cdots A_{n-1})>0$，则有

$$P(A_1A_2\cdots A_n)=P(A_1)P(A_2|A_1)P(A_3|A_2A_1)\cdots P(A_n|A_1A_2\cdots A_{n-1}) .$$

**证明** 由于$P(A_1)\geqslant P(A_1A_2)\geqslant\cdots\geqslant P(A_1A_2\cdots A_{n-1})>0$，所以

$$\begin{aligned}P(A_1A_2\cdots A_n)&=P(A_1)\cdot\frac{P(A_1A_2)}{P(A_1)}\cdot\frac{P(A_1A_2A_3)}{P(A_1A_2)}\cdots\frac{P(A_1A_2\cdots A_n)}{P(A_1A_2\cdots A_{n-1})}\\&=P(A_1)P(A_2|A_1)P(A_3|A_2A_1)\cdots P(A_n|A_1A_2\cdots A_{n-1}).\end{aligned}$$

特别地，当 $n=3$ 时，有 $P(A_1A_2A_3)=P(A_1)P(A_2|A_1)P(A_3|A_1A_2)$ ．

**例 4** 一批产品的次品率为 4%，正品中一等品率为 75%，求这批产品中一等品的概率．

**解** 设令 $A$={产品为正品}，$B$={产品是一等品}．由题意可知

$$P(A)=0.96,\quad P(B|A)=0.75,$$

于是 $$P(B)=P(AB)=P(A)P(B|A)=0.96\times0.75=0.72 .$$

**例 5** 设袋子中装有 $a$ 只红球，$b$ 只白球，每次自袋中任取一只球，观察颜色后放回，并同时再放入 $m$ 只与取出的那只球同色的球，连续在袋中取球四次，试求第一次、第二次取到红球且第三次取到白球、第四次取到红球的概率．

**解** 设 $A_i=\{$第 $i$ 次取到红球，$i=1, 2, 3, 4\}$，则 $\overline{A_3}$ 表示第三次取到白球，所求概率为

$$P\left(A_1A_2\overline{A_3}A_4\right)=P\left(A_1\right)\ P\left(A_2\left|A_1\right.\right)P\left(\overline{A_3}\left|A_1A_2\right.\right)P\left(A_4\left|A_1A_2\overline{A_3}\right.\right)$$

$$=\frac{a}{a+b}\times\frac{a+m}{a+b+m}\times\frac{b}{a+b+2m}\times\frac{a+2m}{a+b+3m}\ .$$

## 三、全概率公式

**引例** 某工厂有 3 个车间生产同一种产品，它们生产的产品占全厂产品的比例相同．已知第一车间、第二车间产品的废品率是 3%，第三车间的废品率是 6%，现任取一件产品，试求所取产品是废品的概率．

**解** 设 $A_i=\{$取到第 $i$ 车间的产品$\}$，$i=1, 2, 3$．这时 $A_1$，$A_2$，$A_3$ 反映了抽取的所有可能的情况，并且它们构成了一个完备事件组，再设 $B=\{$取到废品$\}$，则 $A_1B$，$A_2B$，$A_3B$ 互不相容，于是 $B = A_1B + A_2B + A_3B$. 由概率的可加性及乘法公式可得

$$P\left(B\right)=P\left(A_1B\right)+P\left(A_2B\right)+P\left(A_3B\right)$$

$$=P\left(A_1\right)P\left(B\left|A_1\right.\right)+P\left(A_2\right)P\left(B\left|A_2\right.\right)+P\left(A_3\right)P\left(B\left|A_3\right.\right)$$

$$=\frac{1}{3}\times0.03+\frac{1}{3}\times0.03+\frac{1}{3}\times0.06=0.04\ .$$

本例的实质是将复杂事件 $B$ 分解为较简单的事件 $A_1B$，$A_2B$，$A_3B$，然后将概率的加法公式和乘法公式结合起来，就产生了所谓的全概率公式．

**定理 1** 设 $A_1$，$A_2$，⋯，$A_n$ 为一个完备事件组，且 $P(A_i)>0$，$i=1, 2, \cdots, n$，则对任意事件 $B$，有

$$P\left(B\right)=\sum_{i=1}^{n}P\left(A_i\right)P\left(B\left|A_i\right.\right)\ .$$

**证明** 
$$\begin{aligned}P(B)&=P(B\Omega)=P\left[B(A_1+A_2+\cdots+A_n)\right]\\&=P(A_1B+A_2B+\cdots+A_nB)=P(A_1B)+P(A_2B)+\cdots+P(A_nB)\\&=P(A_1)P(B|A_1)+P(A_2)P(B|A_2)+\cdots+P(A_n)P(B|A_n)\\&=\sum_{i=1}^{n}P(A_i)P(B|A_i).\end{aligned}$$

**例 6** 10 只考签中有 4 只难签，甲、乙、丙三人依次不放回地各抽取一只，分别求甲、乙、丙三人各自抽到难签的概率 .

**解** 设 $A$={甲抽到难签}，$B$={乙抽到难签}，$C$={丙抽到难签}，则由古典概率可得

$$P(A)=\frac{4}{10}=\frac{2}{5}.$$

由于乙是在甲已抽取的条件下抽取的，且甲抽取的情况 $A$ 与 $\overline{A}$ 构成一个完备事件组，所以由全概率公式可得

$$P(B)=P(A)P(B|A)+P(\overline{A})P(B|\overline{A})=\frac{2}{5}\times\frac{3}{9}+\frac{3}{5}\times\frac{4}{9}=\frac{2}{5}.$$

而丙是在甲、乙都已抽取的条件下抽取的，且甲、乙抽取的情况 $AB,\overline{A}B,A\overline{B},\overline{A}\overline{B}$ 构成一个完备事件组，所以由全概率公式可得

$$\begin{aligned}P(C)&=P(AB)P(C|AB)+P(\overline{A}B)P(C|\overline{A}B)+P(A\overline{B})P(C|A\overline{B})+P(\overline{A}\overline{B})P(C|\overline{A}\overline{B})\\&=P(A)P(B|A)P(C|AB)+P(\overline{A})P(B|\overline{A})P(C|\overline{A}B)+P(A)P(\overline{B}|A)P(C|A\overline{B})\\&\quad+P(\overline{A})P(\overline{B}|\overline{A})P(C|\overline{A}\overline{B})=\frac{2}{5}\times\frac{3}{9}\times\frac{2}{8}+\frac{3}{5}\times\frac{4}{9}\times\frac{3}{8}+\frac{2}{5}\times\frac{6}{9}\times\frac{3}{8}+\frac{3}{5}\times\frac{5}{9}\times\frac{4}{8}=\frac{2}{5}.\end{aligned}$$

此例验证了众所周知的抽签机会均等，抽签机会与抽签顺序无关这一事实 .

## 四、贝叶斯公式

全概率公式可以看成“已知原因求结果”. 在很多实际问题中，一个事件 $B$ 发生的概率 $P(B)$ 不易直接求得，但却知道引起这一结果的各种原因发生的概率 .

**引例** 设某工厂有甲、乙、丙三个车间生产同一种产品，已知各车间的产量分别占全厂产量的 30%，50% 和 20%，而且每个车间的次品率依次为 1%，5%

和 10%，现已知产品中有一个次品，试判断它是由甲车间生产的概率 .

**解** 令 $A_1$= {产品由甲车间生产}，$A_2$= {产品由乙车间生产}，$A_3$= {产品由丙车间生产}，$B$= {产品为次品} .

显然所求概率为 $P(A_1|B)$ . 今由题设可知

$$P(A_1)=0.3, P(A_2)=0.5, P(A_3)=0.2,$$

$$P(B|A_1)=0.01, P(B|A_2)=0.05, P(B|A_3)=0.1 .$$

因此，由全概率公式可得

$$P(B)=\sum_{i=1}^{3}P(A_i)P(B|A_i)=0.3\times0.01+0.5\times0.05+0.2\times0.1=0.048 .$$

利用条件概率的定义及乘法公式可得

$$P(A_1|B)=\frac{P(A_1B)}{P(B)}=\frac{P(A_1)P(B|A_1)}{\sum_{i=1}^{3}P(A_i)P(B|A_i)}=\frac{0.3\times0.01}{0.048}=0.0625 .$$

这就是取出的次品是由甲车间生产的概率 . 用类似的方法也可以求出所取次品由乙、丙车间生产的概率 . 这个例题实际上告诉我们一个极有用的公式，即贝叶斯公式 .

**定理 2** 设 $A_1, A_2, \cdots, A_n$ 为一个完备事件组，则对任意事件 $B$，$P(B)>0$，有

$$P(A_i|B)=\frac{P(A_iB)}{P(B)}=\frac{P(A_i)P(B|A_i)}{\sum_{j=1}^{n}P(A_j)P(B|A_j)}, \quad i=1,2,\cdots,n .$$

称此公式为贝叶斯公式 .

**例 7** 根据以往的临床记录，某种诊断癌症的试验具有如下的效果：若以 $B$= {试验反应为良性}，$A$= {被诊断者患有癌症}，则有 $P(B|A)=0.95, P(\overline{B}|\overline{A})=0.95$ . 现在对自然人群进行普查，设被试验的人患有癌症的概率为 0.005，即 $P(A)=0.005$，试求 $P(A|B)$ .

**解** $A$ 与 $\overline{A}$ 是样本空间 $\Omega$ 的一个划分，且

$$P(A)=0.005, P(B|A)=0.95, P(\overline{B}|\overline{A})=0.95,$$

$$P(B|\bar{A})=1-P(\bar{B}|\bar{A})=1-0.95=0.05\text{，}\quad P(\bar{A})=1-P(A)=1-0.005=0.995\text{，}$$

$$P(A|B)=\frac{P(AB)}{P(B)}=\frac{P(A)P(B|A)}{P(A)P(B|A)+P(\bar{A})P(B|\bar{A})}=\frac{0.005\times0.95}{0.005\times0.95+0.995\times0.05}=0.087.$$

可见，虽然试验价值很大，但是一次试验反应为阳性的人确患癌症的可能性并不大．换言之，一次检验提供的信息量不足以做出判断．

从这个例子可以看出，在全概率公式中，构成完备事件组的事件都是导致试验结果的原因，故 $P(A_i)$ 叫作先验概率；而在贝叶斯公式中，$P(A_i|B)$ 叫作后验概率，这是已知结果后再追溯原因出在何处，并由此做出决策（称为贝叶斯决策），这种决策方法在随机信号处理、模式识别等新兴学科以及在责任追究等决策方面都有广泛的应用．

## 习题 1.4

1. 对于事件 $A$，$B$，已知 $P(A)=\frac{1}{3}$，$P(A|B)=\frac{2}{3}$，$P(\bar{B}|A)=\frac{3}{5}$，则 $P(B)$（　）

   A. $\frac{1}{5}$　　B. $\frac{2}{5}$　　C. $\frac{3}{5}$　　D. $\frac{4}{5}$

2. 设某地区历史上从某次特大洪水发生以后，在 30 年内发生特大洪水的概率为 80%，在 40 年内发生特大洪水的概率为 85%，问现已 30 年内无特大洪水发生的该地区，在未来 10 年内将发生特大洪水的概率为多少?

3. 一批产品共有 100 件，其中有 10 件次品，采用不放回抽样依次抽取 3 次，每次抽一件，求第 3 次才能抽到合格品的概率．

4. 某商店出售的电灯泡由甲、乙两厂生产，其中甲厂的产品占 60%，乙厂的产品占 40%. 已知甲厂产品的次品率为 4%，乙厂产品的次品率为 5%. 一位顾客随机地取出一个电灯泡，求它是合格品的概率．

5. 对以往数据分析结果表明，当机器调整得良好时，产品的合格率为 98%，而当机器发生某种故障时，其合格率为 55%. 每天早上机器开动时，机器调整良好的概率为 95%. 试求已知某日早上第一件产品是合格时，机器调整得良好的概率是多少?

## 第五节　事件的独立性

一般地，条件概率 $P(A|B)$ 与概率 $P(A)$ 不一定相同，但某些情况下，事件 $B$ 发生的概率不影响事件 $A$ 发生的概率．

**引例**　一个袋子中装有 6 只黑球，4 只红球，采用有放回的方式摸球．求：

（1）在第一次摸到黑球的条件下，第二次摸到黑球的概率．

（2）第二次摸到黑球的概率．

**解**　设 $A$={第一次摸到黑球}，$B$={第二次摸到黑球}，则

（1）$P(A)=\frac{6}{10}$，$P(AB)=\frac{6}{10}\times\frac{6}{10}$，所以

$$P(B|A)=\frac{P(AB)}{P(A)}=\frac{\frac{6}{10}\times\frac{6}{10}}{\frac{6}{10}}=\frac{6}{10}.$$

（2）$P(B)=P(AB+\bar{A}B)=P(AB)+P(\bar{A}B)$

$$=P(A)P(B|A)+P(\bar{A})P(B|\bar{A})=\frac{6}{10}\times\frac{6}{10}+\frac{4}{10}\times\frac{6}{10}=\frac{6}{10}.$$

注意到 $P(B|A)=P(B)$，即事件 $A$ 发生与否对事件 $B$ 发生的概率没有影响．在这种场合下，我们说事件 $A$ 与事件 $B$ 具有独立性．

读者可能会觉得这样的验证有点过于烦琐．采取有放回的方式摸球，第一次摸到黑球与否与第二次摸到黑球与否，相互之间能有什么影响呢？不用计算也能肯定它们之间是没有相互影响的！应该承认这些议论是颇有道理的，在概率论的实际应用中，人们常常利用这种直觉来肯定事件间的“相互独立”，从而使问题和计算都得到简化，下面给出事件的独立性概念．

### 一、两个事件的独立性

**定义 1**　若两个事件 $A$ 和 $B$ 满足

$$P(AB)=P(A)P(B),$$

则称 $A$，$B$ 独立，或称 $A$，$B$ 相互独立 .

由独立性的定义，我们可以得到它的性质 .

**性质 1**　不可能事件 $\varnothing$ 和必然事件 $\Omega$ 与任意事件 $A$ 是相互独立的 .

**性质 2**　设 $A$，$B$ 是两个事件，且 $P(A)>0$，若 $A$，$B$ 相互独立，则 $P(B|A)=P(B)$，反之亦然，即 $P(A|B)=P(A)$ .

**性质 3**　若事件 $A$，$B$ 相互独立，则事件 $A$ 与 $\bar{B}$，$\bar{A}$ 与 $B$，$\bar{A}$ 与 $\bar{B}$ 也相互独立 .

**证明**　因 $A=A\Omega=A(B\cup\bar{B})=AB\cup A\bar{B}$，而 $AB\cap A\bar{B}=\varnothing$，所以

$$P(A)=P(AB)+P(A\bar{B})=P(A)P(B)+P(A\bar{B}),$$

故 $P(A\bar{B})=P(A)[1-P(B)]=P(A)P(\bar{B})$，即 $A$ 与 $\bar{B}$ 相互独立，其余可类推 .

**例 1**　甲、乙两名射手独立地射击同一目标，他们击中目标的概率分别为 0.9 与 0.8. 甲、乙两人各射击一次，试求目标被击中的概率 .

**解**　设 $A$={甲击中目标}，$B$={乙击中目标}，$C$={目标被击中}，故 $P(A)=0.9$，$P(B)=0.8$.

由于 $A$，$B$ 相互独立，故

$$P(AB)=P(A)P(B),$$

$$P(C)=P(A\cup B)=P(A)+P(B)-P(A)P(B)=0.9+0.8-0.9\times0.8=0.98,$$

所以目标被击中的概率为 0.98.

## 二、有限个事件的独立性

**定义 2**　设 $A$，$B$，$C$ 是三个事件，如果满足等式

$$\begin{cases} P(AB)=P(A)P(B) \\ P(AC)=P(A)P(C), \\ P(BC)=P(B)P(C) \end{cases}$$

则称事件 $A$，$B$，$C$ 两两独立 .

**定义 3**　若 $A$，$B$，$C$ 两两独立，且满足等式 $P(ABC)=P(A)P(B)P(C)$，则称事件 $A$，$B$，$C$ 相互独立 .

注：对 $n$ 个事件的独立性，可类似地定义：

一般地，设 $A_1, A_2, \cdots, A_n$ 是 $n(n>1)$ 个事件，若对于其中任意 2 个，任意 3 个，……，任意 $n$ 个事件的积事件的概率，都等于各事件概率之积，则称事件 $A_1, A_2, \cdots, A_n$ 相互独立．

由定义可得到以下两个性质：

（1）若事件 $A_1, A_2, \cdots, A_n (n \geqslant 2)$ 相互独立，则其中任意 $k\ (1<k \leqslant n)$ 个事件也相互独立．

（2）若 $n$ 个事件 $A_1, A_2, \cdots, A_n(n \geqslant 2)$ 相互独立，则将 $A_1, A_2, \cdots, A_n$ 中任意多个事件换成它们的对立事件，所得的 $n$ 个事件仍相互独立．

需要指出的是，从定义显然有 $A$，$B$，$C$ 相互独立则 $A$，$B$，$C$ 两两独立，而反之不然，即 $A$，$B$，$C$ 两两独立并不能推出 $A$，$B$，$C$ 相互独立，容易举例说明．

**例 2**　设袋中有 4 只乒乓球，一只涂白色，一只涂红色，一只涂蓝色，另一只涂有白、红、蓝三种颜色．今从袋中随机地取一球，设事件 $A$，$B$，$C$ 分别表示“取出的是涂有白色的球”“取出的是涂有红色的球”“取出的是涂有蓝色的球”．验证 $A$，$B$，$C$ 两两独立但不相互独立．

**解**　4 只球中有两只涂有白色，故 $P(A)=2/4=1/2$. 同理 $P(B)=P(C)=1/2$．4 只球中只有一只球涂有白、红、蓝三种颜色，故

$$P(AB)=P(BC)=P(AC)=1/4,\ P(ABC)=1/4.$$

因此，$P(AB)=P(A)P(B)$，$P(BC)=P(B)P(C)$，$P(AC)=P(A)P(C)$.

根据定义可得，$A$，$B$，$C$ 三个事件两两独立．

但由于 $P(A)P(B)P(C)=1/8$，$P(ABC) \neq P(A)P(B)P(C)$，所以 $A$，$B$，$C$ 不相互独立．

**例 3**　甲、乙两人进行乒乓球比赛，每局甲胜的概率为 $p$，$p \geqslant 1/2$. 设各局胜负相互独立，问对甲而言，采用三局两胜制有利，还是采用五局三胜制有利？

**解**　采用三局两胜制，甲最终获胜，其胜局的情况是“甲甲”、“乙甲甲”或“甲乙甲”．而这三种结局互不相容，于是由独立性得甲最终获胜的概率为

$$p_1=p^2+2p^2(1-p).$$

采用五局三胜制，甲最终获胜，至少需比赛 3 局（可能赛 3 局，也可能赛 4 局或 5 局），且最后一局需是甲胜，而前面甲需胜二局．例如，共赛 4 局，则甲的胜局情况是“甲乙甲甲”、“乙甲甲甲”或“甲甲乙甲”，且这三种结局互不相容，由独立性得在五局三胜制甲最终获胜的概率为

$$p_2 = p^3 + C_3^2 p^3(1-p) + C_4^2 p^3 (1-p)^2 .$$

而 $p_2 - p_1 = p^2(6p^3 - 15p^2 + 12p - 3) = 3p^2(p-1)^2(2p-1)$.

当 $p > 1/2$ 时，$p_2 > p_1$；当 $p = 1/2$ 时，$p_1 = p_2 = 1/2$. 因此，当 $p > 1/2$ 时，对甲来说，采用五局三胜制有利；当 $p = 1/2$ 时，两种赛制下甲、乙最终获胜的概率是相同的，都是 50%.

注：两事件相互独立的含义是它们中一个已发生，不影响另一个发生的概率．在实际应用中，对于事件的独立性常常是根据事件的实际意义去判断．一般地，若由实际情况分析，$A$，$B$ 两事件之间没有关联或关联很微弱，那就认为它们是相互独立的．

## 三、伯努利概型

独立性是理论和应用都十分重要的一种性质，下面介绍一种与独立性有关的概型．

若试验只有两种可能的结果：$A$ 和 $\overline{A}$，记

$$P(A)=p，P(\overline{A}) = 1 - p = q\ (0 < q < 1, p + q = 1),$$

则称这样的试验为伯努利试验．

若将伯努利试验在相同条件下独立地重复进行 $n$ 次，称这一串重复的独立实验为 $n$ 重伯努利试验，或简称为伯努利概型．

在 $n$ 重伯努利试验中，事件 $A$ 可能发生 0，1，2，…，$n$ 次，如何求事件 $A$ 恰好发生 $k\ (0 \leqslant k \leqslant n)$ 次的概率呢？先看下述例子．

**例 4** 设一袋中有 3 只红球，7 只黑球，从中任意取一球，有放回地共取 5 次，试求事件“4 次取到红球”的概率．

**解** 这一问题显然属于 $n=5$ 的伯努利概型．

记 $A=\{4$ 次取到红球$\}$，$A_i=\{$第 $i$ 次取到红球$\}$，$\overline{A_i}=\{$第 $i$ 次取到黑球$\}$，

$i$=1，2，⋯，5 则

$$P(A_i)=p=0.3,\quad P(\overline{A_i})=1-p=q=0.7,$$

$$A=A_1A_2A_3A_4\overline{A_5}+A_1A_2A_3\overline{A_4}A_5+A_1A_2\overline{A_3}A_4A_5+A_1\overline{A_2}A_3A_4A_5+\overline{A_1}A_2A_3A_4A_5,$$

即事件 $A$ 恰好发生 4 次的情况有 $C_5^4=5$ 种 .

因为各次试验是相互独立的，所以

$$P\left(A_1A_2A_3A_4\overline{A_5}\right)=P\left(A_1A_2A_3\overline{A_4}A_5\right)=(0.3)^4(0.7)^1=p^4q^{5-4}.$$

同样 $P\left(A_1A_2\overline{A_3}A_4A_5\right)=P\left(A_1\overline{A_2}A_3A_4A_5\right)=P\left(\overline{A_1}A_2A_3A_4A_5\right)=p^4q^{5-4}$.

根据概率加法定理，所求概率为

$$\begin{aligned}P(A)&=P\left(A_1A_2A_3A_4\overline{A_5}\right)+P\left(A_1A_2A_3\overline{A_4}A_5\right)+\cdots+P\left(\overline{A_1}A_2A_3A_4A_5\right)\\&=\mathrm{C}_5^4p^4q^{5-4}=5\times0.3^4\times0.7^1\\&=0.02835.\end{aligned}$$

一般地可得如下伯努利定理 .

**定理** 在每次试验中，事件 $A$ 发生的概率为 $p$ $(0<p<1)$，则在 $n$ 重伯努利试验中，事件 $A$ 恰好发生 $k$ $(0\leqslant k\leqslant n)$ 次的概率为

$$P_n(k)=\mathrm{C}_n^kp^k(1-p)^{n-k}\quad(k=0,1,\cdots,n).$$

**证明** 由伯努利概型知，事件 $A$ 在指定 $k$ 次发生，而其余 $n-k$ 次试验中不发生，如前 $k$ 次试验中 $A$ 发生，而后 $n-k$ 次试验中不发生的概率为

$$\underbrace{p\cdots p}_{k个}\underbrace{(1-p)\cdots(1-p)}_{(n-k)个}=p^k(1-p)^{n-k}.$$

又由组合理论，这样的方式共有 $\mathrm{C}_n^k$ 种，且这 $\mathrm{C}_n^k$ 种排列对应的 $\mathrm{C}_n^k$ 个事件互不相容 . 由概率加法公式可得，事件 $A$ 恰好发生 $k$ 次的概率为 $\mathrm{C}_n^kp^k(1-p)^{n-k}$.

**例 5** 某工厂生产的一批产品中，已知有 10% 的次品，进行有放回地抽样检查，如果共取 4 个产品，求：

（1）恰有 3 个次品的概率 .

（2）至多有 2 个次品的概率 .

**解**　这也是一个伯努利概型，$n=4$，$p=0.1$，$q=0.9$.

（1）所求概率 $P_4(3)=C_4^3p^3q^1=4\times0.1^3\times0.9=0.0036$.

（2）所求概率 $P_4(k\leqslant2)=C_4^2p^2q^2+C_4^1p^1q^3+C_4^0p^0q^4$

$$=21.5\times1^2\times0.9^2+4\times0.1\times0.9^3+0.9^4$$

$$=0.0486+0.2916+0.6561=0.9963.$$

## 习题　1.5

1. 对于事件 $A$，$B$，已知 $P(B)=\dfrac{1}{2}$，$P(A+B)=\dfrac{2}{3}$，若事件 $A$，$B$ 相互独立，则 $P(A)=$（　）

A. $\dfrac{1}{9}$　　B. $\dfrac{1}{6}$　　C. $\dfrac{1}{3}$　　D. $\dfrac{1}{2}$

2. 假设事件 $A$，$B$ 相互独立，且 $P(A)>0$，$P(B)>0$，则下列等式成立的是（　）

A. $P(A+B)=P(A)+P(B)$　　B. $P(A+B)=P(A)$

C. $P(A+B)=1$　　D. $P(A+B)=1-P(\bar{A})P(\bar{B})$

3. 某产品的生产分三道工序，设第一道、第二道、第三道工序的次品率分别为 0.2，0.1，0.15，假设各道工序互不影响，求该产品的合格品率.

4. 甲、乙两人独立求解同一道题，已知甲、乙两人各自能完成的概率分别为 50%，60%，求甲、乙两人至少有一人完成解题的概率.

5. 设有 4 个独立工作的元件 1，2，3，4. 第 $i$ 个元件的可靠性为 $P_i(i=1, 2, 3, 4)$，将它们按图 1–9 的方式连接（称为并串联系统），求系统的可靠性.

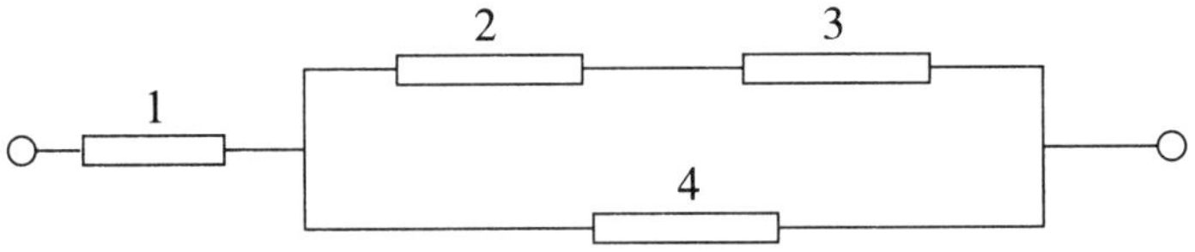


图 1–9　并串联系统

## 思政园地

假设你去参与一档节目，其中有一个中奖环节，有三个房间，已知其中一个房间里面有奖品．主持人让你任选一个．然后，主持人打开了另外两个房间中的一个，里面没有奖品．这时主持人告诉你，如果你愿意，你可以选择另外一个房间．请问你是换还是不换？

这就是著名的“三门问题”，请你用本章的知识来解决一下这个问题吧．试试看是换房间中奖的概率高，还是不换房间中奖的概率高呢？

其实在我们的生活中，有很多古典概型的例子，只要你带着观察世界的眼睛去发现，也许你会真切体会到概率的用处哦！

# 本章小结

## ◆ 本章知识要点

随机现象　随机试验　样本空间　随机事件

事件的关系与运算　事件的运算规律　频率

概率的公理化定义　概率的性质　古典概型　几何概型　条件概率

乘法公式　全概率公式　贝叶斯公式　事件的独立性　伯努利概型

## ◆ 本章常用结论

### 1. 事件的运算规律

（1）交换律：$A\cup B=B\cup A$，$A\cap B=B\cap A$ .

（2）结合律：$(A\cup B)\cup C=A\cup(B\cup C)$，$(A\cap B)\cap C=A\cap(B\cap C)$ .

（3）分配律：$(A\cup B)\cap C=(A\cap C)\cup(B\cap C)$,

$(A\cap B)\cup C=(A\cup C)\cap(B\cup C)$.

（4）对偶律：$\overline{A\cup B}=\overline{A}\cap\overline{B}$，$\overline{A\cap B}=\overline{A}\cup\overline{B}$ .

（5）幂等律：$A\cup A=A$，$A\cap A=A$ .

（6）吸收律：$A\cup\Omega=\Omega$，$A\cap\Omega=A$；$A\cup\varnothing=A$，$A\cap\varnothing=\varnothing$ .

### 2. 概率的性质

（1）$P(\varnothing)=0$.

（2）有限可加性：若 $A_1, A_2, \cdots, A_n$ 是两两互不相容的事件，则

$$P(A_1\cup A_2\cup\cdots\cup A_n)=P(A_1)+P(A_2)+\cdots+P(A_n) .$$

（3）对任一事件 $A$，有 $P(\overline{A})=1-P(A)$ .

（4）若$B\subset A$，则有 $P(A-B)=P(A)-P(B)$，且有 $P(A)\geqslant P(B)$.

（5）对任一事件 $A$，有 $P(A)\leqslant 1$.

（6）加法公式：对任意两事件 $A$，$B$，有 $P(A\cup B)=P(A)+P(B)-P(AB)$.

### 3. 古典概型的计算

古典概型中事件 $A$ 发生的概率为

$$P(A)=\frac{A\text{包含的基本事件数}}{E\text{中基本事件的总数}} .$$

#### 4. 条件概率与乘法公式

设两个事件 $A$，$B$，且 $P(A)>0$，则

$$P(B|A)=\frac{P(AB)}{P(A)}\qquad (P(A)>0).$$

类似地，

$$P(A|B)=\frac{P(AB)}{P(B)}\qquad (P(B)>0).$$

#### 5. 全概率公式与贝叶斯公式

设 $A_1$，$A_2$，…，$A_n$ 为一个完备事件组，且 $P(A_i)>0$，$i=1$，2，…，$n$，则对任意事件 $B$，有

$$P(B)=\sum_{i=1}^{n}P(A_i)P(B|A_i).$$

若有 $P(B)>0$，则

$$P(A_i|B)=\frac{P(A_iB)}{P(B)}=\frac{P(A_i)P(B|A_i)}{\sum\limits_{j=1}^{n}P(A_j)P(B|A_j)},\quad i=1,2\cdots,n.$$

#### 6. 事件独立性的结论

（1）事件 $A$，$B$ 相互独立 $\Leftrightarrow P(AB)=P(A)P(B)$.

（2）不可能事件 $\varnothing$ 和必然事件 $\Omega$ 与任意事件 $A$ 是相互独立的 .

（3）设 $A$，$B$ 相互独立，且 $P(A)>0$，则 $P(B|A)=P(B)$.

（4）若事件 $A$，$B$ 相互独立，则事件 $A$ 与 $\overline{B}$，$\overline{A}$ 与 $B$，$\overline{A}$ 与 $\overline{B}$ 也相互独立 .

#### 7. 伯努利试验的概率公式

在 $n$ 重伯努利试验中，设每次试验中事件 $A$ 发生的概率为 $P(0<A<1)$，则在 $n$ 次试验中，事件 $A$ 恰好发生 $k(0\leqslant k\leqslant n)$ 次的概率为

$$P_n(k)=\mathrm{C}_n^k p^k(1-p)^{n-k}\qquad (k=0,1,\cdots,n).$$

# 总习题一

## 一、填空题

1. 设 $A$，$B$，$C$ 为 3 个事件，则这 3 个事件中恰有 2 个事件发生的概率可以表示为__________.

2. 从标有 1, 2, 3 的卡片中无放回抽取两次，每次一张，用（$X,Y$）表示第一次抽取到数字 $x$，第二次抽取到数字 $y$ 的事件，则样本空间 $\Omega$=__________.

3. 两封信随机地投入 4 个邮筒，则第 1 个邮筒只有一封信的概率为____________________.

4. 设两个相互独立的事件 $A$ 和 $B$ 都不发生的概率为$\dfrac{1}{9}$，$A$ 发生 $B$ 不发生的概率与 $B$ 发生 $A$ 不发生的概率相等，则 $P(A)$=__________.

5. 设事件 $A$，$B$ 满足$P(A)=0.3, P(B)=0.5, P(A\cup B)=0.7$，则 $P(A|B)=$______.

6. 设事件 $A$，$B$ 满足 $P(A)$=0.4，$P(B)$=0.3，$P(A\cup B)=0.6$，则$P\left(A\overline{B}\right)=$______.

7. 一实习生用一台机器接连独立的制造 3 个同种零件，第 $i$ 个零件是不合格品的概率为 $p_i=\dfrac{1}{i+1}(i=1,2,3)$，以 $X$ 表示 3 个零件中合格品的个数，则 $P\{X=2\}=$__________.

8. 设 $P(A)=\dfrac{1}{2}, P(B)=\dfrac{1}{3}$，若 $A$，$B$ 独立，则 $P\left(A\overline{B}\right)=$____________________；$P(A+B)$=__________.

## 二、单项选择题

1. 设$\Omega=\{1,2,\cdots,10\}, A=\{2,3,4\}, B=\{3,4,5\}$，则 $\overline{A\cap B}=$（　　）

   A. $\{2,3,4,5\}$　　B. $\{1,2,3\}$　　C. $\varnothing$　　D. $\Omega$

2. 设 $A$，$B$，$C$ 表示三个事件，则“$A$，$B$，$C$ 中至少有两个发生”的事件是（　　）

A. $AB+AC+BC$　　B. $A+B+C$

C. $AB\overline{C}+A\overline{B}C+\overline{A}BC$　　D. $\overline{A}+\overline{B}+\overline{C}$

3. 对于任意两个随机事件 $A$ 与 $B$，其对立的充要条件为（　）

A. $A$ 与 $B$ 至少有一个发生

B. $A$ 与 $B$ 不同时发生

C. $A$ 与 $B$ 至少有一个发生，且 $A$ 与 $B$ 至少必有一个不发生

D. $A$ 与 $B$ 至少有一个不发生

4. 若 $A$，$B$ 是两个随机事件，则正确的是（　）

A. $P(A+B)\leqslant P(A)$　　B. $P(AB)\leqslant P(A)$

C. $P(AB)\leqslant P(A)P(B)$　　D. $P(A+B)\leqslant P(A)+P(B)$

5. 若事件 $A$，$B$ 满足 $P(A)+P(B)>1$，则 $A$ 与 $B$ 一定（　）

A. 不相互独立　　B. 相互独立

C. 互不相容　　D. 不互斥

6. 盒中装有 4 个白球，6 个黑球 . 无放回地每次抽取一个，第二次取到白球的概率是（　）

A. $\frac{4}{10}$　　B. $\frac{3}{10}$　　C. $\frac{4}{9}$　　D. $\frac{3}{9}$

7. 设 $A$，$B$ 是两个事件，则下列结论中不正确的是（　）

A. 若 $P(AB)=P(A)P(B)$，则 $A$，$B$ 相互独立

B. 若 $P(A)\neq 0$，则 $P(AB)=P(A)P(B|A)$

C. 若 $P(AB)=P(A)P(B)$，则 $A$，$B$ 互不相容

D. 若 $P(B)\neq 0$，则 $P(AB)=P(B)P(A|B)$

8. 设 $A$，$B$ 是相互独立的事件，已知 $P(A)=\frac{1}{2},P(B)=\frac{1}{3}$，则 $P(AB)=$（　）

A. $\frac{1}{2}$　　B. $\frac{5}{6}$　　C. $\frac{1}{6}$　　D. $\frac{1}{3}$

9. 某人打靶命中率为 0.8，若独立地射击 5 次，则 5 次中有 2 次射中的概率为（　）

A. $0.8^2\times 0.2^3$　　B. $0.8^2$

C. $\frac{2}{5}\times 0.8^2$　　D. $C_5^2\times 0.8^2\times 0.2^3$

10. 每次试验成功的概率为 $p\,(0<p<1)$，则在 3 次重复试验中至少失败 1 次的概率为（　）

A.$(1-p)^3$　　B.$1-p^3$

C.$3(1-p)$　　D.$(1-p)^3+P(1-p)^2+P^2(1-p)$

## 三、计算与应用题

1. 指出下列各等式命题是否成立，并说明理由：

（1）$A\cup B=(A\overline{B})\cup B$；

（2）$\overline{A}B=A\cup B$；

（3）$\overline{A\cup B}\cap C=\overline{A}\overline{B}\overline{C}$；

（4）$(AB)(A\overline{B})=\varnothing$ .

2. 已知 $P(\overline{A})=0.5,\ P(\overline{A}B)=0.2$，$P(B)=0.4$，求：

（1）$P(AB)$；（2）$P(A-B)$；（3）$P(A\cup B)$；（4）$P(\overline{A}\overline{B})$ .

3. 设某地有甲、乙、丙三种报纸，据统计该地成年人中，有 30% 读甲报，25% 读乙报，18% 读丙报，其中 8% 兼读甲、乙报，6% 兼读甲、丙报，5% 兼读乙、丙报，2% 兼读所有报，求该地区成年人中至少读一种报的概率 .

4. 将 3 个球随机放入 4 个杯子中，问杯子中球的个数最多为 1，2，3 的概率各是多少？

5. 设箱中有 100 件产品，其中有 2 件次品，从中任取 3 件，求：

（1）恰有 1 件次品的概率；（2）至少有 1 件次品的概率；

（3）至多有 1 件次品的概率 .

6. 一间学生寝室中住有 6 位同学，求下列事件的概率：

（1）6 个人中至少有 1 人生日在 10 月；

（2）6 个人中有 4 人的生日在 10 月；

（3）6 个人中有 4 人的生日在同一月 .

7. 两人相约于 7 点到 8 点之间在某地见面，求一人要等另一人半个小时以上

的概率 .

8. 从区间（0，1）内任取两个数，求这两数的和小于 1.2 的概率 .

9. 某人忘记了电话号码的最后一位，求他拨号不超过 3 次而拨通电话的概率 .

10. 设某光学仪器厂制造的透镜，第一次落下时打破的概率为 1/2；若第一次落下未打破，第二次落下打破的概率为 7/10；若前两次落下未打破，第三次落下打破的概率为 9/10. 试求透镜落下三次而未打破的概率 .

11. 设有甲、乙两袋，其中甲袋中有 10 个白球，5 个红球；乙袋中有 5 个白球，6 个红球 . 现从甲袋中任取一个球放入乙袋中，然后再从乙袋中任取一个球，问取到白球的概率是多少？

12. 人们为了解一只股票未来一定时期内价格的变化，往往会去分析影响股票价格的基本因素，比如利率的变化 . 现假设人们经分析估计利率下调的概率为 60%，利率不变的概率为 40%. 根据经验，人们估计，在利率下调的情况下，该只股票价格上涨的概率为 80%，而在利率不变的情况下，其价格上涨的概率为 40%，求该只股票将上涨的概率 .

13. 某企业所使用的电子元件由甲、乙、丙三家电子元件厂提供，三家厂提供元件的份额分别为 15%，50%，35%，各厂的次品率分别为 0.02，0.01，0.03，假设所有的电子元件均匀地混放在仓库中 . 试求：

（1）在仓库中随机抽取一个元件，经检测是次品的概率；

（2）在仓库中随机抽取一个元件，经检测是次品，则此元件是丙厂生产的概率是多少？

14. 8 支步枪中有 5 支已校准过，3 支未校准 . 一名射手用校准过的枪射击时，中靶的概率为 0.8；用未校准的枪射击时，中靶的概率为 0.3. 现从 8 支枪中任取一支用于射击，结果中靶，求所用的枪是校准过的概率 .

15. 设某批产品中，甲、乙、丙三厂生产的产品分别占 45%，35%，20%，各厂产品的次品率分别为 4%，2%，5%，现从中任取一件，求：

（1）取到的是次品的概率；

（2）经检验发现取到的产品为次品，求该产品是甲厂生产的概率 .

16. 一人看管 3 台机器，一段时间内，3 台机器需要人看管的概率分别为 0.1，0.2，0.15，求一段时间内：（1）没有一台机器需要人看管的概率；（2）至少一台机器不需要人看管的概率．

17. 一辆飞机场的交通车载有 25 名乘客途经 9 个站，每位乘客都等可能地在这 9 站中任意一站下车（且不受其他乘客下车与否的影响），交通车只在有乘客下车时才停车，求交通车在第 $i$ 站停车的概率以及在第 $i$ 站不停车的条件下第 $j$ 站停车的概率，并判断“第 $i$ 站停车”与“第 $j$ 站停车”两个事件是否独立．

18. 某种小树移栽后的成活率为 90%，一居民小区移栽了 20 棵，求能成活 18 棵的概率．

19. 一条自动生产线上的产品，次品率为 4%，求：

（1）从中任取 10 件，求至少有两件次品的概率；

（2）一次取 1 件，无放回地抽取，求当取到第 2 件次品时，之前已取到 8 件正品的概率．

20. 某型号高炮，每门炮发射一发炮弹击中飞机的概率为 0.6，现若干门炮同时各射一发，问：

（1）欲以 99% 的把握击中一架来犯的敌机至少需配置几门炮；

（2）现有 3 门炮，欲以 99% 的把握击中一架来犯的敌机，则每门炮的命中率应提高到多少？

21. 某店内有 4 名售货员，根据经验每名售货员平均在一小时内只用秤 15 分钟，问该店配置几台秤较为合理．

# 第二章

# 随机变量及其分布

## 第一节　随机变量

在第一章中我们学习了随机现象及概率的基本知识，我们发现有些随机试验的结果可以直接用数字表示，如抛掷骰子观察得到的点数．设样本空间 $\Omega=\{1,2,3,4,5,6\}$，其中“3”表示最后掷得的点数是 3 点，或者当出现“3”的时候，就可以知道这次试验的最后得到的点数是 3．还有一些试验结果我们不能直接用数字表示，如抛掷一枚硬币观察最后落地时硬币的正、反面，可以设样本空间为 $\Omega$={正面，反面}，这种表示方法虽然很直观，但是不利于用数学方法来研究随机现象．为了更好地研究随机现象，通常把样本空间中的样本点与数字相对应．例如，在观察硬币正、反面的试验中，我们利用数字“1”表示结果为“正面”，利用数字“0”表示结果为“反面”．

通过采用数字来对应样本点的方法，我们可以利用数学的方法更系统地研究随机现象的统计规律性，由此人们提出了随机变量的概念．

### 一、随机变量

**定义**　设随机试验的样本空间为 $\Omega$，对于其中的样本点 $\omega\in\Omega$，定义 $X=X(\omega)$ 是在样本空间 $\Omega$ 上的实值单值函数，则 $X$ 称为随机变量．随机变量通常用 $X$, $Y$, $Z$, $\cdots$, $\xi$, $\eta$ 等字母来表示，随机变量的取值常用小写字母 $x_1$, $x_2$, $y$, $z$, $\cdots$, $a$, $b$ 来表示．

注：实值单值函数指的是每一个 $\omega$ 就存在唯一一个实数 $X(\omega)$ 与之对应．$X(\omega)$ 是一个关于样本点的函数，值域为实数集．

## 二、随机变量概念的示例

**例 1** 观察掷骰子得到点数的奇偶性，其样本空间 $\Omega$={奇数，偶数}可以做如下定义：

$$X(\omega)=\begin{cases}0,\ \omega=\text{“偶数”}\\1,\ \omega=\text{“奇数”}\end{cases}.$$

当试验中出现“0”时表示掷出的点数为偶数，当出现“1”时表示掷出的点数为奇数 .

**例 2** 判断某次试验是否成功，则样本空间 $\Omega$={成功，未成功}，同理我们可以定义：

$$X(\omega)=\begin{cases}0,\ \omega=\text{“未成功”}\\1,\ \omega=\text{“成功”}\end{cases}.$$

当试验中出现“0”时表示试验没有成功，当出现“1”时表示试验成功了 .

**例 3** 某商店在某一段时间内接待的顾客数若用随机变量 $X$ 表示，则 $X$ 的取值范围为大于等于 0 的一个整数 .

例如：事件 $A$={接待的顾客数大于 50 人}可表示为事件 $A=\{X>50\}$；

事件 $B$={没有接待顾客}可表示为事件 $B=\{X=0\}$.

通过例 3 可以看出，随机变量的取值既可以是某一个数，也可以是某一个区间，我们需要根据具体的问题进行定义 .

**例 4** 观察某种零件的使用寿命（单位：小时），我们可以用随机变量 $T$ 来表示，则 $T$ 的取值范围为 $T\geqslant 0$.

例如：事件 $A$={该种零件使用寿命大于 300 小时}可表示为事件 $A=\{T>300\}$.

我们可以看出例 4 与之前的例子不同，前面三个例子中的随机变量的取值都是离散的，而例 4 中的随机变量的取值是连续的，它可能是大于等于 0 的任何一个数 .

随机变量可以根据它的取值分为离散型随机变量与非离散型随机变量，其中非离散型随机变量又可以进一步分为连续型随机变量与混合型随机变量 . 在本书中我们主要学习的是离散型与连续型随机变量 .

## 习题 2.1

1. 袋中有 2 只黑球，6 只红球，从中任取两只，可以作为随机变量的是（ ）

A. 取到的球的个数　　B. 取到红球的个数

C. 至少取到一只红球　　D. 至少取到一只红球的概率

2. 抛掷两颗骰子，所得点数之和记为 $\xi$，那么 $\xi=4$ 表示的随机试验结果是（ ）

A. 一颗是 3 点，一颗是 1 点

B. 两颗都是 2 点

C. 两颗都是 4 点

D. 一颗是 3 点，一颗是 1 点或两颗都是 2 点

3. 袋中装有 3 只白球，2 只黑球，若将 3 只白球分别编号 1，2，3，2 只黑球分别编号 4，5，从中任取 3 只球，则这三只球编号的样本空间是什么？

4. 测量某机床加工的零件与零件标准长度的误差 $e$，假定机床加工零件偏差的绝对值小于某一个固定的常数 $\varepsilon(\varepsilon > 0)$，则随机变量 $e$ 的取值范围是多少？

# 第二节　离散型随机变量及其概率分布

## 一、离散型随机变量

在某些试验中（如上一节中的例 1，例 2，例 3），随机变量的取值是有限个或者无穷可列个，这一类随机变量通常称为离散型随机变量．下面我们给出离散型随机变量的精确定义．

**定义 1**　若随机变量 $X$ 的所有可能取值为 $x_1, x_2, \cdots, x_n, \cdots$，并且其对应的概率分别为 $p_1, p_2, \cdots, p_n, \cdots$，即

$$P\{X = x_k\} = p_k\ ,\ k=(1, 2, \cdots, n, \cdots), \tag{2.1}$$

则称 $X$ 为离散型随机变量，并且式（2.1）称为随机变量 $X$ 的概率分布，又称分布律或分布列．

离散型随机变量 $X$ 的分布律也可以用列表的形式表示如下：

| $X$ | $x_1$ | $x_2$ | $\cdots$ | $x_n$ | $\cdots$ |
|---|---|---|---|---|---|
| $p_k$ | $p_1$ | $p_2$ | $\cdots$ | $p_n$ | $\cdots$ |

由概率的定义知，离散型随机变量的概率律应满足如下的两个基本条件：

（1）$p_k \geqslant 0$，$k=(1, 2, \cdots, n, \cdots)$.

（2）$\sum\limits_{k=1}^{\infty} p_k = 1$ .

注：为了今后研究方便，随机变量的取值 $x_1, x_2, \cdots, x_n$ 通常按照从小到大的顺序排列．

那么，在上一节的例 1 中，观察掷骰子的奇偶性的分布律就可表示为

| $X$ | 0 | 1 |
|---|---|---|
| $p_k$ | $\frac{1}{2}$ | $\frac{1}{2}$ |

**例 1**　观察掷骰子得到的点数，试写出骰子点数的分布律．

**解**　设随机变量 $X$ 表示得到的点数，则分布律为

$$P\{X=k\}=\frac{1}{6}\quad (k=1,2,3,4,5,6)\ .$$

还可列表为

| $X$ | 1 | 2 | 3 | 4 | 5 | 6 |
|---|---|---|---|---|---|---|
| $p_k$ | $\frac{1}{6}$ | $\frac{1}{6}$ | $\frac{1}{6}$ | $\frac{1}{6}$ | $\frac{1}{6}$ | $\frac{1}{6}$ |

下面我们介绍几种常见的离散型随机变量的分布律 .

## 二、三种常见的离散型分布

### 1. 两点分布（0—1 分布）

**定义 2**　若随机变量 $X$ 只能取 0 或者 1，设它取 1 的概率为 $p$，则它的分布律为

$$P\{X=1\}=p,\ P\{X=0\}=1-p=q\quad (\ 0<p<1\ ),$$

则称 $X$ 服从两点分布（0—1 分布）.

两点的分布律还可表示为

| $X$ | 0 | 1 |
|---|---|---|
| $p_k$ | $q$ | $p$ |

两点分布的重要性在于对于一个随机试验，若它的样本空间只包含两个样本点，即$\Omega=\{\omega_0,\omega_1\}$，我们都可以在样本空间定义一个服从两点分布的随机变量

$$X(\omega)=\begin{cases}0, & \omega=\omega_0\\ 1, & \omega=\omega_1\end{cases}.$$

例如，观察硬币的正、反面，掷骰子点数的奇偶性，某次试验是否成功，某个零件是否合格，都可以用两点分布定义 .

**例 2**　某袋中装有 10 个球，其中 7 个白球，3 个黑球，从中任取一球，观察取得的球是否为白球，定义随机变量 $X$ 为“取得的是白球”，即

$$X=\begin{cases}0, & \text{“黑球”}\\ 1, & \text{“白球”}\end{cases}.$$

求：随机变量 $X$ 的分布律．

**解** 由古典概型的定义可知：

$$P\{X=1\}=\frac{7}{10},\ P\{X=0\}=\frac{3}{10},$$

故 $X$ 的分布律可以表示为

| $X$ | 0 | 1 |
|---|---|---|
| $P$ | $\frac{3}{10}$ | $\frac{7}{10}$ |

**2. 二项分布**

若某试验只有两个可能的结果 $A$ 与 $\overline{A}$，设 $P(A)=p$（$0<p<1$），则 $P(\overline{A})=1-p$，则称该试验为**伯努利试验**．将该试验在相同条件下独立重复地进行 $n$ 次，则称为 $n$ **重伯努利试验**．

注：独立指的是每次试验的结果不会相互影响．

根据古典概型可得，在这 $n$ 次试验中 $A$ 发生 $k$（$0\leqslant k\leqslant n$）次的概率为

$$P\{X=k\}=\mathrm{C}_n^k p^k(1-p)^{n-k},$$

我们称这种分布为二项分布，下面我们给出它的详细定义．

**定义 3** 若离散型随机变量 $X$ 的分布律为

$$P\{X=k\}=\mathrm{C}_n^k p^k(1-p)^{n-k},\ k=0, 1, 2, \cdots, n,$$

其中 $0<p<1$，则称随机变量 $X$ 服从参数为 $n, p$ 的二项分布，或者称为伯努利分布，记作 $X\sim B(n,p)$ 或 $X\sim b(n,p)$．

注：特别地，当 $n=1$ 时，二项分布即为两点分布，此时

$$P\{X=0\}=\mathrm{C}_1^0 p^0(1-p)^1=1-p,$$

$$P\{X=1\}=\mathrm{C}_1^1 p^1(1-p)^0=p,$$

所以两点分布可表示为 $X\sim B(1,p)$．

二项分布的性质：对于固定的 $n$ 与 $p$，当 $k$ 增大时，概率 $p$ 的值先是随着 $k$ 的增大而增大，在达到最大值时会随着 $k$ 的增大而减小，可以得到如下结论：

（1）当 $(n+1)p$ 为整数时，概率 $P\{X=k\}$ 在 $(n+1)p$ 与 $(n+1)p-1$ 时达到最大值．

（2）当 $(n+1)p$ 不为整数时，概率 $P\{X=k\}$ 在 $[(n+1)p]$ 时达到最大值 .

注：$[(n+1)p]$ 为取整运算，即表示不超过 $(n+1)p$ 的最大整数 .

**例 3**　观察每次掷硬币是正面还是反面，独立重复 10 次，求恰好出现 3 次正面的概率是多少？

**解**　将每次看成一次随机试验，设随机变量 $X$ 表示出现正面的次数，则

$$X \sim B(10, 0.5),$$

$$P\{X=3\} = \mathrm{C}_{10}^{3}(0.5)^3(1-0.5)^7 = \mathrm{C}_{10}^{3}(\frac{1}{2})^{10} \approx 0.117,$$

故恰好出现 3 次正面的概率为 0.117.

**例 4**　某人进行射击训练，假设此人每次的命中率为 0.08，求此人独立射击 50 次至少命中 3 次的概率？并求此人命中多少次的概率最大？

**解**　将每次射击看成一次随机试验，设随机变量 $X$ 表示击中的次数，则

$$X \sim B(50, 0.08)$$

$$\begin{aligned} P\{X \geqslant 3\} &= \sum_{k=3}^{50} \mathrm{C}_{50}^{k}(0.08)^k(1-0.08)^{50-k} \\ &= 1 - P\{X=0\} - P\{X=1\} - P\{X=2\} \\ &= 1 - 0.92^{50} - \mathrm{C}_{50}^{1}(0.08)^1(1-0.08)^{49} - \mathrm{C}_{50}^{2}(0.08)^2(1-0.08)^{48} \\ &\approx 0.60 . \end{aligned}$$

又因为 $(n+1)p = 51 \times 0.08 = 4.08$，所以当 $k = 4$ 时二项概率 $P$ 达到最大值，即此人命中 4 次的概率最大 .

**3. 泊松分布**

泊松分布是由法国数学家泊松（Poisson）于 1837 年首先提出的 .

**定义 4**　若离散型随机变量 $X$ 的分布律为

$$P\{X=k\} = \mathrm{e}^{-\lambda}\frac{\lambda^k}{k!},\ \lambda>0,\ k=0, 1, 2, \cdots,$$

则称随机变量 $X$ 服从参数为 $\lambda$ 的泊松分布，记作 $X \sim P(\lambda)$. 泊松分布的概率值可以通过附表查询 .

泊松分布的用处非常广泛，通常用来表示在单位时间内某稀有事件发生的次数，例如：

（1）某售票口接待的顾客数．

（2）某汽车场停车的辆数．

（3）某种放射物在某段时间间隔内放射的粒子数．

（4）某报警电话在一定时间内接到的电话数．

（5）单位时间内纺锭发生断头的次数．

另外，泊松分布还可作为二项分布的一种极限近似．通常当 $n$ 很大，$p$ 很小时，二项分布可以用泊松分布近似求值，下面给出近似的公式：

$$P\{X=k\}=\mathrm{C}_n^k p^k(1-p)^{n-k}\approx \mathrm{e}^{-\lambda}\frac{\lambda^k}{k!},\ k=0,1,2,\cdots,$$

其中 $\lambda=np$.

注：在实际运算中，当 $n\geqslant 100$，$np\leqslant 10$ 时近似效果比较好．

**例 5** 纺织厂女工照顾 400 个纺锭，假设每个纺锭在某段时间 $t$ 内发生断头的概率为 0.01，求在这段时间内断头少于 3 个的概率？

**解** 设随机变量 $X$ 表示断头的个数，则

$$\begin{aligned}P\{X<3\}&=P\{X=0\}+P\{X=1\}+P\{X=2\}\\&=0.99^{400}-\mathrm{C}_{400}^1(0.01)^1(1-0.01)^{399}-\mathrm{C}_{400}^2(0.01)^2(1-0.01)^{398}\end{aligned}$$

可以用泊松近似上述结果，所以 $\lambda=np=400\times0.01=4$ ．

原式= $\mathrm{e}^{-4}(\frac{4^0}{0!}+\frac{4^1}{1!}+\frac{4^2}{2!})\approx 0.238$，所以在这段时间内断头次数少于 3 的概率为 0.238.

**例 6** 某工厂生产产品 400 件，已知废品率为 0.005，则这批产品废品数大于 5 的概率是多少？

**解** 设随机变量 $X$ 表示废品数，则

$$\begin{aligned}P\{X>5\}&=\sum_{k=6}^{400}\mathrm{C}_{400}^k(0.005)^k(1-0.005)^{400-k}\\&=1-\sum_{k=0}^{5}\mathrm{C}_{400}^k(0.005)^k(1-0.005)^{400-k}\\&\approx 1-\sum_{k=0}^{5}\mathrm{e}^{-\lambda}\frac{\lambda^k}{k!}\text{（其中 }\lambda=np=400\times0.005=2\text{）}.\end{aligned}$$

可以通过查附表得出结果为$=1-\mathrm{e}^{-2}(\sum_{k=0}^{5}\frac{2^k}{k!})\approx 0.017$.

## 习题 2.2

1. 从 1—10 中随机取出 5 个数字，$X$ 表示取出的 5 个数中的最大值．试求 $X$ 的分布律．
2. 若 $X$ 服从二点分布，且 $P\{X=1\}=2P\{X=0\}$，求 $X$ 的分布律．
3. 在 8 根灯管中混有 2 根坏灯管，现从中任取 3 根灯管，$X$ 为取得的好灯管数，试在下列两种情况下求 $X$ 的分布律：

（1）无放回地取 3 根灯管．

（2）有放回地取 3 根灯管（每次取一根）．

4. 某射手有 5 发子弹，射一次命中的概率为 0.8，如果命中了就停止射击，如果不命中就一直射到子弹用尽，求射击次数 $X$ 的分布律．
5. 从一副扑克牌（52 张）中发出 5 张，求其中黑桃张数的分布律．
6. 设某批产品的合格品率为 0.8，废品率为 0.2，现对这批产品进行检测，只要测得一个正品就停止测试，试求检查次数的分布律．
7. 某车间有 12 台车床，每台车床由于工艺上的原因，时常需要停车．设每台车床停车（或开车）是相互独立的，每台车床在任一时刻处于停车状态的概率为 1/3，计算在任一指定时刻，车间里恰有 2 台车床处于停车状态的概率．
8. 某航线的航班，常常有旅客预订票后又临时取消，每班平均为 4 人．若预订票而又取消的人数服从以平均人数为参数的泊松分布，求：

（1）正好有 4 人取消的概率．

（2）不超过 3 人（含 3 人）取消的概率．

（3）超过 6 人（含 6 人）取消的概率．

（4）无人取消的概率．

9. 某商店出售某种高档商品，根据以往经验，每月销售量 $X$ 服从 $\lambda=3$ 的泊松分布，问在月初进货时要预存此商品多少件，才能以 99% 的概率满足顾客的需要．

## 第三节　随机变量的分布函数

对于离散型随机变量，我们可以研究它的每一个取值，并写出它的分布律．但是，对于非离散型随机变量，我们往往无法一一列出它的全部取值．为了研究非离散型随机变量，人们给出了随机变量分布函数的概念．

### 一、随机变量的分布函数

**定义**　设 $X$ 为一个随机变量，则定义

$$F(x)=P\{X\leqslant x\},\ \ x\in R$$

为随机变量 $X$ 的分布函数，记作 $X\sim F(x)$．特别地，若为了区分 $X$ 与 $Y$ 的分布函数，还可简记为 $F_X(x)$ 与 $F_Y(y)$.

下面我们给出分布函数的性质：

（1）$F(x)$ 表示的是随机变量 $X$ 在区间 $(-\infty,x]$ 中的所有可能取值所对应的概率值的和．显然，当 $x$ 增大的时候，区间包括的范围越来越大，包括的取值越来越多，则 $F(x)$ 越来越大，所以我们可以看出 $F(x)$ 为一个单调非减的函数．

（2）由 $F(x)$ 的定义我们可以知道，它表示的依然是一个概率值，所以可以根据概率的定义知道 $0\leqslant F(x)\leqslant 1$.

特别地，当 $x$ 趋于负无穷时，此区间内不包括随机变量 $X$ 的任何取值，所以对应的概率和为 0，记为 $F(-\infty)=0$；同理，当 $x$ 趋于正无穷时，此区间内包括随机变量 $X$ 的所有取值，根据概率的定义可知其对应的概率和为 1，记为 $F(+\infty)=1$.

（3）对于给定的任意两个实数 $x_1$, $x_2(x_1<x_2)$，有

$$P\{x_1<X\leqslant x_2\}=P\{X\leqslant x_2\}-P\{X\leqslant x_1\}=F(x_2)-F(x_1).$$

（4）右连续性，即$\lim\limits_{x\to x_0^+}F(x)=F(x_0)$或者 $F(x+0)=F(x)$.

以上四条性质为分布函数 $F(x)$ 具有的基本性质，也可以作为判断一个函

数是否为分布函数的依据，即如果一个函数 $F(x)$ 具有以上四条性质，则它一定可以表示为某随机变量的分布函数．下面我们利用例题来分析说明分布函数的性质及应用．

**例 1**　设离散型随机变量 $X$ 的分布律为

| $X$ | $-1$ | $0$ | $1$ | $3$ |
|---|---|---|---|---|
| $p_k$ | 0.1 | 0.2 | 0.4 | 0.3 |

试求 $P\{X\leqslant 0\}$，$P\{X>1\}$，$P\{0\leqslant X\leqslant 2\}$.

**解**　$P\{X\leqslant 0\}=P\{X=-1\}+P\{X=0\}=0.1+0.2+0.3$;

$P\{X>1\}=P\{X=3\}=0.3$;

$P\{0\leqslant X\leqslant 2\}=P\{X=0\}+P\{X=1\}=0.2+0.4=0.6.$

## 二、离散型随机变量的分布函数

设离散型随机变量 $X$ 的分布律为

| $X$ | $x_1$ | $x_2$ | $\cdots$ | $x_n$ | $\cdots$ |
|---|---|---|---|---|---|
| $p_k$ | $p_1$ | $p_2$ | $\cdots$ | $p_n$ | $\cdots$ |

其中 $p_k\geqslant 0$，且 $\sum\limits_{k=1}^{\infty}p_k=1$，$x_1<x_2<\cdots<x_n<\cdots$，$k=1, 2, \cdots, n, \cdots$

则随机变量 $X$ 的分布函数仿照例 1 可得

$$F(x)=P\{X\leqslant x\}=\sum_{x_i\leqslant x}P\{X=x_i\}$$

或者记作 $F(x)=\begin{cases}0, & x<x_1\\ p_1, & x_1\leqslant x<x_2\\ p_1+p_2, & x_2\leqslant x<x_3\\ \cdots & \cdots\\ p_1+p_2+\cdots+p_n, & x_n\leqslant x<x_{n+1}\\ \cdots & \cdots\end{cases}$.

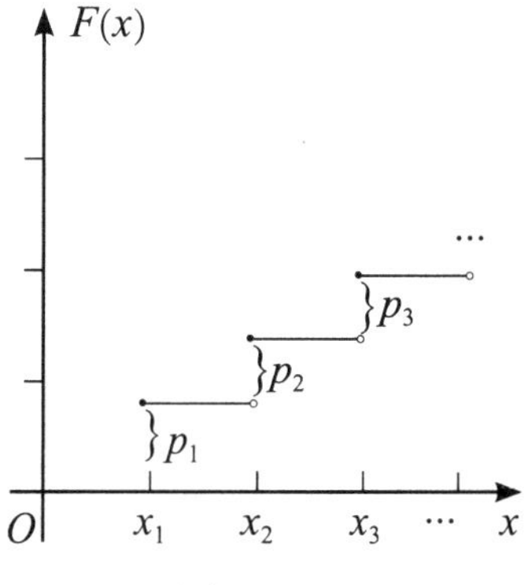

图 2–1

如图 2–1 所示，$F(x)$ 为阶梯函数，分段区间为半闭半开区间并且右连续 .

**例 2** 试求例 1 中随机变量 $X$ 的分布函数 $F(x)$.

**解** 由上面 $X$ 的公式易得 $F(x)=\begin{cases}0, & x<-1\\ 0.1, & -1\leqslant x<0\\ 0.3, & 0\leqslant x<1\\ 0.7, & 1\leqslant x<3\\ 1, & x\geqslant 3\end{cases}$.

## 习题 2.3

1. 设随机变量 $X$ 的分布律为

| $X$ | 1 | 2 | 3 |
|---|---|---|---|
| $p_k$ | 0.25 | 0.5 | 0.25 |

求 $X$ 的分布函数，并求 $P\{X>0.5\}$， $P\{1<X<3\}$， $P\{X\leqslant 2\}$ .

2. 甲、乙两人各有赌本 30 元和 20 元，以投掷一枚均匀硬币进行赌博 . 约定若出现正面，则甲赢 10 元，乙输 10 元；若出现反面，则甲输 10 元，乙赢 10 元 . 分别求投掷一次后甲、乙两人赌本的分布律及相应的分布函数 .

3. 设离散型随机变量 $X$ 的分布律为:（1）$P\{X=k\}=A\cdot 3^k$, $k=1, 2, \cdots, 100$;（2）$P\{X=k\}=A\cdot 3^{-k}$, $k=1, 2, \cdots$. 分别求（1）（2）中常数 $A$ 的值 .

4. 假设随机变量 $X$ 的分布函数是 $F(x)=A+B\arctan x$，求常数 $A$，$B$.

5. 设随机变量 $X$ 的分布函数为 $F(x)=\begin{cases}A+Be^{-\frac{x^2}{2}}, & x>0\\ 0, & x\leqslant 0\end{cases}$，求常数 $A$，$B$.

6. 设随机变量 $X$ 的分布函数为

$$F(x)=\begin{cases}0, & x<0\\ A\sin x, & 0\leqslant x\leqslant\dfrac{\pi}{2}\\ 1, & x>\dfrac{\pi}{2}\end{cases}.$$

试求：（1）$A$ 的值．（2）$P\{|X|<\frac{\pi}{6}\}$．

7. 设函数 $F(x)=\begin{cases}\sin x, & 0\leqslant x\leqslant \pi \\ 0, & 其他\end{cases}$，试说明 $F(x)$ 能否是某随机变量的分布函数．

## 第四节　连续型随机变量及其概率密度

在本节中，我们来讨论连续型随机变量．由于连续型随机变量的取值是某个区间而不是离散的点，所以我们不能像对待离散型随机变量那样把每个点对应的概率一一列举出来．

对于连续型随机变量，我们关心的不再是取某点的概率，而是取某个区间的概率．例如，在灯泡寿命问题中，人们关心的是灯泡寿命大于300小时的概率，即 $P\{t>300\}$，所以在本节中我们主要研究连续型随机变量及其概率密度．

### 一、连续型随机变量及其概率分布

**定义 1**　如果对于随机变量 $X$ 及其分布函数 $F(x)$，若存在非负可积函数 $f(x)$，使得对于任意实数 $x$ 有

$$F(x)=P\{X\leqslant x\}=\int_{-\infty}^{x}f(t)\mathrm{d}t$$

则称 $X$ 为**连续型随机变量**，其中函数 $f(x)$ 称为 $X$ 的**概率密度函数**，简称**概率密度**或者**密度函数**．

下面给出概率密度函数 $f(x)$ 的性质：

（1）$f(x)\geqslant 0$.

（2）由分布函数的性质易得 $F(+\infty)=\int_{-\infty}^{+\infty}f(x)\mathrm{d}x=1$.

（3）对于任意实数 $a,b\ (a<b)$ 有

$$\begin{aligned}P\{a<X\leqslant b\}&=P\{X\leqslant b\}-P\{X\leqslant a\}=F(b)-F(a)\\&=\int_{-\infty}^{b}f(x)\mathrm{d}x-\int_{-\infty}^{a}f(x)\mathrm{d}x=\int_{a}^{b}f(x)\mathrm{d}x.\end{aligned}$$

更为特殊地，当 $a$ 无限接近于 $b$ 时，即

$$P\{X=b\}=\lim_{\delta\to 0^{+}}P\{b-\delta<X\leqslant b\}=\lim_{\delta\to 0^{+}}\int_{b-\delta}^{b}f(x)\mathrm{d}x=0.$$

通过这个性质我们可以看出，连续型随机变量在取某一个特定值的概率为 0，即$P\{X \leqslant a\} = P\{X < a\}$. 通过此性质我们可以更深一步地认识到概率为 0 的事件不一定是不可能事件 .

（4）若$f(x)$在点 $x$ 处连续，则可由积分与导数的关系得出

$$F'(x) = f(x) .$$

性质（4）给出了由分布函数求解概率密度函数的方法 .

注:（1）我们可以利用积分的几何意义把性质（2）表示出来，如图 2–2 所示：

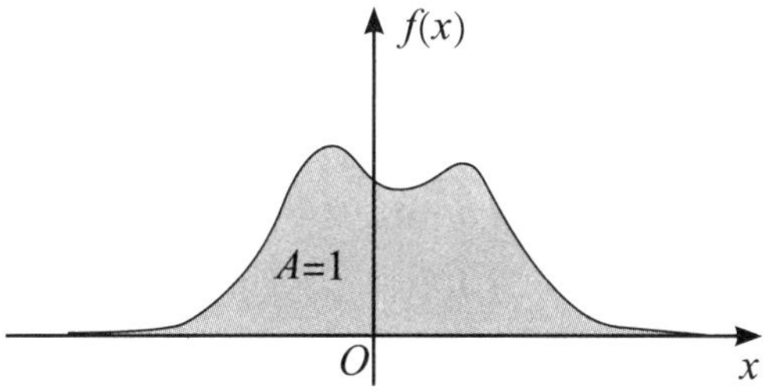


图 2–2

（2）在书写概率密度函数的时候，一定要注意区分未知变量与积分变量，避免混淆 .

（3）若一个函数具有上述 4 条性质，则它可以作为某随机变量的概率密度函数 .

**例 1**　设随机变量 $X$ 的概率密度函数为

$$f(x) = \begin{cases} 3x^2, & 0 \leqslant x \leqslant 1 \\ 0, & 其他 \end{cases} .$$

试求:（1）$P\{X \leqslant \frac{1}{2}\}$.（2）$P\{\frac{1}{2} < X < 2\}$ .（3）求分布函数 $F(x)$.

**解**　（1）$P\{X \leqslant \frac{1}{2}\} = \int_{-\infty}^{\frac{1}{2}} f(x)\mathrm{d}x + \int_{-\infty}^{0} 0\mathrm{d}x = \int_{0}^{\frac{1}{2}} 3x^2\mathrm{d}x = \frac{1}{8}$.

（2）$P\{\frac{1}{2} < X < 2\} = \int_{\frac{1}{2}}^{1} 3x^2\mathrm{d}x + \int_{1}^{2} 0\mathrm{d}x = \frac{7}{8}$.

（3）由定义知$F(x) = \int_{-\infty}^{x} f(t)\mathrm{d}t$ .

当 $x \leqslant 0$ 时，$F(x) = \int_{-\infty}^{x} f(t)\mathrm{d}t = \int_{-\infty}^{x} 0\mathrm{d}t = 0$ .

当 $0<x<1$ 时，$F(x)=\int_{-\infty}^{x} f(t)\mathrm{d}t=\int_{-\infty}^{0} 0\mathrm{d}t+\int_{0}^{x} 3t^2\mathrm{d}t=x^3$ .

当 $x \geqslant 1$ 时，$F(x)=\int_{-\infty}^{x} f(t)\mathrm{d}t=\int_{-\infty}^{0} 0\mathrm{d}t+\int_{0}^{1} 3t^2\mathrm{d}t+\int_{1}^{x} 0\mathrm{d}t=1$ .

综上得$F(x)=\begin{cases}0, & x\leqslant 0\\ x^3, & 0<x<1\\ 1, & x\geqslant 1\end{cases}$.

## 二、几种常见的连续型分布

### 1. 均匀分布

**定义 2** 若连续型随机变量 $X$ 具有概率密度

$$f(x)=\begin{cases}\dfrac{1}{b-a}, & a\leqslant x\leqslant b\\ 0, & \text{其他}\end{cases},$$

则称 $X$ 在区间 $[a, b]$ 上服从均匀分布，记作 $X\sim U(a,b)$ . 易证 $f(x)\geqslant 0$ 并且 $\int_{-\infty}^{+\infty} f(x)\mathrm{d}x=1$ .

注：由于连续型随机变量在特定值的概率为 0，所以概率密度函数中区间 $[a, b]$ 也可表示为区间 $(a, b)$, $(a, b]$, $[a, b)$.

若随机变量 $X$ 在区间 $[a, b]$ 上服从均匀分布，任取两点 $x_1$, $x_2$($a\leqslant x_1\leqslant x_2\leqslant b$)，则

$$P\{x_1<X\leqslant x_2\}=\int_{x_1}^{x_2}\frac{1}{b-a}\mathrm{d}x=\frac{x_2-x_1}{b-a}.$$

从这个情况我们可以看出，若区间 $[x_1,x_2]$ 包含于区间 $[a, b]$ 中，则随机变量 $X$ 取值落在 $[x_1,x_2]$ 的概率即为这个区间的长度与 $[a, b]$ 区间长度的比值. 我们还可以得到均匀分布的分布函数为

$$F(x)=\begin{cases}0, & x<a\\ \dfrac{x-a}{b-a}, & a\leqslant x\leqslant b\\ 1, & x>b\end{cases}.$$

**例 2** 设 $k$ 在区间 $(-3,5)$ 上服从均匀分布，求方程 $x^2+kx+1=0$ 有实根的概率是多少？

**解** 若方程有解，则 $\Delta = k^2-4 \geqslant 0$，即 $k \leqslant -2$ 或 $k \geqslant -2$.

$$P\{k \leqslant -2\} + P\{k \geqslant -2\} = \int_{-3}^{-2} \frac{1}{5+3} \mathrm{d}x = \int_{2}^{5} \frac{1}{5+3} \mathrm{d}x = \frac{1}{2},$$

所以方程有实根的概率为 $\frac{1}{2}$.

**2. 指数分布**

**定义 3** 若连续型随机变量 $X$ 具有概率密度

$$f(x) = \begin{cases} \lambda \mathrm{e}^{-\lambda x}, & x > 0 \\ 0, & \text{其他} \end{cases},$$

其中 $\lambda > 0$，则称 $X$ 服从参数为 $\lambda$ 的指数分布，记作 $X \sim \mathrm{e}(\lambda)$. 易证 $f(x) \geqslant 0$ 并且 $\int_{-\infty}^{+\infty} f(x)\mathrm{d}x = \int_{0}^{+\infty} \lambda \mathrm{e}^{-\lambda x}\mathrm{d}x = -\mathrm{e}^{-\lambda x}\Big|_{0}^{+\infty} = 1$.

可求得 $f(x)$ 分布函数为

$$F(x) = \begin{cases} 1-\mathrm{e}^{-\lambda x}, & x > 0 \\ 0, & \text{其他} \end{cases} \quad (\lambda > 0).$$

指数分布一般用于表示各种元件的使用寿命，也可以表示顾客在柜台前等待服务的时间等这一类有关时间间隔的问题 .

**例 3** 若零件的寿命 $X$ 服从参数为 $\lambda$ 的指数分布，求它使用至少 $a$ 小时的概率？若它已经使用了 $b$ 小时，求它还能使用至少 $a$ 小时的概率？

**解** （1）$P\{X \geqslant a\} = \int_{a}^{+\infty} \lambda \mathrm{e}^{-\lambda x}\mathrm{d}x = -\mathrm{e}^{-\lambda x}\Big|_{a}^{+\infty} = \mathrm{e}^{-\lambda a}$.

（2）$P\{x > a+b \mid X > b\} = \dfrac{P\{x > a+b, X > b\}}{P\{X > b\}} = \dfrac{P\{x > a+b\}}{P\{X > b\}} = \dfrac{\int_{a+b}^{+\infty} \lambda \mathrm{e}^{-\lambda x}\mathrm{d}x}{\int_{b}^{+\infty} \lambda \mathrm{e}^{-\lambda x}\mathrm{d}x} = \mathrm{e}^{-\lambda a}$.

通过这个例题，我们可以看出此零件使用至少 $a$ 小时的概率与使用了 $b$ 小时之后它还能使用至少 $a$ 小时的概率相同，这就是指数分布的特点之一，所以指数分布还被人们称作“永远年轻”的分布 .

**例 4** 某灯泡的寿命 $X$ 服从参数 $\lambda = \frac{1}{100}$ 的指数分布，求 3 个这样的灯泡使用 100 小时，都没有损坏的概率？

**解** 由题意知 $X$ 的概率密度函数为 $f(x)=\begin{cases}\frac{1}{100}e^{-\frac{1}{100}x}, & x>0\\ 0, & \text{其他}\end{cases}$.

首先求出一个灯泡使用 100 小时不损坏的概率：

$$P\{X\geqslant 100\}=\int_{100}^{+\infty}\frac{1}{100}e^{-\frac{1}{100}x}dx=-e^{-\frac{1}{100}x}\Big|_{100}^{+\infty}=e^{-1},$$

所以 3 个灯泡使用 100 小时之后都不损坏的概率为 $p=(e^{-1})^3=e^{-3}$.

3. **正态分布**

正态分布无论在实际生活中还是理论研究中都具有非常重要的意义．首先我们给出正态分布的定义．

**定义 4** 若连续型随机变量 $X$ 具有概率密度

$$f(x)=\frac{1}{\sqrt{2\pi}\sigma}e^{-\frac{(x-\mu)^2}{2\sigma^2}},\quad -\infty<x<+\infty,$$

其中 $\mu,\sigma(\sigma>0)$ 均为常数，则称 $X$ 服从参数为 $\mu$ 和 $\sigma$ 的正态分布，记作 $X\sim N(\mu,\sigma^2)$.

易证 $f(x)\geqslant 0$ 并且 $\int_{-\infty}^{+\infty}f(x)dx=\int_{-\infty}^{+\infty}\frac{1}{\sqrt{2\pi}\sigma}e^{-\frac{(x-\mu)^2}{2\sigma^2}}dx\overset{t=\frac{x-\mu}{\sigma}}{=}\int_{-\infty}^{+\infty}\frac{1}{\sqrt{2\pi}}e^{-\frac{t^2}{2}}dt=1$.

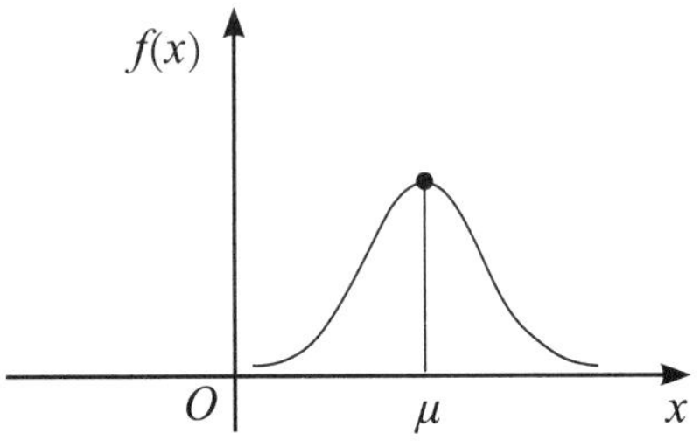

图 2-3

正态分布的概率密度函数图像称为正态曲线（图 2-3），下面给出正态曲线 $f(x)$ 的几条重要性质：

（1）$f(x)$ 关于 $x=\mu$ 对称，即 $f(\mu-x)=f(\mu+x)$.

（2）$f(x)$ 在 $x=\mu$ 处达到最大值，即 $f(\mu)=\frac{1}{\sqrt{2\pi}\sigma}$.

（3）当 $x\in(-\infty,\mu)$ 时，$f(x)$ 单调递增；当 $x\in(\mu,+\infty)$ 时，$f(x)$ 单调递减；

当 $x \to \infty$ 时，图像无限接近于 $x$ 轴，即以 $x$ 轴为渐近线 .

（4）$f(x)$ 在 $\mu \pm \sigma$ 处为拐点 . 当 $\mu$ 确定了，$f(x)$ 位置就确定了；$\sigma$ 越大曲线越平坦，$\sigma$ 越小曲线越陡峭，即 $\sigma$ 决定曲线的陡峭程度 .

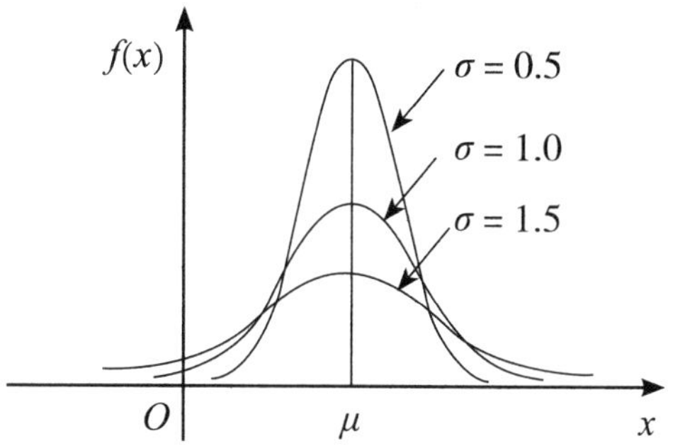


图 2–4

（5）若 $X \sim N(\mu,\sigma^2)$，则 $Y = \dfrac{X-\mu}{\sigma} \sim N(0,1)$ .

其中前 4 条性质我们从图像（图 2–4）即可看出 . 关于性质（5），我们把 $\mu = 0$，$\sigma = 1$ 的正态分布称作**标准正态分布** .

注：关于性质（5）的证明留到下一节，利用性质（5）可以把任何一个正态分布通过线性变换化简为标准正态分布，人们以此编制了标准正态分布的函数表以供查询计算，接下来我们就重点介绍标准正态分布 .

**4. 标准正态分布**

标准正态分布的概率密度函数与分布函数分别用 $\varphi(x)$ 与 $\Phi(x)$ 表示（图 2–5、图 2–6）：

$$\varphi(x) = \frac{1}{\sqrt{2\pi}} e^{-\frac{x^2}{2}} \ (-\infty < x < +\infty)，\ \Phi(x) = \frac{1}{\sqrt{2\pi}} \int_{-\infty}^{x} e^{-\frac{t^2}{2}} dt \ (-\infty < x < +\infty) .$$

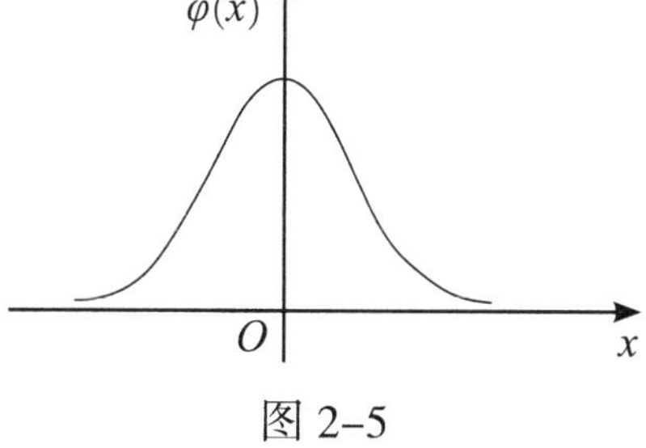


图 2–5

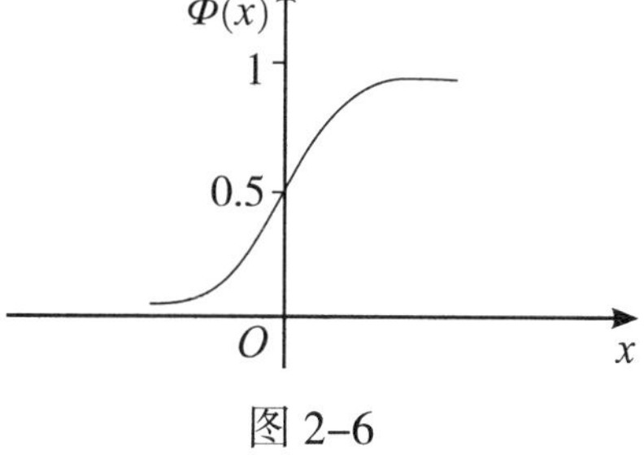


图 2–6

标准正态分布的性质：

（1）$\varphi(x)$ 为偶函数，关于 $y$ 轴对称，所以$\Phi(0)=\frac{1}{\sqrt{2\pi}}\int_{-\infty}^{0}\mathrm{e}^{-\frac{t^2}{2}}\mathrm{d}t=\frac{1}{2}$.

（2）由$\Phi(x)=P\{X\leqslant x\}=P\{X\geqslant -x\}=1-P\{X\leqslant -x\}=1-\Phi(-x)$，在书后的附表中只列出了当 $x\geqslant 0$ 时 $\Phi(x)$ 的值，所以当 $x<0$ 时，可以利用此性质计算 $\Phi(x)$ 的值.

（3）$P\{a<X<b\}=\Phi(b)-\Phi(a)$.

（4）对于一般的正态分布 $X\sim N(\mu,\sigma^2)$，若要计算 $F(x)$ 的值，只需利用性质通过线性变换化简为标准正态分布计算求值即可. 因为 $\frac{X-\mu}{\sigma}\sim N(0,1)$，所以

$$F(x)=P\{X<x\}=P\{\frac{X-\mu}{\sigma}<\frac{x-\mu}{\sigma}\}=\Phi(\frac{x-\mu}{\sigma}),$$

查表求值即可.

**例5** 设随机变量$X\sim N(2,9)$，练习查表求$F(5)$，$P\{2<X<5\}$，$P\{X<-1\}$.

**解** 由题意知

$$F(5)=P\{X<5\}=P\{\frac{X-2}{3}<\frac{5-2}{3}\}=\Phi(1)=0.8413;$$

$$P\{2<X<5\}=P\{\frac{2-2}{3}<\frac{X-2}{3}<\frac{5-2}{3}\}=\Phi(1)-\Phi(0)=0.8413-0.5=0.3413;$$

$$P\{X<-1\}=P\{\frac{X-2}{3}<\frac{-1-2}{3}\}=\Phi(-1)=1-\Phi(1)=1-0.8413=0.1587.$$

**例6** 假设某地公交车的车门高度为 185cm，此地男性身高 $X$ 服从正态分布 $X\sim N(175,5^2)$（单位：cm），求该地区男子上车撞到头的概率？

**解** 由题意知

$$P\{X>185\}=P\{\frac{X-175}{5}>\frac{185-175}{5}\}=1-\Phi(2)=1-0.9772=0.0228,$$

所以该地区男子上车撞到头的概率为 0.0228.

**例7** 设$X\sim N(\mu,\sigma^2)$，求$P\{|X-\mu|<\sigma\}$，$P\{|X-\mu|<2\sigma\}$，$P\{|X-\mu|<3\sigma\}$.

**解** 由性质可得

$$P\{|X-\mu|<\sigma\}=P\{-1<\frac{X-\mu}{\sigma}<1\}=2\Phi(1)-1=0.6826;$$

$$P\{|X-\mu|<2\sigma\}=P\{-2<\frac{X-\mu}{\sigma}<2\}=2\Phi(2)-1=0.9544;$$

$$P\{|X-\mu|<3\sigma\}=P\{-3<\frac{X-\mu}{\sigma}<3\}=2\Phi(3)-1=0.9974.$$

通过例 7 我们发现，$P\{|X-\mu|<3\sigma\}=0.9974$，也就是说虽然 $x\in(-\infty,+\infty)$，但是它几近所有的点都落在了 $(\mu-3\sigma,\mu+3\sigma)$ 这个区域内．这就是统计学中的“$3\sigma$ 准则”．

正态分布之所以如此重要，是因为在现实生活中大部分的随机现象均近似地服从正态分布，如某地区人们的平均身高，某元件尺寸的误差，某学校学生的体重等都均服从或近似地服从正态分布．

## 习题 2.4

1. 设连续型随机变量 $X$ 的分布函数为

$$F(x)=\begin{cases}0, & x<0\\ Ax^2, & 0\leqslant x<1\\ 1, & x\geqslant 1\end{cases}.$$

求：（1）常数 $A$ 的值．（2）$X$ 的概率密度函数 $f(x)$．（3）$P\{X\leqslant 2\}$．

2. 设随机变量 $X$ 的概率密度函数为 $f(x)=\begin{cases}\dfrac{A}{\sqrt{1-x^2}}, & 当\ |x|<1\\ 0, & 其他\end{cases}$．

试求：（1）常数 $A$．（2）$P\left\{\dfrac{1}{2}\leqslant X\leqslant 2\right\}$．（3）$X$ 的分布函数．

3. 设顾客在某窗口等待服务的时间 $X$（min）服从 $\lambda=\dfrac{1}{5}$ 的指数分布．假设顾客在窗口等待服务超过 10 min，他就离开．若他一个月到银行 5 次，求：

（1）一个月内他未等到服务而离开窗口的次数 $Y$ 的分布．

（2）求 $P\{Y\geqslant 1\}$．

4. 练习查表，设随机变量 $X \sim N(5, 4)$，求 $a$，使：

（1）$P\{X < a\} = 0.903$；（2）$P\{|X-5| > a\} = 0.01$ .

5. 练习查表，设 $X \sim N(10, 2^2)$，求 $P\{10 < X \leqslant 13\}$，$P\{|X-10| \geqslant 2\}$ .

6. 某地 7 月份的降水量服从 $\mu = 185\text{mm}$，$\sigma = 28\text{mm}$ 的正态分布，求该地区降水量超过 250mm 的概率 .

7. 测量物体的长度时，产生的随机误差 $X$ (mm) 服从正态分布 $X(0, 400)$，求在 3 次测量中至少有 1 次误差的绝对值不超过 30mm 的概率 .

8. 参加某项综合测试的 1000 名学生均有机会获得该测试的满分 500 分 . 设学生的得分 $X \sim N(\mu, \sigma^2)$，某教授根据得分 $X$ 将学生分成五个等级：A 级：$X \geqslant (\mu+\sigma)$；B 级：$\mu \leqslant X < (\mu+\sigma)$；C 级：$(\mu-\sigma) \leqslant X < \mu$；D 级：$(\mu-2\sigma) \leqslant X < (\mu-\sigma)$；F 级：$X < (\mu-2\sigma)$ . 已知 A 级和 C 级的最低得分分别为 448 分和 352 分，则：

（1）$\mu$ 和 $\sigma$ 是多少？（2）多少个学生得 B 级？

# 第五节　随机变量函数的分布

在上一节中的性质（4）中我们介绍了通过$Y=\dfrac{X-\mu}{\sigma}$可以将一般的正态分布化为标准正态分布．换句话说，就是通过构造随机变量$X$的函数$Y=f(X)$，我们得到一个新的随机变量$Y$，这个新的随机变量是服从标准正态分布的．下面我们给出随机变量函数的定义．

## 一、随机变量函数

**定义**　如果存在一个函数$y=f(x)$，而随机变量$Y$的所有取值是由随机变量$X$的取值通过函数$f(x)$确定的，即$Y=f(X)$，则称随机变量$Y$是随机变量$X$的函数．

本节主要讲述离散型随机变量函数与一些简单的连续型随机变量函数，为了方便理解，我们以例题的形式来讲解．

## 二、离散型随机变量函数的分布

设离散型随机变量的分布律为

| $X$ | $x_1$ | $x_2$ | $\cdots$ | $x_n$ | $\cdots$ |
|---|---|---|---|---|---|
| $p_k$ | $p_1$ | $p_2$ | $\cdots$ | $p_n$ | $\cdots$ |

易见，离散型随机变量函数$Y=f(X)$中随机变量$Y$依然为离散型随机变量，则我们求随机变量$Y$的分布律可以分为以下几步：

（1）将$X$的所有取值代入函数$y=f(x)$中求出$Y$的所有取值，

即$y_1=f(x_1),y_2=f(x_2),\cdots,y_n=f(x_n),\cdots$．

（2）$y_1$，$y_2$，$\cdots$，$y_n$，$\cdots$对应的概率分别为$x_1$，$x_2$，$\cdots$，$x_n$，$\cdots$的概率，

即$P\{Y=y_1\}=P\{X=x_1\},P\{Y=y_2\}=P\{X=x_2\},\cdots,P\{Y=y_n\}=P\{X=x_n\},\cdots$．

（3）列表为

| $Y$ | $y_1$ | $y_2$ | $\cdots$ | $y_n$ | $\cdots$ |
|---|---|---|---|---|---|
| $p_k$ | $p_1$ | $p_2$ | $\cdots$ | $p_n$ | $\cdots$ |

（4）整理：先将 $y_1$, $y_2$, $\cdots$, $y_n$, $\cdots$按照从小到大的顺序排列，若 $y_1$, $y_2$, $\cdots$, $y_n$, $\cdots$中有相同的值则将其合并，对应的概率相加，最后整理完毕写出结果．

下面我们通过例题作详细的说明．

**例 1**　已知

| $X$ | $-1$ | $0$ | $1$ | $2$ | $3$ |
|---|---|---|---|---|---|
| $p_k$ | 0.1 | 0.2 | 0.3 | 0.1 | 0.3 |

（1）求 $Y=2X+1$ 的分布律；

（2）求 $Z=(X-1)^2$ 的分布律．

**解**　（1）随机变量 $Y$ 的所有取值为 $-1, 1, 3, 5, 7$，

对应的概率为 0.1，0.2，0.3，0.1，0.3.

整理得随机变量 $Y$ 的分布律为

| $Y$ | $-1$ | $1$ | $3$ | $5$ | $7$ |
|---|---|---|---|---|---|
| $p_k$ | 0.1 | 0.2 | 0.3 | 0.1 | 0.3 |

（2）随机变量 $Z$ 的所有取值为 $4, 1, 0, 1, 4$，

对应的概率为 0.1，0.2，0.3，0.1，0.3.

整理得随机变量 $Z$ 的分布律为

| $Z$ | $0$ | $1$ | $4$ |
|---|---|---|---|
| $p_k$ | 0.3 | 0.3 | 0.4 |

## 三、连续型随机变量函数的分布

设连续型随机变量 $X$ 的分布函数为 $F_x(x)=P\{X\leqslant x\}$，则 $Y=f(X)$ 的分布可以利用定义来求，具体步骤如下：

（1）根据定义写出随机变量 $Y$ 的分布函数$F_Y(y)=P\{Y\leqslant y\}=P\{f(X)\leqslant y\}$．

（2）利用不等式$f(X)\leqslant y$ 求出随机变量 $X$ 的取值范围．

通过这两步，我们就将随机变量 $Y$ 的分布函数转化成了随机变量 $X$ 的分布，从而可以利用 $X$ 的分布求出随机变量 $Y$ 的分布，还可以进一步地利用

$f_Y(y)=F_Y'(y)$ 求出随机变量 $Y$ 的概率密度函数．下面举例说明：

**例 2**　若 $X\sim N(\mu,\sigma^2)$，试求 $Y=\dfrac{X-\mu}{\sigma}$ 的概率密度函数．

**解**　$F_Y(y)=P\{Y\leqslant y\}=P\{\dfrac{X-\mu}{\sigma}\leqslant y\}=P\{X\leqslant \sigma y+\mu\}=F_X(\sigma y+\mu)$,

两边同时对 $y$ 求导，可得

$$f_Y(y)=F_Y'(y)=F_X'(\sigma y+\mu)\cdot(\sigma y+\mu)'=\sigma f_X(\sigma y+\mu)\ .$$

又因为 $f(x)=\dfrac{1}{\sqrt{2\pi}\sigma}\mathrm{e}^{-\frac{(x-\mu)^2}{2\sigma^2}}$,

所以代入得 $f_Y(y)=\sigma f_X(\sigma y+\mu)=\dfrac{1}{\sqrt{2\pi}}\mathrm{e}^{-\frac{y}{2}}$，$y\in(-\infty,+\infty)$ .

综上得随机变量 $Y$ 的概率密度函数为 $f_Y(y)=\dfrac{1}{\sqrt{2\pi}}\mathrm{e}^{-\frac{y^2}{2}}$，$y\in(-\infty,+\infty)$ .

**例 3**　设随机变量 $X\sim U(1,2)$，试求 $Y=2X+1$ 的概率密度．

**解**　由题意知随机变量 $X$ 的概率密度为

$$f(x)=\begin{cases}\dfrac{1}{2-1}, & 1\leqslant x\leqslant 2\\ 0, & \text{其他}\end{cases}=\begin{cases}1, & 1\leqslant x\leqslant 2\\ 0, & \text{其他}\end{cases},$$

则 $F_Y(y)=P\{Y\leqslant y\}=P\{2X+1\leqslant y\}=P\{X\leqslant \dfrac{y-1}{2}\}=F_X(\dfrac{y-1}{2})$,

左右同时对 $y$ 求导，得

$$f_Y(y)=F_Y'(y)=F_X'(\frac{y-1}{2})\cdot(\frac{y-1}{2})'=\frac{1}{2}f_X(\frac{y-1}{2}),$$

所以当 $1<\dfrac{y-1}{2}<2$，即 $3<y<5$ 时，$f_Y(y)=\dfrac{1}{2}f_X(\dfrac{y-1}{2})=\dfrac{1}{2}$ .

综上得 $f_Y(y)=\begin{cases}\dfrac{1}{2}, & 3\leqslant y\leqslant 5\\ 0, & \text{其他}\end{cases}$，即随机变量 $Y$ 服从区间 [3, 5] 上的均匀分布．

**例 4**　设随机变量 $X\sim N(0,1)$，求 $Y=2X^2+1$ 的概率密度函数．

**解** 由题意知$F_Y(y)=P\{Y\leqslant y\}=P\{2X^2+1\leqslant y\}$ .

当 $y<1$ 时，$P\{2X^2+1\leqslant y\}=P\{\Phi\}=0$；

当$y\geqslant 1$时，$P\{2X^2+1\leqslant y\}=P\{-\sqrt{\frac{y-1}{2}}\leqslant X\leqslant\sqrt{\frac{y-1}{2}}\}=2F_X(\sqrt{\frac{y-1}{2}})-1.$

左右同时对 $y$ 求导，得

$$f_Y(y)=F_Y'(y)=2F_X'(\sqrt{\frac{y-1}{2}})\cdot(\sqrt{\frac{y-1}{2}})'=\frac{1}{2\sqrt{\frac{y-1}{2}}}f_X(\sqrt{\frac{y-1}{2}})$$

$$=\frac{1}{2\sqrt{\pi(y-1)}}\mathrm{e}^{-\frac{y-1}{4}}.$$

综上可得$f_Y(y)=\begin{cases}\dfrac{1}{2\sqrt{\pi(y-1)}}\mathrm{e}^{-\frac{y-1}{4}}, & y\geqslant 1\\ 0, & 其他\end{cases}.$

此外，如果 $y=f(x)$ 是一个严格单调的连续可微函数，我们可以建立随机变量 $Y=f(X)$ 的密度函数通式 .

**定理** 设随机变量 $X$ 服从密度函数为 $f_X(x)$ 的连续分布，$g(x)$ 为实数域上连续可微的单调递增函数，则 $Y=g(X)$ 也是连续型随机变量，其概率密度函数为

$$f_Y(y)=\begin{cases}f_X(g^{-1}(y))(g^{-1}(y))', & \alpha<x<\beta\\ 0, & 其他\end{cases}.$$

同样地，若函数 $g(x)$ 为连续可微的单调递减函数，则 $Y=g(X)$ 概率密度函数为

$$f_Y(y)=\begin{cases}-f_X(g^{-1}(y))(g^{-1}(y))', & \alpha<x<\beta\\ 0, & 其他\end{cases}.$$

其中 $\alpha=g(+\infty),\beta=g(-\infty)$ .

**例 5** 设$X\sim\mathrm{e}(\lambda)$ ，求 $Y$=2−3$X$ 的密度函数 .

**解** 设 $X$ 的概率密度函数为

$$f_X(x)=\begin{cases}\lambda e^{-\lambda x}, & x>0\\ 0, & x\leqslant 0\end{cases}.$$

再另 $y=f(x)=2-3x$，得反函数为

$$x=g(y)=\frac{2-y}{3},$$

所以 $g'(y)=-\frac{1}{3}$ .

由定理 1 知，概率密度函数为

$$f_Y(y)=\frac{1}{3}f_X(\frac{2-y}{3}),$$

故 $Y$ 的密度函数为

$$f_Y(y)=\begin{cases}\frac{1}{3}\lambda e^{-\frac{2-y}{3}\lambda}, & y<2\\ 0, & y\geqslant 2\end{cases}.$$

## 习题 2.5

1. 已知随机变量 $X$ 分布律为

| $X$ | $-2$ | $-1$ | $2$ | $3$ |
|---|---|---|---|---|
| $p_k$ | $\frac{1}{7}$ | $\frac{1}{7}$ | $\frac{3}{7}$ | $\frac{2}{7}$ |

求 $3X$，$X$ 的分布律 .

2. 已知随机变量 $X$ 的分布律为

| $X$ | $-1$ | $0$ | $1$ | $2$ |
|---|---|---|---|---|
| $p_k$ | 0.1 | 0.35 | 0.30 | 0.25 |

求 $Y=-2X+1$ 及 $Z=X^2$ 的分布律 .

3. 设随机变量 $X\sim N(0,1)$，求 $Y=1-2|X|$ 的密度函数 .

4. 随机变量 $X$ 的概率密度为

$$f(x)=\begin{cases}\dfrac{2}{\pi(x^2+1)}, & x>0\\ 0, & x\leqslant 0\end{cases},$$

求 $Y=\ln X$ 的密度函数．

思政园地

## 生活中的正态分布

由于战争，德国有一个时期物资特别紧缺，对面包实行配给制：政府把面粉发给指定的面包房，面包师傅烤好了面包再发给居民．

有一个统计学家，怀疑他所在区域的面包师傅私扣面粉，于是就天天称自己的面包．几个月以后，他去找面包师傅，说："政府规定配给的面包是 400 克，因为模具和其他因素，你做的面包可能是 398 克、399 克，也可能是 401 克、402 克，按照统计学的正态分布原理，这么多天的面包重量平均应该等于 400 克，可是你给我的面包平均重量是 398 克．我有理由怀疑是你使用较小的模具，私吞了面粉．"面包师傅承认确实私吞了面粉，并再三道歉保证马上更换正常的模具．

又过了几个月，统计学家又去找这个面包师傅，说："虽然这几个月你给我的面包都在 400 克以上，但是这可能是因为你没有私吞面粉，也可能是因为你从面包里特意挑大的给我．同样根据正态分布原理，这么多天不可能没有低于 400 克的面包，所以我认为你只是特意给了我比较大的面包，而不是更换了正常的模具．我会立刻要求政府检查你的模具．"面包师傅只好当众认错道歉，接受处罚．

这个故事用到了正态分布原理，同时也说明了诚信的重要性．其实概率论与数理统计离我们的生活并没有那么遥远，很多时候我们可以利用它来解决生活中的一些小问题．

# 本章小结

## ◆ 本章知识要点

随机变量　分布函数　离散型随机变量及其分布律

连续型随机变量及其概率密度　0—1 分布　二项分布　泊松分布

指数分布　均匀分布　正态分布　随机变量函数的分布

## ◆ 本章常用结论

### 1. 关于分布的性质

（1）分布函数 $F(x)$ 的性质：单调非减；$0 \leqslant F(x) \leqslant 1$；$F(-\infty)=0$；$F(+\infty)=1$；右连续 .

（2）分布律 $P\{X=x_k\}=p_k\ (k=1, 2, \cdots, n, \cdots)$ 的性质：

$$P_k \geqslant 0,\ k=1, 2, \cdots, n, \cdots;\quad \sum_{k=1}^{\infty} p_k = 1 .$$

（3）概率密度函数 $f(x)$ 的性质：$f(x) \geqslant 0$；$\int_{-\infty}^{+\infty} f(x)dx = 1$ .

### 2. 常见的重要分布

（1）两点分布（0—1 分布）. 若 $X \sim b(1, p)$，则 $X$ 的分布律为

$$P\{X=1\}=p,\ P\{X=0\}=1-p=q\ (0<p<1) .$$

（2）二项分布 . 若 $X \sim b(n, p)$，则 $X$ 的分布律为

$$P\{X=k\}=\mathrm{C}_n^k p^k (1-p)^{n-k} \quad (k=0, 1, 2, \cdots, n).$$

（3）泊松分布 . 若 $X \sim P(\lambda)$，则 $X$ 的分布律为

$$P\{X=k\}=\mathrm{e}^{-\lambda}\frac{\lambda^k}{k!}\ (\lambda>0,\ k=0, 1, 2\cdots)$$

（4）均匀分布 . 若 $X \sim U(a, b)$，$X$ 的概率密度函数为

$$f(x)=\begin{cases}\dfrac{1}{b-a}, & a\leqslant x\leqslant b\\0, & \text{其他}\end{cases},$$

分布函数为

$$F(x)=\begin{cases}0, & x<a\\\dfrac{x-a}{b-a}, & a\leqslant x\leqslant b\\1, & x>b\end{cases}.$$

（5）指数分布．若 $X\sim e(\lambda)$，则 $X$ 的概率密度函数为

$$F(x)=\begin{cases}1-e^{-\lambda x}, & x>0\\0, & \text{其他}\end{cases}\quad(\lambda>0).$$

分布函数为

$$f(x)=\begin{cases}\lambda e^{-\lambda x}, & x>0\\0, & \text{其他}\end{cases}\quad(\lambda>0).$$

（6）正态分布．若 $X\sim N(\mu,\sigma^2)$，则 $X$ 的概率密度函数为

$$f(x)=\frac{1}{\sqrt{2\pi}\sigma}e^{-\frac{(x-\mu)^2}{2\sigma^2}}\ (-\infty<x<+\infty),$$

分布函数为

$$F(x)=\int_{-\infty}^{x}\frac{1}{\sqrt{2\pi}\sigma}e^{-\frac{(t-u)^2}{2\sigma^2}}dt\ \ (-\infty<x<+\infty).$$

（7）标准正态分布．若 $X\sim N(0,1)$，则 $X$ 的概率密度函数为

$$\varphi(x)=\frac{1}{\sqrt{2\pi}}e^{-\frac{x^2}{2}}\ (-\infty<x<+\infty),$$

分布函数为

$$\Phi(x)=\frac{1}{\sqrt{2\pi}}\int_{-\infty}^{x}e^{-\frac{t^2}{2}}dt\ \ (-\infty<x<+\infty).$$

若 $X\sim N(\mu,\sigma^2)$，则 $Y=\dfrac{X-\mu}{\sigma}\sim N(0,1)$．

**3. 常用计算公式**

（1）若 $X \sim F(x)$，则 $P\{a < X \leqslant b\} = F(b) - F(a)$.

（2）若 $P\{X = x_k\} = p_k\ (k=1, 2, \cdots, n, \cdots)$，则

$$P\{a < X \leqslant b\} = \sum_{x_k \in (a,b]} P\{X = x_k\}.$$

（3）若连续型随机变量 $X$ 的概率密度函数为 $f(x)$，则

$$P\{a < X \leqslant b\} = \int_a^b f(x)\mathrm{d}x.$$

（4）若 $X \sim N(0,1)$，则 $\varPhi(x) = 1 - \varPhi(-x)$.

（5）若 $X \sim N(0,1)$，则 $P\{a < X < b\} = \varPhi(b) - \varPhi(a)$.

（6）若 $X \sim N(\mu, \sigma^2)$，则 $F(x) = P\{X < x\} = P\{\frac{X-\mu}{\sigma} < \frac{x-\mu}{\sigma}\} = \varPhi(\frac{x-\mu}{\sigma})$.

# 总习题二

1. 设随机变量的分布律为 $P\{X=k\}=\dfrac{k}{15}(k=1,2,3,4,5)$，求：

（1）$P\{\frac{1}{2}<X<\frac{5}{2}\}$；（2）$P\{1\leqslant X\leqslant 3\}$；（3）$P\{X>3\}$ .

2. 已知随机变量 $X$ 只取 −1，0，1，2 四个值，相应的概率为 $\dfrac{1}{2c},\dfrac{3}{4c},\dfrac{5}{8c},\dfrac{7}{16c}$，

求常数 c，并计算 $P\{X<1|X\neq 0\}$ .

3. 一袋中有 5 只球，编号分别为 1，2，3，4，5，在袋中同时取 3 只球，以 $X$ 表示取出的 3 只球中的大号码，写出随机变量 $X$ 的分布律 .

4. 某加油站替出租公司代营出租汽车业务，每出租一辆汽车，可从出租公司得到 3 元．因为代出租汽车这项业务，每天加油站需多付职工服务费 60 元．设加油站每天出租汽车数 $X$ 是随机变量，其分布律为

| $X$ | 10 | 20 | 30 | 40 |
|---|---|---|---|---|
| $p_k$ | 0.15 | 0.25 | 0.45 | 0.15 |

求：因代营业务得到的收入大于当天的额外支出费用的概率 .

5. 设自动生产线在调整后出现废品的概率为 $p=0.1$，当生产过程中出现废品时立即进行调整，$X$ 表示在两次调整之间生产的合格品数，求：

（1）$X$ 的分布律；（2）$P\{X\geqslant 5\}$；

（3）在两次调整之间能以 0.6 的概率保证生产的合格品数不少于多少？

6. 设某运动员投篮命中的概率为 0.6，求他一次投篮时，投篮命中次数的分布律 .

7. 某种产品共 10 件，其中有 3 件次品，现从中任取 3 件，求取出的 3 件产品中次品数的分布律 .

8. 一批产品共 10 件，其中有 7 件正品，3 件次品，每次从这批产品中任取一

件，取出的产品仍放回去，求直至取到正品为止所需次数 $X$ 的分布律 .

9. 设$X \sim b(2,p), Y \sim b(3,p)$，如果$P\{X \geqslant 1\} = \dfrac{5}{9}$，求$P\{Y \geqslant 1\}$.

10. 设书籍上每页的印刷错误的个数 $X$ 服从泊松分布，经统计发现在某本书上，有一个印刷错误与有两个印刷错误的页数相同，求任意检验 4 页，每页上都没有印刷错误的概率 .

11. 设随机变量 $X$ 的概率密度为

$$f(x) = \frac{1}{2\sqrt{\pi}} e^{-\frac{(x+3)^2}{4}} \quad (-\infty < x < +\infty),$$

则 $Y =$________ $\sim N(0,1)$.

12. 已知 $X$ 的概率密度函数为$f(x) = \begin{cases} 2x, & 0 < x < 1 \\ 0, & 其他 \end{cases}$，

求$P\{X \leqslant 0.5\}$；$P\{X = 0.5\}$；$F(x)$.

13. 设随机变量 $X$ 服从 $[1,5]$ 上的均匀分布，如果（1）$x_1 < 1 < x_2 < 5$；（2）$1 < x_1 < 5 < x_2$，求 $P\{x_1 < X < x_2\}$ .

14. 设一个汽车站上，某路公共汽车每 5 分钟有一辆车到达，设乘客在 5 分钟内任一时刻到达是等可能的，计算在车站候车的 10 位乘客中只有一位等待时间超过 4 分钟的概率 .

15. 设 $X \sim N(3,2^2)$，

（1）确定 $c$，使得$P\{X > c\} = P\{X \leqslant c\}$；

（2）设 $d$ 满足$P\{X > d\} \geqslant 0.9$，问 $d$ 至多为多少？

16. 设测量误差 $X \sim N(0,10^2)$,，现进行 100 次独立测量，求误差的绝对值超过 19.6 的次数不少于 3 的概率 .

17. 设某城市男子身高 $X \sim N(170,36)$，问应如何选择公共汽车车门的高度才能使男子与车门碰头的概率小于 0.01？

18. 某人到火车站有两条路，第一条路程短，但交通拥挤，所需时间服从 $N(40,10^2)$；第二条路程长，但意外阻塞较少，所需时间服从 $N(50,4^2)$.

（1）若离开车时间只有 60 分钟，应选择哪条线路？

（2）若离开车时间只有 45 分钟，应选择哪条线路？

19. 设顾客排队等待服务的时间 $X$（以分计）服从 $\lambda=1/5$ 的指数分布，某顾客等待服务，若超过 10 分钟他就离开．他一个月要去等待服务 5 次．以 $Y$ 表示一个月内他未等到服务而离开的次数，试求 $Y$ 的分布律和 $P\{Y\geqslant 1\}$．

20. 某仪器装有三只独立工作的同型号电气元件，其寿命都服从同一分布，密度函数为

$$f(x)=\begin{cases}\dfrac{1}{600}\mathrm{e}^{-\frac{1}{600}x}, x<0\\ 0, \quad 其他\end{cases},$$

求在仪器使用的最初 200 小时内，至少有一个电子元件损坏的概率．

21. 设连续型随机变量 $X$ 的概率密度函数为

$$f(x)=\begin{cases}x, & 0<x\leqslant 1\\ 2-x, & 1<x\leqslant 2,,\\ 0, & 其他\end{cases}$$

求其分布函数 $F(x)$.

22. 某城市饮水的日消费量 $X$（单位：百万升）是随机变量，其密度函数为

$$f(x)=\begin{cases}\dfrac{x\mathrm{e}^{-x/3}}{9}, x>0\\ 0, \quad 其他\end{cases}.$$

试求：（1）该城市的水日消费量不低于 600 万升的概率；

（2）水日消费量介于 600 万升到 900 万升的概率．

23. 已知 $X$ 的概率密度为 $f(x)=\begin{cases}c\lambda\mathrm{e}^{-\lambda x}, & x>a\\ 0, & 其他\end{cases}$，$\lambda>0$，求常数 $c$ 及 $P\{a-1<X\leqslant a+1\}$．

24. 已知 $X$ 的概率密度为 $f(x)=\begin{cases}12x^2-12x+3, & 0<x<1\\ 0, & 其他\end{cases}$，求 $P\{X\leqslant 0.2\,|\,0.1<X\leqslant 0.5\}$．

25. 设 $K$ 在 $(0, 5)$ 上服从均匀分布，求 $x$ 的方程 $4x^2+4xK+K+2=0$ 有实根的概率．

26. 某单位招聘 155 人，按考试成绩录用，共有 526 人报名．假设报名者的考

试成绩 $X\sim N(\mu,\sigma^2)$，已知 90 分以上的 12 人，60 分以下的 83 分，若从高分到低分依次录取，某人的成绩为 78 分，问此人是否能被录取？

27. 假设某地在任何长为 $t$（年）的时间间隔内发生地震的次数 $N(t)$ 服从参数为 $\lambda=0.1t$ 的泊松分布，$X$ 表示连续两次地震之间相隔的时间（单位：年）.

（1）证明 $X$ 服从指数分布并求出 $X$ 的分布函数；

（2）求今后 3 年内再次发生地震的概率；

（3）求今后 3 年到 5 年内再次发生地震的概率 .

28. 在 100 件产品中，90 个一等品，10 个二等品．随机取 2 个安装在一台设备上，若一台设备中有 $i$（$i$=0, 1, 2）个二等品，则此设备的使用寿命服从参数为 $\lambda=i+1$ 的指数分布 .

（1）试求设备的寿命超过 1 的概率；

（2）已知设备的寿命超过 1，求安装在设备上的两个零件都是一等品的概率 .

29. 设随机变量 $X$ 的分布律为

| $X$ | $-2$ | $-1$ | $0$ | $1$ | $3$ |
|---|---|---|---|---|---|
| $p_k$ | 1/5 | 1/6 | 1/5 | 1/15 | 11/30 |

试求 $Y=X^2$ 的分布律 .

30. 设随机变量 $X$ 的密度函数为 $f_X(x)=\begin{cases}0, & x<0\\ 2x^3\mathrm{e}^{-x^2}, & x\geqslant 0\end{cases}$，求 $Y=2X+3$ 的密度函数 .

31. 设随机变量 $X$ 的概率密度为 $f_X(x)=\begin{cases}\mathrm{e}^{-x}, & x>0\\ 0, & x\leqslant 0\end{cases}$，求 $Y=\mathrm{e}^X$ 的概率密度 .

32. 设随机变量 $X$ 的密度函数为 $f_X(x)=\begin{cases}1-|x|, & -1<x<1\\ 0, & \text{其他}\end{cases}$，求随机变量 $Y=X^2+1$ 的分布函数与密度函数 .

# 第三章

# 多维随机变量及其分布

前两章讨论的都是一个随机变量的问题，然而在现实生活中，某些随机试验的结果往往需要两个或两个以上的随机变量来表示，称为多维随机变量．例如，为了研究某高校全部学生的身体情况，对这一高校的学生进行抽查，分别以 $X$ 和 $Y$ 表示体重和身高．这里，样本空间 $S=\{$ 某高校的全部学生 $\}$，而 $X$ 和 $Y$ 是定义在 $S$ 上的两个随机变量（图 3-1）．又如，飞机在空中的位置 $T$ 是由三个坐标来确定的，这三个坐标即为三个随机变量（图 3-2）．

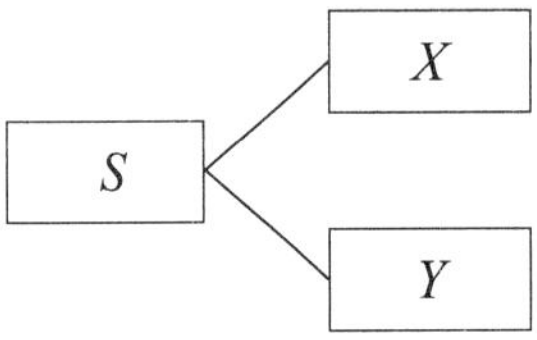


图 3-1　两个随机变量

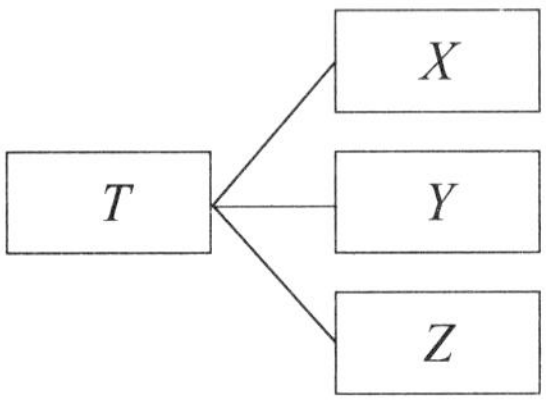


图 3-2　三个随机变量

在这种情况下，不但要研究多维随机变量各自的统计规律，而且还要研究他们之间的统计相关关系，即他们之间的联合取值的统计规律——多维随机变量的分布．

首先我们介绍二维随机变量的概念．

设 $E$ 是一个随机试验，若 $X, Y$ 是定义在样本空间 $S$ 上的随机变量，则向量 $(X, Y)$ 叫作二维随机变量（二维随机向量）．

之前讨论的随机变量称作一维随机变量，由于二维随机变量大部分可以推广到多维随机变量，所以本章只研究二维随机变量．与一维类似，二维随机变量也分为离散型和连续型随机变量．

# 第一节 二维离散型随机变量

## 一、二维离散型随机变量的联合分布

**定义 1** 如果二维随机变量 $(X, Y)$ 全部可能取到的值是有限对或无限可数对，则称 $(X, Y)$ 是二维离散型随机变量.

**定义 2** 设二维离散型随机变量 $(X, Y)$ 的所有可能取值为 $(x_i, y_j)$ $(i, j=1, 2, \cdots)$，则称

$$P\left\{X=x_i, Y=y_j\right\}=P\left\{\left(X=x_i\right) \cap\left(Y=y_j\right)\right\}=p_{ij}\left(i, j=1,2, \cdots\right) \tag{3.1}$$

为二维离散型随机变量 $(X, Y)$ 的概率分布（分布律），或者称为随机变量 $X$ 和 $Y$ 的联合分布律.

由概率定义可知：

（1）$p_{ij} \geqslant 0$；（2）$\sum_{i=1}^{\infty} \sum_{j=1}^{\infty} p_{ij}=1$ .

与一维情形类似，为了形象地表示 $(X, Y)$ 的所有可能取值及其相应概率，用下面表格表示 $(X, Y)$ 的分布律.

| $X$ | $y_1$ | $y_2$ | $\cdots$ | $y_j$ | $\cdots$ |
|---|---|---|---|---|---|
| $x_1$ | $p_{11}$ | $p_{12}$ | $\cdots$ | $p_{1j}$ | $\cdots$ |
| $x_2$ | $p_{21}$ | $p_{22}$ | $\cdots$ | $p_{2j}$ | $\cdots$ |
| $\cdots$ | $\cdots$ | $\cdots$ | $\cdots$ | $\cdots$ | $\cdots$ |
| $x_i$ | $p_{i1}$ | $p_{i2}$ | $\cdots$ | $p_{ij}$ | $\cdots$ |
| $\cdots$ | $\cdots$ | $\cdots$ | $\cdots$ | $\cdots$ | $\cdots$ |

**例 1** 一个随机变量 $X$ 等可能地取 1，2，3，4 四个数字，另一个随机变量 $Y$ 等可能地取 $(X-1)$ 至 4 间的整数值，试写出 $(X, Y)$ 的分布律.

**解** $X=1$，$Y$ 的可能取值为 0，1，2，3，4 五个值；

$X=2$，$Y$ 的可能取值为 1，2，3，4 四个值；

$X=3$，$Y$ 的可能取值为 2，3，4 三个值；

$X=4$，$Y$ 的可能取值为 3，4 两个值.

由乘法公式易求 $(X, Y)$ 所对应的取值概率如下：

$$P_{1i}=\{X=1,Y=i\}=P\{X=1\}P\{Y=i|X=1\}=\frac{1}{4}\times\frac{1}{5}=\frac{1}{20}\ (i=0,1,2,3,4);$$

$$P_{2j}=\{X=2,Y=j\}=P\{X=2\}P\{Y=j|X=2\}=\frac{1}{4}\times\frac{1}{4}=\frac{1}{16}\ (j=1,2,3,4);$$

$$P_{3k}=\{X=3,Y=k\}=P\{X=3\}P\{Y=k|X=3\}=\frac{1}{4}\times\frac{1}{3}=\frac{1}{12}\ (k=2,3,4);$$

$$P_{4m}=\{X=4,Y=m\}=P\{X=4\}P\{Y=m|X=4\}=\frac{1}{4}\times\frac{1}{2}=\frac{1}{8}\ (m=3,4);$$

则 $(X,Y)$ 的分布律为

| $X$ | $Y$ | | | | |
|---|---|---|---|---|---|
| | 0 | 1 | 2 | 3 | 4 |
| 1 | $\frac{1}{20}$ | $\frac{1}{20}$ | $\frac{1}{20}$ | $\frac{1}{20}$ | $\frac{1}{20}$ |
| 2 | 0 | $\frac{1}{16}$ | $\frac{1}{16}$ | $\frac{1}{16}$ | $\frac{1}{16}$ |
| 3 | 0 | 0 | $\frac{1}{12}$ | $\frac{1}{12}$ | $\frac{1}{12}$ |
| 4 | 0 | 0 | 0 | $\frac{1}{8}$ | $\frac{1}{8}$ |

**例 2** 设二维离散型随机变量 $(X,Y)$ 的分布律为

| $X$ | $Y$ | | |
|---|---|---|---|
| | 1 | 2 | 3 |
| 1 | $a$ | $\frac{1}{16}$ | 0 |
| 2 | 0 | $\frac{1}{4}$ | $\frac{1}{16}$ |
| 3 | 0 | 0 | $\frac{1}{16}$ |
| 4 | $\frac{1}{16}$ | $\frac{1}{4}$ | 0 |

求：(1) $a$ 的值；(2) $P\left\{\frac{1}{2}<X<\frac{5}{2},3\leqslant Y\leqslant 4\right\}$.

**解**　（1）根据$\sum_{i=1}^{4}\sum_{j=1}^{3}p_{ij}=1$，则$a=\frac{1}{4}$．

（2）若$\frac{1}{2}<X<\frac{5}{2}$，则$X$可取值为1，2，

若$3\leqslant Y\leqslant 4$，则$Y$可取值为3，4.

$$P\left\{\frac{1}{2}<X<\frac{5}{2},\ 3\leqslant Y\leqslant 4\right\}$$
$$=P\{(X=1,\ Y=3)\cup(X=1,\ Y=4)\cup(X=2,\ Y=3)\cup(X=2,\ Y=4)\}$$
$$=P\{X=1,\ Y=3\}+P\{X=1,\ Y=4\}+P\{X=2,\ Y=3\}+P\{X=2,\ Y=4\}$$
$$=\frac{1}{16}+\frac{1}{4}=\frac{5}{16}.$$

## 二、二维离散型随机变量的边缘分布

**定义 3**　在二维随机变量$(X,Y)$中，$(X,Y)$的分布律由（3.1）式给出，若只考虑分量$X$（或$Y$）的分布律，则

$$P\{X=x_i\}=\sum_j P\{X=x_i,Y=y_j\}=\sum_j p_{ij}\quad(i=1,2,\cdots),\tag{3.2}$$

$$P\{Y=y_j\}=\sum_i P\{X=x_i,Y=y_j\}=\sum_i p_{ij}\quad(j=1,2,\cdots).\tag{3.3}$$

记$p_{i\cdot}=P\{X=x_i\}$，$p_{\cdot j}=P\{Y=y_j\}$，分别称为$(X,Y)$关于$X$与$Y$的边缘分布律．（记号$p_{i\cdot}$中的“.”表示$p_{i\cdot}$是由$p_{ij}$关于$j$求和后得到的，同理，$p_{\cdot j}$是由$p_{ij}$关于$i$求和后得到的）

关于$X$的边缘分布律可以表示为

| $X$ | $x_1$ | $x_2$ | $\cdots$ | $x_i$ | $\cdots$ |
|---|---|---|---|---|---|
| $p_{i\cdot}$ | $p_1$ | $p_2$ | $\cdots$ | $p_i$ | $\cdots$ |

关于$Y$的边缘分布律可以表示为

| $Y$ | $y_1$ | $y_2$ | $\cdots$ | $y_j$ | $\cdots$ |
|---|---|---|---|---|---|
| $p_{\cdot j}$ | $p_1$ | $p_2$ | $\cdots$ | $p_j$ | $\cdots$ |

**例 3**　考虑例 2 中$(X,Y)$关于$X$与$Y$的边缘分布律．

**解** 根据例 2 中 $(X, Y)$ 的联合分布律，由边缘分布定义可得 $X$ 与 $Y$ 的边缘分布律如下：

| $X$ | 1 | 2 | 3 |
|---|---|---|---|
| $p_{i\cdot}$ | $\frac{5}{16}$ | $\frac{9}{16}$ | $\frac{1}{8}$ |

| $Y$ | 1 | 2 | 3 | 4 |
|---|---|---|---|---|
| $p_{\cdot j}$ | $\frac{5}{16}$ | $\frac{5}{16}$ | $\frac{1}{16}$ | $\frac{5}{16}$ |

**例 4** 抛掷一颗均匀的骰子，出现的点数 $N=\{1, 2, 3, 4, 5, 6\}$. 设 $X=X(N)$ 是能整除 $N$ 的正整数的个数，$Y=Y(N)$ 是能整除 $N$ 的质数的个数，试写出 $X$ 和 $Y$ 的联合分布律，并求边缘分布律 .

**解** 通过分析可将和的取值情况列表如下：

| 样本点 | 1 | 2 | 3 | 4 | 5 | 6 |
|---|---|---|---|---|---|---|
| $X$ | 1 | 2 | 2 | 3 | 2 | 4 |
| $Y$ | 0 | 1 | 1 | 1 | 1 | 2 |

$X$ 的所有可能取值为 1, 2, 3, 4；$Y$ 的所有可能取值为 0, 1, 2. 可以得到 $(X, Y)$ 的取值 $(i, j)$, $i=1, 2, 3, 4$, $j=0, 1, 2$ 的概率，如

$$P\{X=1, Y=0\}=\frac{1}{6}, P\{X=2, Y=1\}=\frac{3}{6}=\frac{1}{2},$$

可得 $X$ 和 $Y$ 的联合分布律及边缘分布律如下表所示

| $Y$ | $X$ | | | | |
|---|---|---|---|---|---|
| | 1 | 2 | 3 | 4 | $P\{Y=j\}$ |
| 0 | $\frac{1}{6}$ | 0 | 0 | 0 | $\frac{1}{6}$ |
| 1 | 0 | $\frac{1}{2}$ | $\frac{1}{6}$ | 0 | $\frac{2}{3}$ |
| 2 | 0 | 0 | 0 | $\frac{1}{6}$ | $\frac{1}{6}$ |
| $P\{X=i\}$ | $\frac{1}{6}$ | $\frac{1}{2}$ | $\frac{1}{6}$ | $\frac{1}{6}$ | 1 |

即有边缘分布律

| $X$ | 1 | 2 | 3 | 4 |
|---|---|---|---|---|
| $p_{i\cdot}$ | $\frac{1}{6}$ | $\frac{1}{2}$ | $\frac{1}{6}$ | $\frac{1}{6}$ |

| $Y$ | 0 | 1 | 2 |
|---|---|---|---|
| $p_{\cdot j}$ | $\frac{1}{6}$ | $\frac{1}{6}$ | $\frac{1}{6}$ |

注：通常将边缘分布律写在联合分布律表格的边缘上，这就是“边缘分布律”名称的来源．

## 习题 3.1

1. 一箱子装有 3 个橘子，2 个苹果，3 个桃子．今从箱中随机抽取四个水果，若 $X$ 为橘子数，$Y$ 为苹果数，求 $(X, Y)$ 的分布律．
2. 随机变量 $(X, Y)$ 的分布律如下，写出其边缘分布律．

| $X$ | $Y$ | | | | |
|---|---|---|---|---|---|
| | 0 | 1 | 2 | 3 | $p_{i\cdot}$ |
| 1 | 0 | $\frac{3}{8}$ | $\frac{3}{8}$ | 0 | |
| 3 | $\frac{1}{8}$ | 0 | 0 | $\frac{1}{8}$ | |
| $p_{\cdot j}$ | | | | | |

# 第二节　二维连续型随机变量

## 一、二维随机变量的分布函数

**定义 1**　设 $(X, Y)$ 是二维随机变量，对任意实数 $x, y$，二元函数 $F(x,y)=P\{X\leqslant x,\ Y\leqslant y\}=P\{(X\leqslant x)\cap(Y\leqslant y)\}$ 称为随机变量 $X, Y$ 的联合分布函数（简称 $(X, Y)$ 的分布函数）.

## 二、二维随机变量 $(X, Y)$ 的分布函数的性质

（1）如果将 $(X, Y)$ 视为平面上随机点的坐标，则 $F(x,y)$ 在点 $(x,y)$ 处的函数值即为点 $(x,y)$ 落入图 3–3 中阴影部分的概率，故 $0\leqslant F(x,y)\leqslant 1$. 并且

$$F(-\infty,y)=\lim_{x\to-\infty}F(x,y)=0,$$

$$F(x,-\infty)=\lim_{y\to-\infty}F(x,y)=0,$$

$$F(-\infty,-\infty)=\lim_{\substack{x\to-\infty\\ y\to-\infty}}F(x,y)=0,$$

$$F(+\infty,+\infty)=\lim_{\substack{x\to+\infty\\ y\to+\infty}}F(x,y)=1.$$

（2）如果 $(X, Y)$ 落入图 3–4 中的矩形域 $\{x_1\leqslant X\leqslant x_2,\ y_1\leqslant Y\leqslant y_2\}$，则

$$P\{x_1<X\leqslant x_2, y_1<Y\leqslant y_2\}=F(x_2,y_2)-F(x_2,y_1)-F(x_1,y_2)+F(x_1,y_1).$$

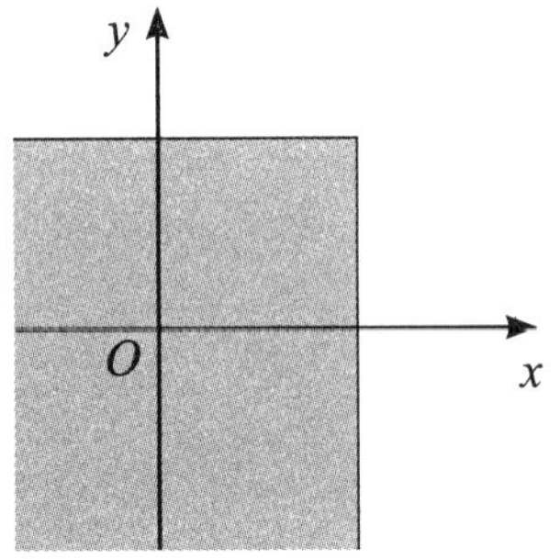

图 3–3

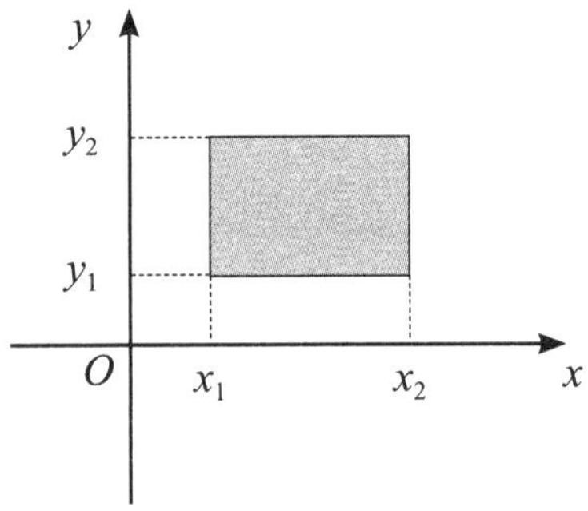

图 3–4

（3）$F(x,y)$ 关于 $x$ 或 $y$ 均为单调非减函数，对固定的 $y$，若 $x_1 < x_2$，则 $F(x_1,y) \leqslant F(x_2,y)$；对固定的 $x$，若 $y_1 < y_2$，则 $F(x,y_1) \leqslant F(x,y_2)$ .

（4）$F(x,y)$ 关于 $x$ 或 $y$ 均为右连续，即

$$F(x+0,\ y) = F(x,\ y),\ F(x,\ y+0) = F(x,\ y) .$$

## 三、二维连续型随机变量 $(X,Y)$ 的密度函数

**定义 2**　设 $(X,Y)$ 为二维随机变量，若存在一个非负可积二元函数 $f(x,y)$ 使得对任意实数 $x,y$，其分布函数 $F(x,y)=\int_{-\infty}^{x}\int_{-\infty}^{y} f(u,v)\mathrm{d}u\mathrm{d}v$，则称 $(X,Y)$ 是二维连续型随机变量，$f(x,y)$ 称为 $(X,Y)$ 的概率密度函数（简称密度函数），或称为随机变量 $X$ 和 $Y$ 的联合密度函数 .

根据定义可知：

（1）$f(x,y) \geqslant 0$ .

（2）$\int_{-\infty}^{+\infty}\int_{-\infty}^{+\infty} f(x,y)\mathrm{d}x\mathrm{d}y = F(+\infty,+\infty) = 1$ .

## 四、二维连续型随机变量的边缘分布函数和边缘密度函数

对于二维随机变量 $(X,Y)$，若只考虑一个随机变量 $X$（或 $Y$），其分布函数称为 $(X,Y)$ 关于 $X$（或 $Y$）的边缘分布函数 .

$$F_X(x) = P\{X \leqslant x\} = P\{X \leqslant x, Y \leqslant +\infty\} = F(x,+\infty),$$

$$F_Y(x) = P\{Y \leqslant y\} = P\{X \leqslant +\infty, Y \leqslant y\} = F(+\infty, y).$$

显然，边缘分布函数与联合分布函数有如下关系：

若在 $(X,Y)$ 的联合分布函数 $F(x,y)$ 中，令 $x \to +\infty$（或 $y \to +\infty$）即可得到 $(X,Y)$ 关于 $X$ 或 $Y$ 的边缘分布函数 $F_Y(y)$（或 $F_X(x)$），这表明由联合分布函数可以求得边缘分布函数，即

$$F_X(x) = F(x,+\infty) = \int_{-\infty}^{x}\int_{-\infty}^{+\infty} f(s,t)\mathrm{d}s\mathrm{d}t = \int_{-\infty}^{x}\left[\int_{-\infty}^{+\infty} f(s,t)\mathrm{d}t\right]\mathrm{d}s .$$

上式表明，$X$ 是连续型随机变量，其密度函数为 $f_X(x) = \int_{-\infty}^{+\infty} f(x,y)\mathrm{d}y$ .

同理，$Y$ 是连续型随机变量，其密度函数为$f_Y(y)=\int_{-\infty}^{+\infty} f(x,y)\mathrm{d}x$.

$f_X(x)$（或$f_Y(y)$）称为$(X, Y)$关于$X$（或$Y$）的边缘密度函数.

**例 1** 设$(X, Y)$的密度函数是$f(x,y)=\begin{cases}2cy(1+x), & 0\leqslant x\leqslant 1, 0\leqslant y\leqslant x\\ 0, & \text{其他}\end{cases}$.

求：（1）$c$的值；（2）两个边缘密度函数$f_X(x)$，$f_Y(y)$.

**解** （1）由$\int_{-\infty}^{+\infty}\int_{-\infty}^{+\infty} f(x,y)\mathrm{d}x\mathrm{d}y=1$确定$c$，如图 3–5 所示.

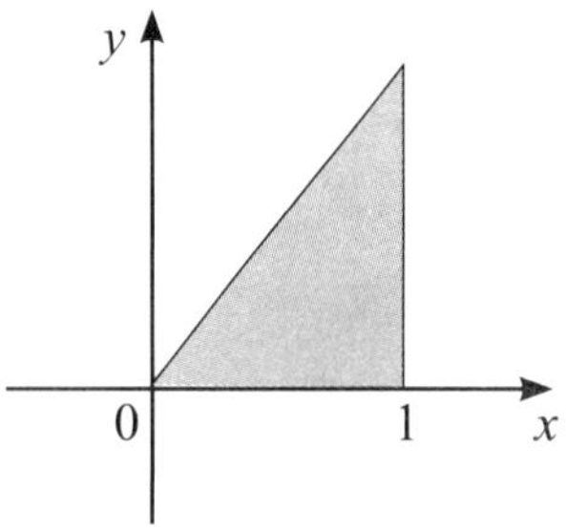


图 3–5

$$\int_0^1\left[\int_0^x 2cy(1+x)\mathrm{d}y\right]\mathrm{d}x=c\int_0^1 x^2(1+x)\mathrm{d}x=\frac{7}{12}c=1,$$

$$c=\frac{12}{7}.$$

（2）$f_X(x)=\int_0^x \frac{24}{7}y(1+x)\mathrm{d}y=\frac{24}{7}(1+x)\cdot\frac{1}{2}x^2=\frac{12}{7}x^2(1+x) \quad (0\leqslant x\leqslant 1)$,

$f_Y(y)=\int_y^1 \frac{24}{5}y(1+x)\mathrm{d}x=\frac{24}{5}y\left[\left(x+\frac{1}{2}x^2\right)\Big|_y^1\right]=\frac{24}{5}y\left(\frac{3}{2}-y-\frac{1}{2}y^2\right) \quad (0\leqslant y\leqslant 1)$,

即两个边缘密度函数分别为

$$f_X(x)=\begin{cases}\frac{12}{7}x^2(1+x), & 0\leqslant x\leqslant 1\\ 0 & \text{其他}\end{cases},$$

$$f_Y(y)=\begin{cases}\frac{24}{7}y\left(\frac{3}{2}-y-\frac{1}{2}y^2\right), & 0\leqslant y\leqslant 1\\ 0, & \text{其他}\end{cases}.$$

**例 2** 设$G$是平面上的有界区域，其面积为$S$，若二维随机变量$(X, Y)$

具有的密度函数

$$f(x,y)=\begin{cases}\dfrac{1}{S}, & (x,y)\in G\\ 0 & 其他\end{cases},$$

则称 $(X, Y)$ 在 $G$ 上服从**二维均匀分布**．如图 3-6 所示若 $G$ 为矩形区域 $a\leqslant x\leqslant b$，$c\leqslant y\leqslant d$，试求二维随机变量 $(X, Y)$ 的两个边缘密度函数．

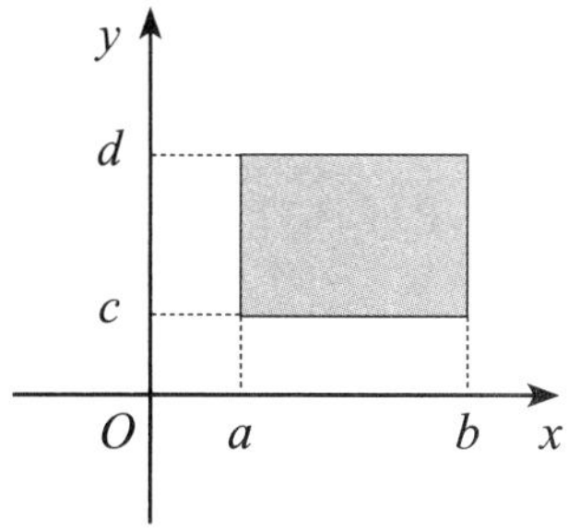

图 3-6

**解**　$$f(x,y)=\begin{cases}\dfrac{1}{(b-a)(d-c)}, & (x,y)\in G\\ 0, & 其他\end{cases},$$

则 $f_X(x)=\int_{-\infty}^{+\infty}f(x,y)\mathrm{d}y=\int_c^d\dfrac{1}{(b-a)(d-c)}\mathrm{d}y=\dfrac{1}{b-a}$,

故 $$f_X(x)=\begin{cases}\dfrac{1}{b-a}, & a\leqslant x\leqslant b\\ 0, & 其他\end{cases},$$

$$f_Y(y)=\int_{-\infty}^{+\infty}f(x,y)\mathrm{d}x=\int_a^b\frac{1}{(b-a)(d-c)}\mathrm{d}x=\frac{1}{d-c},$$

故 $$f_Y(y)=\begin{cases}\dfrac{1}{d-c}, & c\leqslant y\leqslant d\\ 0, & 其他\end{cases}.$$

**例 3**　设二维随机变量 $(X, Y)$ 的概率密度函数为

$$f(x,y)=\frac{1}{2\pi\sigma_1\sigma_2\sqrt{1-\rho^2}}\exp\left\{\frac{-1}{2(1-\rho^2)}\left[\frac{(x-\mu_1)^2}{\sigma_1^2}-2\rho\frac{(x-\mu_1)(y-\mu_2)}{\sigma_1\sigma_2}+\frac{(y-\mu_2)^2}{\sigma_2^2}\right]\right\}.$$

其中，$\mu_1$, $\mu_2$, $\sigma_1$, $\sigma_2$, $\rho$ 都是常数，且 $\sigma_1>0, \sigma_2>0, -1<\rho<1$，我们称 $(X, Y)$ 为服从参数为 $\mu_1$, $\mu_2$, $\sigma_1$, $\sigma_2$, $\rho$ 的二维正态分布，记为 $(X, Y)\sim N(\mu_1, \mu_2, \sigma_1, \sigma_2, \rho)$. 试求二维正态随机变量的边缘概率密度函数．

**解**　$f_X(x)=\int_{-\infty}^{+\infty}f(x,y)\mathrm{d}y$,

因为 $\dfrac{(y-\mu_2)^2}{\sigma_2^2}-2\rho\dfrac{(x-\mu_1)(y-\mu_2)}{\sigma_1\sigma_2}=\left(\dfrac{y-\mu_2}{\sigma_2}-\rho\dfrac{x-\mu_1}{\sigma_1}\right)^2-\rho^2\dfrac{(x-\mu_1)^2}{\sigma_1^2}$,

所以$f_X(x)=\dfrac{1}{2\pi\sigma_1\sigma_2\sqrt{1-\rho^2}}\mathrm{e}^{-\frac{(x-\mu_1)^2}{2\sigma_1^2}}\int_{-\infty}^{+\infty}\mathrm{e}^{-\frac{1}{2(1-\rho^2)}\left(\frac{y-\mu_2}{\sigma_2}-\rho\frac{x-\mu_1}{\sigma_1}\right)^2}\mathrm{d}y$.

令$t=\dfrac{1}{\sqrt{1-\rho^2}}\left(\dfrac{y-\mu_2}{\sigma_2}-\rho\dfrac{x-\mu_1}{\sigma_1}\right)$，则有$f_X(x)=\dfrac{1}{2\pi\sigma_1}\mathrm{e}^{-\frac{(x-\mu_1)^2}{2\sigma_1^2}}\int_{-\infty}^{+\infty}\mathrm{e}^{-\frac{t^2}{2}}\mathrm{d}t$.

即$f_X(x)=\dfrac{1}{\sqrt{2\pi}\sigma_1}\mathrm{e}^{-\frac{(x-\mu_1)}{2\sigma_1^2}}$，$-\infty<x<+\infty$.

同理，$f_Y(y)=\dfrac{1}{\sqrt{2\pi}\sigma_2}\mathrm{e}^{-\frac{(y-\mu_2)^2}{2\sigma_2^2}}$，$-\infty<y<+\infty$.

注：二维正态分布的两个边缘分布都变成一维正态分布，而且都不依赖于参数$\rho$，也就是对于给定的$\mu_1$，$\mu_2$，$\sigma_1$，$\sigma_2$，不同的参数$\rho$对应不同的二维正态分布，但他们的边缘分布都是一样的．这一事实说明，只是关于$X$和$Y$的边缘分布函数，一般不能确定随机变量$X$和$Y$的联合分布函数．

## 习题 3.2

1. 设二维随机变量$(X,Y)$，其分布函数为$F(x,y)$，则$F(x,+\infty)=$（　）

A. 0　　B. $F_X(x)$　　C. $F_Y(y)$　　D. 1

2. 随机点$(X,Y)$落在矩形域（$x_1<X\leqslant x_2,y_1<Y\leqslant y_2$）的概率为________.

3. $(X,Y)$的分布函数为$F(x,y)$，则$F(-\infty,y)=$______________.

4. $(X,Y)$的分布函数为$F(x,y)$，则$F(x+0,y)=$________________.

5. 设二维随机变量$(X,Y)$的概率密度函数为

$$f(x,y)=\begin{cases}cxy, & 0\leqslant x\leqslant 1, 0\leqslant y\leqslant 1\\ 0, & \text{其他}\end{cases}.$$

求：（1）确定常数$c$.

（2）$P\{X+Y\leqslant 1\}$.

（3）求$X$的边缘概率密度函数．

## 第三节　二维随机变量的条件分布

第一章我们学习了条件概率，对于多维随机变量自然也可以引出条件分布的概念．

设二维离散型随机变量 $(X, Y)$ 的分布律为

$$P\{X=x_i, Y=y_j\}=p_{ij},\quad i,j=1,2,\cdots$$

$(X, Y)$ 关于 $X$ 与 $Y$ 的边缘分布律分别为

$$P\{Y=x_i\}=\sum_j p_{ij}=p_{i\cdot},\quad i=1,2,\cdots$$

$$P\{Y=y_j\}=\sum_i p_{ij}=p_{\cdot j},\quad j=1,2,\cdots$$

若 $p_{\cdot j}>0$，由条件概率的公式，考虑在事件 $\{Y=y_j\}$ 发生的条件下事件 $\{X=x_i\}$ 发生的条件概率为

$$P\{X=x_i|Y=y_j\}=\frac{P\{X=x_i, Y=y_i\}}{P\{Y=y_j\}}=\frac{p_{ij}}{p_{\cdot j}},\quad i=1,2,\cdots.$$

上述条件概率依然具有分布律的性质：

（1）$P\{X=x_i|Y=y_j\}\geqslant 0$．

（2）$\sum_i P\{X=x_i|Y=y_j\}=\sum_i \frac{p_{ij}}{p_{\cdot j}}=\frac{1}{p_{\cdot j}}\sum_i p_{ij}=\frac{p_{\cdot j}}{p_{\cdot j}}=1$．

**定义 1**　设 $(X, Y)$ 是二维离散型随机变量，对于固定的 $j$，若 $P\{Y=y_j\}>0$，则称

$$P\{X=x_i|Y=y_j\}=\frac{P\{X=x_i, Y=y_j\}}{P\{Y=y_j\}}=\frac{p_{ij}}{p_{\cdot j}},\quad i=1,2,\cdots \tag{3.4}$$

为在 $Y=y_j$ 条件下随机变量 $X$ 的条件分布律．

同样，对于固定的 $i$，若 $P\{X=x_i\}>0$，则称

$$P\{Y=y_j|X=x_i\}=\frac{P\{X=x_i,Y=y_j\}}{P\{X=x_i\}}=\frac{p_{ij}}{p_{i\circ}}\quad j=1,2,\cdots \tag{3.5}$$

为在 $X=x_i$ 条件下随机变量 $Y$ 的条件分布律．

**例 1** 某工厂生产一批产品，其中有两道工序是由机器人完成，第一道工序是固定 3 处螺丝，第二道工序是焊接 2 处焊点．以 $X$ 表示机器人固定不好的书目，以 $Y$ 表示由机器人焊接不好的焊点数目．已知 $(X, Y)$ 具有如下分布律

| $Y$ | $X$ | | | | |
|---|---|---|---|---|---|
| | 0 | 1 | 2 | 3 | $P\{Y=y_j\}$ |
| 0 | 0.840 | 0.030 | 0.020 | 0.010 | 0.900 |
| 1 | 0.060 | 0.010 | 0.008 | 0.002 | 0.080 |
| 2 | 0.010 | 0.005 | 0.004 | 0.001 | 0.020 |
| $P\{Y=x_i\}$ | 0.910 | 0.045 | 0.032 | 0.013 | 1.000 |

（1）求在 $X=1$ 的条件下，$Y$ 的条件分布律．

（2）求在 $Y=0$ 的条件下，$X$ 的条件分布律．

**解** 已知边缘分布律，在 $X=1$ 的条件下，$Y$ 的条件分布律为

$$P\{Y=0|X=1\}=\frac{P\{X=1,Y=0\}}{P\{X=1\}}=\frac{0.030}{0.045}=\frac{2}{3},$$

$$P\{Y=1|X=1\}=\frac{P\{X=1,Y=1\}}{P\{X=1\}}=\frac{0.010}{0.045}=\frac{2}{9},$$

$$P\{Y=2|X=1\}=\frac{P\{X=1,Y=2\}}{P\{X=1\}}=\frac{0.005}{0.045}=\frac{1}{9}.$$

写成表格为

| $Y=k$ | 0 | 1 | 2 |
|---|---|---|---|
| $P\{Y=k\|X=1\}$ | $\frac{2}{3}$ | $\frac{2}{9}$ | $\frac{1}{9}$ |

同理，可得到在 $Y=0$ 的条件下的分布律为

| $X=k$ | 0 | 1 | 2 | 3 |
|---|---|---|---|---|
| $P\{X=k\|Y=0\}$ | $\frac{14}{15}$ | $\frac{1}{30}$ | $\frac{1}{45}$ | $\frac{1}{90}$ |

当 $(X, Y)$ 为二维连续型随机变量时，对任意的 $x, y$ 有 $P\{X=x\}=0$, 同时，$P\{Y=y\}=0$, 因此我们不能直接由条件概率公式引入条件分布函数，所以，我们先从条件密度函数出发，与一维随机变量密度函数的定义相比较，给出如下定义 .

**定义 2**　设二维连续型随机变量 $(X, Y)$ 的概率密度函数为 $f(x, y)$，$(X, Y)$ 关于 $Y$ 的边缘密度函数为 $f_Y(y)$，对固定的 $y$，若 $f_Y(y)>0$，则称 $\frac{f(x,y)}{f_Y(y)}$ 为在 $Y=y$ 的条件下 $X$ 的概率密度函数，记为

$$f_{X|Y}(x|y)=\frac{f(x,y)}{f_Y(y)}, \tag{3.6}$$

称 $\int_{-\infty}^{x} f_{X|Y}(x|y)\mathrm{d}x=\int_{-\infty}^{x}\frac{f(x,y)}{f_Y(y)}\mathrm{d}x$ 为在 $Y=y$ 的条件下随机变量 $X$ 的条件分布函数，记为 $P\{X\leqslant x|Y=y\}$ 或 $F_{X|Y}(x|y)$，即

$$F_{X|Y}(x|y)=P\{X\leqslant x|Y=y\}=\int_{-\infty}^{x}\frac{f(x,y)}{f_Y(y)}\mathrm{d}x. \tag{3.7}$$

同理，也可以定义 $f_{Y|X}(y|x)=\frac{f(x,y)}{f_Y(y)}$ 与 $F_{Y|X}(y|x)=\int_{-\infty}^{x}\frac{f(x,y)}{f_Y(y)}\mathrm{d}x$ .

**例 2**　设数 $X$ 在区间 $(0, 1)$ 上随机地取值，当观察到 $X=x\ (0<x<1)$ 时，数 $Y$ 在区间 $(x, 1)$ 上随机地取值，求 $Y$ 的边缘密度函数为 $f_Y(y)$ .

**解**　按题意 $X$ 的概率密度函数为

$$f_X(x)=\begin{cases}1, & 0<x<1\\ 0, & \text{其他}\end{cases}.$$

对于任意给定的 $x\ (0<x<1)$，在 $X=x$ 的条件下 $Y$ 的条件密度函数为

$$f_{Y|X}(y|x)=\begin{cases}\frac{1}{1-x}, & x<y<1\\ 0, & \text{其他}\end{cases}.$$

由（3.6）式得 $(X, Y)$ 的密度函数为

$$f(x,y)=f_{Y|X}(y|x)f_X(x)=\begin{cases}\dfrac{1}{1-x}, & 0<x<y<1\\ 0, & \text{其他}\end{cases}.$$

于是得到关于 $Y$ 的边缘密度函数为

$$f_Y(y)=\int_{-\infty}^{\infty}f(x,y)\mathrm{d}x=\begin{cases}\displaystyle\int_0^y\frac{1}{1-x}\mathrm{d}x, & 0<y<1\\ 0, & \text{其他}\end{cases}=\begin{cases}-\ln(1-y), & 0<y<1\\ 0, & \text{其他}\end{cases}.$$

## 习题 3.3

1. 已知 $(X, Y)$ 的分布律为

| $Y$ | $X$ | | |
|---|---|---|---|
| | 0 | 1 | 2 |
| 0 | $\frac{1}{4}$ | $\frac{1}{8}$ | 0 |
| 1 | 0 | $\frac{1}{3}$ | 0 |
| 2 | $\frac{1}{6}$ | 0 | $\frac{1}{8}$ |

求:（1）在 $Y=1$ 的条件下，$X$ 的条件分布律 .

（2）在 $X=2$ 的条件下，$Y$ 的条件分布律 .

2. 已知 $(X, Y)$ 的密度函数为

$$f(x,y)=\begin{cases}3x, & 0<x<1, 0<y<x\\ 0, & \text{其他}\end{cases},$$

求:（1）边缘密度函数 .（2）条件密度函数 .

## 第四节　二维随机变量的独立性

一般情况下，随机变量 $X$ 与 $Y$ 之间存在着某种联系，因而一个分量的取值可能会影响到另一个分量的取值．那么，在何种情况下，随机变量 $X$ 与 $Y$ 之间没有任何影响，即所谓的随机变量相互“独立”，为此本节引出两个随机变量相互独立的概念．

**定义 1**　设二维随机变量 $(X, Y)$ 的分布函数及边缘分布函数分别为 $F(x,y)$，$F_X(x)$，$F_Y(y)$，若对任意实数，有

$$P\{X \leqslant x, Y \leqslant y\} = P\{X \leqslant x\} P\{Y \leqslant y\}, \tag{3.8}$$

$$\text{即}\ F(x,y) = F_X(x) F_Y(y)\ . \tag{3.9}$$

则称随机变量 $X$，$Y$ 相互独立．

注：（1）若 $(X, Y)$ 为离散型随机变量，则 $X$，$Y$ 相互独立的条件（3.5）等价于：对于 $(X,Y)$ 的所有可能取值 $(x_i,y_j)$ 有 $P\{X = x_i, Y = y_j\} = P\{X = x_i\} P\{Y = y_j\}$，即 $p_{ij} = p_{i\cdot} \cdot p_{\cdot j}\ (i, j = 1,2,\cdots)$ ．

（2）若 $(X, Y)$ 为连续型随机变量，并设 $f(x,y)$ 和 $f_X(x)$，$f_Y(y)$ 分别为 $(X, Y)$ 的概率密度函数和边缘密度函数，则 $X$，$Y$ 相互独立的条件（3.5）等价于：等式 $f(x,y) = f_X(x) \cdot f_Y(y)$ “几乎处处”成立．（这里“几乎处处”的含义是在平面上除去面积为零的集合）

**例 1**　已知 $(X, Y)$ 的分布律为

| $X$ | $Y$ | | |
|---|---|---|---|
| | $y_1$ | $y_2$ | $y_3$ |
| $x_1$ | $\frac{1}{24}$ | $\frac{1}{8}$ | $\frac{1}{12}$ |
| $x_2$ | $\frac{1}{8}$ | $\frac{3}{8}$ | $\frac{1}{4}$ |

（1）求 $X$，$Y$ 的边缘分布律．

（2）判断 $X$ 与 $Y$ 是否独立.

**解**　（1）根据边缘分布定义容易得

$$P\{X=x_1\}=\frac{1}{4}，\quad P\{X=x_2\}=\frac{3}{4}；$$

| $X$ | $x_1$ | $x_2$ |
| --- | --- | --- |
| $P_{i\cdot}$ | $\frac{1}{4}$ | $\frac{3}{4}$ |

$$P\{Y=y_1\}=\frac{1}{6}，\quad P\{Y=y_2\}=\frac{1}{2}，\quad P\{Y=y_3\}=\frac{1}{3}.$$

| $Y$ | $y_1$ | $y_2$ | $y_2$ |
| --- | --- | --- | --- |
| $P_{\cdot j}$ | $\frac{1}{6}$ | $\frac{1}{2}$ | $\frac{1}{3}$ |

（2）根据题中表格，有

$$P\{X=x_1,Y=y_1\}=\frac{1}{24}=\frac{1}{4}\times\frac{1}{6}=P\{X=x_1\}P\{Y=y_1\},$$

$$P\{X=x_1,Y=y_2\}=\frac{1}{8}=\frac{1}{4}\times\frac{1}{2}=P\{X=x_1\}P\{Y=y_2\},$$

$$P\{X=x_1,Y=y_3\}=\frac{1}{12}=\frac{1}{4}\times\frac{1}{3}=P\{X=x_1\}P\{Y=y_3\},$$

$$P\{X=x_2,Y=y_1\}=\frac{1}{8}=\frac{3}{4}\times\frac{1}{6}=P\{X=x_2\}P\{Y=y_1\},$$

$$P\{X=x_2,Y=y_2\}=\frac{3}{8}=\frac{3}{4}\times\frac{1}{2}=P\{X=x_2\}P\{Y=y_2\},$$

$$P\{X=x_2,Y=y_3\}=\frac{1}{4}=\frac{3}{4}\times\frac{1}{3}=P\{X=x_2\}P\{Y=y_3\}.$$

故 $X$，$Y$ 相互独立.

**例 2**　设 $(X,Y)$ 的联合分布律为

| X | Y | | |
|---|---|---|---|
| | −1 | 0 | 2 |
| 0 | 0.1 | 0.15 | 0.05 |
| 1 | 0.3 | 0.05 | 0.1 |
| 2 | 0.1 | 0.05 | 0.1 |

判断 $X$ 与 $Y$ 是否相互独立?

**解**　因为$P\{X=0\}=0.1+0.15+0.05=0.3$，

$P\{Y=-1\}=0.1+0.3+0.1=0.5$，

$P\{X=0，Y=-1\}=0.1$，

可见$P\{X=0，Y=-1\}=0.1\neq P\{X=0\}\cdot P\{Y=-1\}$，所以 $X$ 与 $Y$ 不独立 .

**例 3**　已知二维随机变量 $(X, Y)$ 的概率密度函数为

$$f(x,y)=\begin{cases} ye^{(x+y)}, & x<0, y<0 \\ 0, & \text{其他} \end{cases},$$

问 $X$ 与 $Y$ 是否相互独立?

**解**　当$x<0$时，$f_X(x)=\int_{-\infty}^{0} ye^{x+y}\mathrm{d}y=e^x$；当$y<0$时，$f_Y(y)=\int_{-\infty}^{0} ye^{x+y}\mathrm{d}x=ye^y$.

即$f_X(x)=\begin{cases} e^x, & x<0 \\ 0, & \text{其他} \end{cases}$；$f_Y(y)=\begin{cases} ye^y, & y<0 \\ 0, & \text{其他} \end{cases}$.

对一切 $x, y$ 均有 $f(x,y)=f_X(x)f_Y(y)$，

故 $X$，$Y$ 相互独立 .

**例 4**　已知二维随机变量 $(X, Y)$ 的概率密度函数为

$$f(x,y)=\begin{cases} \frac{1}{2}e^{(x+y)}, & x<0, y<0 \\ \frac{1}{2}e^{-(x+y)}, & x\geqslant 0, y\geqslant 0 \\ 0, & \text{其他} \end{cases},$$

问 $X$ 与 $Y$ 是否相互独立?

**解**　当$y<0$时，$f_X(x)=\int_{-\infty}^{0}\frac{1}{2}e^{x+y}\mathrm{d}y=\frac{1}{2}e^x$，

当 $x<0$ 时，$f_Y(y)=\int_{-\infty}^{0}\frac{1}{2}e^{x+y}dx=\frac{1}{2}e^{y}$，

当 $y\geqslant 0$ 时，$f_X(x)=\int_{0}^{+\infty}\frac{1}{2}e^{-(x+y)}dy=\frac{1}{2}e^{-x}$，

当 $x\geqslant 0$ 时，$f_Y(y)=\int_{0}^{+\infty}\frac{1}{2}e^{-(x+y)}dy=\frac{1}{2}e^{-y}$，

即 $f_X(x)=\begin{cases}\frac{1}{2}e^{x}, & x<0\\ \frac{1}{2}e^{-x}, & x\geqslant 0\\ 0, & \text{其他}\end{cases}$，$f_Y(y)=\begin{cases}\frac{1}{2}e^{y}, & y<0\\ \frac{1}{2}e^{-y}, & y\geqslant 0\\ 0, & \text{其他}\end{cases}$，

$f(x,y)\neq f_X(x)f_Y(y)$，故 $X$，$Y$ 不相互独立 .

## 习题 3.4

1. 如果二维随机变量 $(X,Y)$ 的分布律为

| $X$ | $Y$ | | |
|---|---|---|---|
| | 1 | 2 | 3 |
| 1 | $\frac{1}{3}$ | $\frac{1}{9}$ | $\frac{1}{9}$ |
| 2 | $\frac{1}{3}$ | $\alpha$ | $\beta$ |

则 $\alpha,\beta$ 应满足的条件是______；$X$ 和 $Y$ 独立，则 $\alpha=$______，$\beta=$______ .

2. 设二维随机变量 $(X,Y)$ 的概率密度函数为

$$f(x,y)=\begin{cases}4xye^{-(x^2+y^2)}, & x>0,y>0\\ 0, & \text{其他}\end{cases},$$

则：（1）分别求出 $X,Y$ 的边缘概率密度函数 .

（2）判断 $X,Y$ 是否相互独立 .

## 第五节　随机变量函数的分布

第二章已经讨论了一个随机变量函数的分布，现在我们进一步讨论：当随机变量 $X, Y$ 的联合分布已知时，如何求出它们的函数 $Z = g(X,Y)$ 的分布 .

本节只讨论两个具体的函数 .

### 一、$Z=X+Y$ 的分布

设 $(X, Y)$ 为二维连续型随机变量，其概率密度函数为 $f(x,y)$，则 $Z = X+Y$ 仍然为连续型随机变量，概率密度函数为

$$f_Z(z)=\int_{-\infty}^{+\infty} f(z-y,y)\mathrm{d}y, \tag{3.10}$$

或

$$f_Z(z)=\int_{-\infty}^{+\infty} f(x,z-x)\mathrm{d}x. \tag{3.11}$$

证明:（略）.

注：若 $X, Y$ 相互独立，设 $(X, Y)$ 关于 $X, Y$ 的边缘密度分别为 $f_X(x)$，$f_Y(y)$，则（3.6），（3.7）分别化为

$$f_Z(z)=\int_{-\infty}^{+\infty} f_X(z-y)f_Y(y)\mathrm{d}y, \tag{3.12}$$

$$f_Z(z)=\int_{-\infty}^{+\infty} f_X(x)f_Y(z-x)\mathrm{d}x. \tag{3.13}$$

以上两个公式称为 $f_X$ 和 $f_Y$ 的**卷积公式** .

**例 1**　$A$，$B$ 城市一个月对食盐的需求量分别为随机变量 $X$ 和 $Y$，其概率密度函数为

$$f_X(x)=\begin{cases} x\mathrm{c}^{-x}, & x>0 \\ 0, & x\leqslant 0 \end{cases},\quad f_Y(y)=\begin{cases} y\mathrm{e}^{-y}, & y>0 \\ 0, & y\leqslant 0 \end{cases}.$$

如果 $B$ 城市与 $A$ 城市的需求量相互独立，求 $A$，$B$ 两个城市一个月对食盐需求量的概率密度函数 .

解

因为 $X$ 的密度函数为 $f_X(x)=\begin{cases} xe^{-x}, & x>0 \\ 0, & x\leqslant 0 \end{cases}$，

$Y$ 的密度函数为 $f_Y(y)=\begin{cases} ye^{-y}, & y>0 \\ 0, & y\leqslant 0 \end{cases}$.

从而，$A$，$B$ 两城市对食盐的月需求量 $Z=X+Y$，由卷积公式

$$f_Z(z)=\int_{-\infty}^{\infty} f_X(x)f_Y(z-x)\mathrm{d}x,$$

当 $z\leqslant 0$ 时，若 $x>0$，则 $z-x<0$，$f_Y(z-x)=0$；若 $x\leqslant 0$，则 $f_X(x)=0$，因而 $f_Z(z)=0$.

当 $z>0$ 时，若 $x\leqslant 0$，则 $z-x>0$，$f_Y(z-x)=(z-x)e^{-(z-x)}$；若 $x>0$，则 $f_X(x)=xe^{-x}$.

当 $f_Z(z)=\int_{-\infty}^{\infty} f_X(x)f_Y(z-x)\mathrm{d}x=\int_0^z xe^{-x}(z-x)e^{-(z-x)}\mathrm{d}x=\dfrac{z^3}{6}e^{-z}$.

故 $Z$ 的概率密度 $f_Z(z)=\begin{cases} \dfrac{z^3}{6}e^{-z}, & z>0 \\ 0, & z\leqslant 0 \end{cases}$.

特别地，若 $X$ 与 $Y$ 相互独立，且具有相同的标准正态分布 $N(0,1)$，则 $Z=X+Y$ 服从正态分布 $N(0,2)$，此结论可以推广到一般正态分布的 $n$ 个独立随机变量之和的情形，即有限个独立正态变量的线性组合仍然服从正态分布 .

## 二、$M=\max\{X,Y\}$ 及 $N=\min\{X,Y\}$ 的分布

设 $X$，$Y$ 是两个相互独立的随机变量，它们的分布函数分别为 $F_X(x)$，$F_Y(y)$，我们来求 $M=\max\{X,Y\}$ 及 $N=\min\{X,Y\}$ 的分布函数 .

由于 $M=\max\{X,Y\}$ 不大于 $z$ 等价于 $X$ 和 $Y$ 都不大于 $z$，故有

$$F_M(z)=P\{M\leqslant z\}=P\{X\leqslant z,Y\leqslant z\}.$$

又由于 $X$ 和 $Y$ 相互独立，于是得到 $M=\max\{X,Y\}$ 的分布函数为

$$F_M(z)=P\{X\leqslant z\}P\{Y\leqslant z\},$$

即有

$$F_M(z)=F_X(z)F_Y(z). \tag{3.14}$$

类似地，可得 $N=\min\{X,Y\}$ 的分布函数为

$$F_N(z)=P\{N\leqslant z\}=1-P\{N>z\}=1-P\{X>z,Y>z\}$$
$$=1-P\{X>z\}P\{Y>z\}=1-[1-F_X(z)][1-F_Y(z)],$$

即
$$F_N(z)=1-[1-F_X(z)][1-F_Y(z)]. \tag{3.15}$$

特别地，当 $X_1,\cdots,X_n$ 相互独立且具有相同分布函数 $F(x)$ 时，有

$$F_M(z)=[F(z)]^n; \tag{3.16}$$

$$F_N(z)=1-[1-F(z)]^n. \tag{3.17}$$

**例 2**　设随机变量 $X$ 与 $Y$ 相互独立，分布函数分别为 $F_X(x)$ 与 $F_Y(y)$，求它们的最大值 $Z=\max\{X,Y\}$ 及最小值 $W=\min\{X,Y\}$ 的分布函数.

**解**　对于任意的实数 $z$，$Z=\max\{X,Y\}$ 的分布函数为

$$F_Z(z)=P\{\max\{X,Y\}\leqslant z\}.$$

因为事件 $\max\{X,Y\}\leqslant z$ 与事件 $X\leqslant z$ 且 $Y\leqslant z$ 等价，并注意到 $X$ 与 $Y$ 的独立性，所以有

$$F_Z(z)=P\{X\leqslant z,Y\leqslant z\}=P\{X\leqslant z\}P\{Y\leqslant z\}=F_X(z)F_Y(z).$$

又对于任意的实数 $w$，我们有 $\min\{X,Y\}$ 的分布函数

$$F_W(w)=P\{\min\{X,Y\}\leqslant w\}=1-P\{\min\{X,Y\}>w\}.$$

因为事件 $\min\{X,Y\}>w$ 与事件 $X>w$ 且 $Y>w$ 等价，所以有

$$F_W(w)=1-P\{X>w,Y>w\}=1-P\{X>w\}P\{Y>w\}$$
$$=1-[1-P\{X\leqslant w\}][1-P\{Y\leqslant w\}]$$
$$=1-[1-F_X(w)][1-F_Y(w)].$$

注：上述结论可推广到多个独立随机变量情形.

## 习题 3.5

1. 设 $X,Y$ 相互独立，$X\sim N(0,1)$，$Y\sim N(0,1)$，则 $(X,Y)$ 的概率密度函数 $f(x,y)=$__________，$Z=X+Y$ 的概率密度函数 $f_z(Z)$__________.

2. 设二维随机变量 $(X,Y)$ 的概率密度函数为

$$f(x,y)=\begin{cases}A(1+y+xy), & 0<x<1,0<y<1\\0, & 其他\end{cases}.$$

（1）确定常数 $A$.

（2）$X$ 与 $Y$ 是否相互独立，为什么？

（3）求 $Z=X+Y$ 的概率密度函数．

## 思政园地

《题西林壁》是宋代文学家苏轼的诗作．这是一首诗中有画的写景诗，又是一首哲理诗．

原文：

横看成岭侧成峰，远近高低各不同．

不识庐山真面目，只缘身在此山中．

翻译：从正面、侧面看庐山，庐山的山岭连绵起伏、山峰耸立，从远处、近处、高处、低处看庐山，庐山呈现各种不同的样子．我之所以认不清庐山真正的面目，是因为我自身处在庐山之中．

在现实生活中，站在不同的立场，就会得到不同的结论，要想全面地认识事物的本质，必须全面客观地把握，才能不被局部现象所迷惑，局部代替不了整体．就像随机变量从一维随机变量升级到多维随机变量一样，我们从初等教育到高等教育，要学会从多维角度思考问题、分析问题、解决问题，从而树立大局意识，为建设更美好的祖国贡献自己的一份力量．

# 本章小结

## ◆ 本章知识要点

二维随机变量及其分布函数　二维离散型随机变量　二维离散型随机变量的概率分布律　边缘分布律　二维连续型随机变量　二维连续型随机变量的密度函数　边缘分布函数　边缘密度函数　二维随机变量的相互独立

## ◆ 本章常用结论

### 1. 二维离散型随机变量的分布律

| $X$ | $Y$ | | | | |
|---|---|---|---|---|---|
| | $y_1$ | $y_2$ | … | $y_j$ | … |
| $x_1$ | $p_{11}$ | $p_{12}$ | … | $p_{1j}$ | … |
| $x_2$ | $p_{21}$ | $p_{22}$ | … | $p_{2j}$ | … |
| … | … | … | … | … | … |
| $x_i$ | $p_{i1}$ | $p_{i2}$ | … | $p_{ij}$ | … |
| … | … | … | … | … | … |

### 2. 二维离散型随机变量分布律的性质

（1）$p_{ij} \geqslant 0$；　　（2）$\sum_{i=1}^{\infty}\sum_{j=1}^{\infty} p_{ij} = 1$.

### 3. 二维连续型随机变量密度函数的性质

（1）$f(x,y) \geqslant 0$；

（2）$\int_{-\infty}^{+\infty}\int_{-\infty}^{+\infty} f(x,y)\mathrm{d}x\mathrm{d}y = F(+\infty,+\infty) = 1$.

### 4. 二维随机变量分布函数的性质

（1）$F(-\infty,y) = \lim\limits_{x\to-\infty} F(x,y) = 0$，$F(x,-\infty) = \lim\limits_{y\to-\infty} F(x,y) = 0$；

$$F(-\infty,-\infty) = \lim_{\substack{x\to-\infty \\ y\to-\infty}} F(x,y) = 0, \quad F(+\infty,+\infty) = \lim_{\substack{x\to+\infty \\ y\to+\infty}} F(x,y) = 1.$$

（2）$P\left\{x_1 < x \le x_2, y_1 < y \le y_2\right\} = F\left(x_2, y_2\right) - F\left(x_2, y_1\right) - F\left(x_1, y_2\right) + F\left(x_1, y_1\right)$.

（3）$F(x, y)$关于$x$或$y$均为单调非减函数．对固定的$y$，若$x_1 < x_2$，则$F(x_1, y) \leqslant F(x_2, y)$；对固定的$x$，若$y_1 < y_2$，则$F(x, y_1) \leqslant F(x, y_2)$.

（4）$F(x, y)$关于$x$或$y$均为右连续，即$F(x+0, y) = F(x, y)$，$F(x, y+0) = F(x, y)$.

5. 边缘密度函数

$$f_X(x) = \int_{-\infty}^{+\infty} f(x, y)\mathrm{d}y，\ f_Y(y) = \int_{-\infty}^{+\infty} f(x, y)\mathrm{d}x.$$

6. 二维随机变量相互独立的判定方法

（1）$P\left\{X \leqslant x, Y \leqslant y\right\} = P\left\{X \leqslant x\right\} P\left\{Y \leqslant y\right\}$.

（2）$F(x, y) = F_X(x) F_Y(y)$.

离散型：$P\left\{X = x_i, Y = y_j\right\} = P\left\{X = x_i\right\} P\left\{Y = y_j\right\}$.

连续型：$f(x, y) = f_X(x) \cdot f_Y(y)$几乎处处成立.

7. $Z = X + Y$的概率密度函数为

（1）$f_Z(z) = \int_{-\infty}^{\infty} f(z-y, y)\mathrm{d}y$；

（2）$f_Z(z) = \int_{-\infty}^{\infty} f(x, z-x)\mathrm{d}x$

8. 二维随机变量$M = \max\{X, Y\}$及$N = \min\{X, Y\}$的分布函数

（1）$F_M(z) = P\{M \leqslant z\} = P\{X \leqslant z, Y \leqslant z\}$；

（2）$F_N(z) = 1 - [1 - F_X(z)][1 - F_Y(z)]$.

# 总习题三

## 一、填空题

1. $(X, Y)$ 的分布函数为 $F(x, y)$，则 $F(x+0, y)=$____________.

2. $(X, Y)$ 的分布函数为 $F(x, y)$，则 $F(x,+\infty)=$____________.

3. 设随机变量 $(X, Y)$ 的概率密度函数为

$$f(x, y)=\begin{cases}k(6-x-y), & 0<x<2, 2<y<4 \\ 0, & 其他\end{cases}，则 k=\_\_\_\_\_\_\_\_\_\_\_\_.$$

4. 设 $f(x, y)$ 是 $X, Y$ 的联合密度函数，$f_X(x)$ 是 $X$ 的边缘密度函数，则 $\int_{-\infty}^{+\infty} f_X(x)\,\mathrm{d}x=$____________.

5. 二维正态随机变量 $(X, Y)$，$X$ 和 $Y$ 相互独立的充要条件是参数 $\rho=$______.

## 二、计算题

1. 袋中有三个球，分别标着数字 1，2，2，从袋中任取一球，不放回，再取一球，设第一次取的球上标的数字为 $X$，第二次取的球上标的数字为 $Y$，求 $(X, Y)$ 的分布律 .

2. 三封信随机投入编号为 1，2，3 的三个信箱中，设 $X$ 为投入 1 号信箱的信数，$Y$ 为投入 2 号信箱的信数，求 $(X, Y)$ 的分布律 .

3. 设随机变量 $(X, Y)$ 的密度函数为 $f(x, y)=\begin{cases}k\mathrm{e}^{-(3x+4y)}, & x>0, y>0 \\ 0, & 其他\end{cases}$，

（1）确定常数 $k$；（2）求 $(X, Y)$ 的分布函数；（3）求 $P\{0<X\leqslant 1, 0<Y\leqslant 2\}$ .

4. 设随机变量 $(X, Y)$ 的概率密度函数为

$$f(x, y)=\begin{cases}x^2+\dfrac{xy}{3}, & 0\leqslant x\leqslant 1, 0\leqslant y\leqslant 2 \\ 0, & 其他\end{cases}，求 P\{X+Y\geqslant 1\} .$$

5. 设随机变量 $(X, Y)$ 在矩形区域 $D=\{(x, y) \mid a<x<b, c<y<d\}$ 内服从均匀分布，求：（1）联合概率密度及边缘概率密度；（2）随机变量 $X, Y$ 是否独立？

6. 设 $(X, Y)$ 相互独立且分别具有下列表格所定的分布律为

| $X$ | $-2$ | $-1$ | $0$ | $\frac{1}{2}$ |
|---|---|---|---|---|
| $P_k$ | $\frac{1}{4}$ | $\frac{1}{3}$ | $\frac{1}{12}$ | $\frac{1}{3}$ |

| $Y$ | $-\frac{1}{2}$ | $1$ | $3$ |
|---|---|---|---|
| $P_k$ | $\frac{1}{2}$ | $\frac{1}{4}$ | $\frac{1}{4}$ |

试写出 $X, Y$ 的联合分布律 .

7. 设 $X, Y$ 相互独立，且各自的分布律为

| $X$ | $1$ | $2$ |
|---|---|---|
| $P_k$ | $\frac{1}{2}$ | $\frac{1}{2}$ |

| $Y$ | $1$ | $2$ |
|---|---|---|
| $P_k$ | $\frac{1}{2}$ | $\frac{1}{2}$ |

求 $Z=X+Y$ 的分布律 .

8. $X, Y$ 相互独立，其概率密度函数分别为

$$f_X(x)=\begin{cases}\frac{1}{2} e^{\frac{1}{2} x}, & x \geqslant 0 \\ 0, & x<0\end{cases}, \qquad f_Y(y)=\begin{cases}\frac{1}{3} e^{\frac{1}{2} x}, & y \geqslant 0 \\ 0, & y<0\end{cases}.$$

求 $Z=X+Y$ 的密度函数 .

# 第四章

# 随机变量的数字特征

在前几章，我们已经学习了随机变量的分布函数、离散型随机变量的分布律和连续型随机变量的概率密度函数，它们中的任何一个都可以完整地描述相应随机变量的统计规律性．但是，在具体应用或理论推导中，若要求出分布函数（分布律或概率密度函数）可能会比较困难，甚至是没有必要的，这时只要掌握随机变量的某个数字特征，便可反映出其某方面的取值规律．比如，想了解某城市的居民收入状况，收入就是一个随机变量，我们关心平均收入的同时，还要注意个人收入与平均收入的偏离程度，平均收入高，偏离程度小，说明该城市的居民生活富裕，而如果平均收入高，偏离程度大，则说明该城市的贫富差距大，只是个别高收入情况提升了平均收入．

这种由随机变量分布所决定的常数称为随机变量的数字特征，它描述了随机变量某一方面的性质．本章我们将学习几个重要的数字特征：数学期望（均值）、方差、协方差等．除此以外还有许多其他的有用的数字特征，如众数、中位数等，篇幅所限就不一一介绍了．

## 第一节　数学期望及其性质

17 世纪，有个职业赌徒叫德梅累（De Mere），他向法国数学家帕斯卡（Pascal）提出了赌资分配问题．为了解决这一难题，帕斯卡与当时享有盛名的数学家费马（Fermat）建立了联系，继而促使很多著名的数学家对概率论发生了兴趣，加速了该理论的发展．下面，我们看一个简化版的分赌资问题．

**引例**　甲乙两名赌徒，赌技相近，各自下注 100 元，并约定先获胜三局者为赢，即可获得全部赌资．但是，在甲胜两局、乙胜一局的情况下赌局终止，问应该如何分配这 200 元赌注？

在题设条件下，如果平均分配赌资，则对甲欠公平；但如果全部给甲，则又对乙欠公平．合理的分法是按一定比例使甲拿大头，设想继续比两局，所有可能结果为甲甲、甲乙、乙甲、乙乙，故甲获胜的可能性为 3/4，而乙仅为 1/4．我们据此分配 200 元赌注．引入一个随机变量 $X$，它表示甲可能获得的赌注，则 $X$ 的分布律为

| $X$ | 0 | 200 |
|---|---|---|
| $p_k$ | $\frac{1}{4}$ | $\frac{3}{4}$ |

甲得到 200 元的可能性为 $\frac{3}{4}$，得到 0 元的可能性为 $\frac{1}{4}$，两种情况综合，则甲能“期望”获得的赌注为 $200\times\frac{3}{4}+0\times\frac{1}{4}=150$(元)，而乙获得余下的 50 元．

这就是名词“数学期望”（简称期望）的由来，虽然并不十分形象，但是因它由来已久，早已深入民心．而它的另一个名字“均值”，就显得更加贴切易懂了．下面我们给出离散型随机变量数学期望的定义．

## 一、离散型随机变量的数学期望

**定义 1**　设离散型随机变量 $X$ 的分布律为

| $X$ | $x_1$ | $x_2$ | … | $x_n$ | … |
|---|---|---|---|---|---|
| $p_k$ | $p_1$ | $p_2$ | … | $p_n$ | … |

若级数 $\sum_{n=1}^{\infty}x_np_n$ 绝对收敛，则称级数的和为 $X$ 的数学期望（Expectation），记为 $E(X)$ 或 $EX$，即

$$E(X)=EX=\sum_{n=1}^{\infty}x_np_n\ .$$

数学期望简称为期望，又称为均值．根据定义，$X$ 的数学期望等于 $X$ 的每一个取值与其对应的概率之积的累加，即 $E(X)$ 表示随机变量取值的平均值．这里的平均指以概率为权重的加权平均．因此，我们可以把数学期望理解为平均得分、平均收益、平均利润等．

**例 1**　甲乙两人射击比赛，所得分数分别记为 $X$ 和 $Y$，分布律为

| $X$ | 0 | 1 | 2 |
|---|---|---|---|
| $p_k$ | 0.2 | 0.3 | 0.5 |

| $Y$ | 0 | 1 | 2 |
|---|---|---|---|
| $p_k$ | 0.3 | 0.4 | 0.3 |

比较两人的射击水平 .

**解**　$EX=0\times0.2+1\times0.3+2\times0.5=1.3$；

$EY=0\times0.3+1\times0.4+2\times0.3=1.$

这意味着，如果进行多次射击，则甲的平均得分接近于 1.3，而乙仅为 1，故甲的成绩比较好 .

一般情况下，$X$ 的取值为有限个，离散型随机变量数学期望的计算在分布律表中表现为“上下相乘再相加”. 而定义 1 中 $X$ 的取值为可数无穷多个，为了保证级数的和不随各项相加次序的改变而改变，故要求级数 $\sum\limits_{n=1}^{\infty}x_n p_n$ 绝对收敛 . 若级数不收敛，则称 $X$ 的期望不存在，即并非所有的随机变量都有数学期望 .

**例 2**　设随机变量 $X$ 服从（0—1）分布，求它的数学期望 .

**解**　由 $X$ 的分布律

| $X$ | 0 | 1 |
|---|---|---|
| $p_k$ | $1-p$ | $p$ |

，可得

$$E(X)=0\times(1-p)+1\times p=p\ .$$

**例 3**　设随机变量 $X$ 服从参数为 $\lambda$ 的泊松分布，求它的数学期望 .

**解**　先写出 $X$ 的分布律 $P\{X=k\}=\mathrm{e}^{-\lambda}\dfrac{\lambda^k}{k!}\quad(k=0,\ 1,\ 2,\ \cdots;\ \lambda>0)$，由数学期望的定义知

$$E(X)=\sum_{k=0}^{\infty}k\cdot\mathrm{e}^{-\lambda}\frac{\lambda^k}{k!}=\mathrm{e}^{-\lambda}\sum_{k=1}^{\infty}\frac{\lambda^k}{(k-1)!}=\mathrm{e}^{-\lambda}\lambda\cdot\sum_{k=1}^{\infty}\frac{\lambda^{k-1}}{(k-1)!}=\mathrm{e}^{-\lambda}\lambda\cdot\mathrm{e}^{\lambda}=\lambda\ .$$

提示：$\mathrm{e}^{\lambda}=1+\lambda+\dfrac{\lambda^2}{2!}+\cdots+\dfrac{\lambda^k}{k!}+\cdots=\sum\limits_{k=0}^{n}\dfrac{\lambda^k}{k!}$ .

**小练1** 设随机变量$X$的分布律为

| $X$ | $-2$ | $0$ | $1$ | $2$ |
|---|---|---|---|---|
| $p_k$ | 0.1 | 0.2 | 0.4 | 0.3 |

，则$E(X)$ = ______，$E(X^2)$ = ________.

## 二、连续型随机变量的数学期望

在连续型随机变量数学期望的定义中，用积分代替了离散型的求和.

**定义2** 设连续型随机变量$X$的概率密度函数为$f(x)$. 若积分$\int_{-\infty}^{+\infty} xf(x)\mathrm{d}x$绝对收敛，则定义$X$的数学期望为

$$E(X)=EX=\int_{-\infty}^{+\infty} xf(x)\mathrm{d}x .$$

设连续型随机变量$X$，其密度函数为$f(x)$，在$x$轴上插入密集分点$\cdots<x_0<x_1<x_2<\cdots<x_n<\cdots$，小区间$[x_i,x_{i+1})$的长度记为$\Delta x_i=x_{i+1}-x_i$. 随机变量$X$在区间$[x_i,x_{i+1})$内取值的概率可近似为$\{X=x_i\}$的概率，又根据微积分中的元素法，可得

$$P\{X=x_i\}\approx P\{x_i\leqslant X<x_{i+1}\}=\int_{x_i}^{x_{i+1}} f(x)\mathrm{d}x\approx f(x_i)\cdot\Delta x_i .$$

此时，"分布律表"为

| $X$ | ... | $x_0$ | $x_1$ | $x_2$ | ... | $x_n$ | ... |
|---|---|---|---|---|---|---|---|
| $p_k$ | ... | $f(x_0)\Delta x_0$ | $f(x_1)\Delta x_1$ | $f(x_2)\Delta x_2$ | ... | $f(x_n)\Delta x_n$ | ... |

$$E(X)\approx\sum_i x_i\cdot f(x_i)\Delta x_i ,$$

随着$\Delta x_i$越分越小，以上和式就越趋近于定义中的积分（图4–1）.

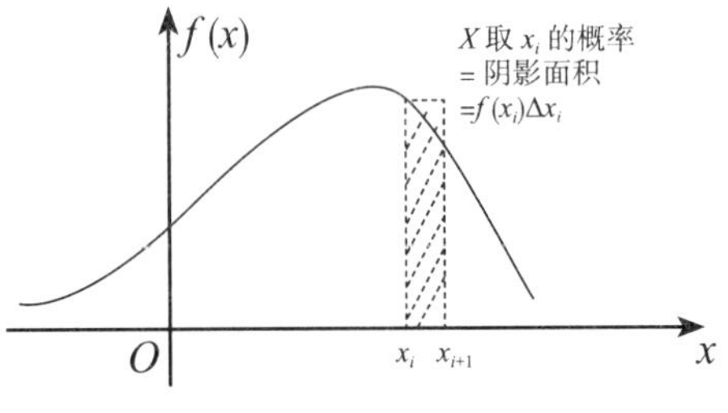


图4–1

**例 4**　设随机变量 $X$ 的密度函数为 $f(x)=\begin{cases}x, & 0\leqslant x<1\\ 2-x, & 1\leqslant x<2\\ 0, & \text{其他}\end{cases}$，求它的数学期望.

**解**　由定义 2 算得

$$EX=\int_{-\infty}^{+\infty}xf(x)\mathrm{d}x=\int_0^1 x\cdot x\mathrm{d}x+\int_1^2 x(2-x)\mathrm{d}x=1$$

**小练 2**　计算均匀分布的数学期望，设 $X\sim U(a,b)$ .

**解**　均匀分布的密度函数 $f(x)=\begin{cases}\dfrac{1}{b-a}, & a<x<b\\ 0, & \text{其他}\end{cases}$，则

$$EX=\int_{-\infty}^{+\infty}xf(x)\mathrm{d}x=\int_a^b x\frac{1}{b-a}\mathrm{d}x=\frac{a+b}{2},$$

即均匀分布的数学期望是区间 $(a, b)$ 的中点 .

**例 5**　设 $X$ 服从参数为 $\lambda$ 的指数分布，计算其数学期望 .

**解**　指数分布的密度函数 $f(x)=\begin{cases}\lambda\mathrm{e}^{-\lambda x}, & x>0\\ 0, & x\leqslant 0\end{cases}$，则

$$E(X)=\int_{-\infty}^{+\infty}xf(x)\mathrm{d}x=\int_0^{+\infty}x\lambda\mathrm{e}^{-\lambda x}\mathrm{d}x=-\int_0^{+\infty}x\mathrm{d}\left(\mathrm{e}^{-\lambda x}\right)=\int_{+\infty}^0 x\mathrm{d}\left(\mathrm{e}^{-\lambda x}\right)$$

$$=x\mathrm{e}^{-\lambda x}\Big|_{+\infty}^{0}-\int_{+\infty}^0\mathrm{e}^{-\lambda x}\mathrm{d}x=\frac{1}{\lambda}\int_{+\infty}^0\mathrm{e}^{-\lambda x}\mathrm{d}\left(-\lambda x\right)=\frac{1}{\lambda}\left(\mathrm{e}^{-\lambda x}\Big|_{+\infty}^{0}\right)=\frac{1}{\lambda}.$$

提示：$\lim\limits_{x\to+\infty}x\mathrm{e}^{-\lambda x}=\lim\limits_{x\to+\infty}\dfrac{x}{\mathrm{e}^{\lambda x}}\overset{\text{洛必达}}{=}\lim\limits_{x\to+\infty}\dfrac{1}{\lambda\mathrm{e}^{\lambda x}}=0$ .

## 三、随机变量函数的数学期望

除了直接计算随机变量的期望，有时我们还需要求出随机变量函数的期望 .

**定理 1**　设随机变量 $X$，随机变量函数 $Y=g(X)$（$g$ 是连续函数），且 $EY$ 存在，则有

$$E\left(Y\right)=E[g(X)]=\begin{cases}\sum_{i=1}^{\infty}g(x_i)p_i, & X\text{为离散型，分布律为}p\{x=x_i\}=p_i\\ \int_{-\infty}^{+\infty}g(x)f(x)\mathrm{d}x, & X\text{为连续型，概率密度为}f(x)\end{cases}.$$

定理 1 的意义在于，可以在不求出 $Y$ 的分布律或者密度函数的情况下，由 $X$ 的分布律或者密度函数直接计算 $Y$ 的期望，这样做大大简化了计算，因为有时候 $g(x)$ 比较复杂，导致 $Y$ 的密度函数很难求.

**例 6** 设随机变量 $X$ 的分布律为

| $X$ | $-1$ | $1$ | $3$ |
|---|---|---|---|
| $p_k$ | 0.5 | 0.3 | 0.2 |

，求 $Y=(X-1)^2$ 的数学期望.

**解** 因为离散型的 $Y$ 的分布律容易得到，故本题可以有两种方法：

（1）直接用公式求解，

$$EY=\sum_{i=1}^{3}\left(x_i-1\right)^2p_i=\left(-1-1\right)^2\times0.5+\left(1-1\right)^2\times0.3+\left(3-1\right)^2\times0.2=2.8.$$

（2）间接地，先求出 $Y$ 的分布律，再由分布律算期望，

| $Y$ | 0 | 4 |
|---|---|---|
| $p_k$ | 0.3 | 0.7 |

，$E(Y)=4\times0.7=2.8$.

**例 7** 设随机变量 $X$ 的密度函数为 $f(x)=\begin{cases}\mathrm{e}^{-x}, & x>0\\ 0, & x\leqslant0\end{cases}$，求 $Y=\mathrm{e}^{-2X}$ 的数学期望.

**解** 对于连续型的 $Y$，一般直接用公式，而不去计算 $Y$ 的密度函数.

$$E(Y)=\int_{-\infty}^{+\infty}g(x)f(x)\mathrm{d}x=\int_0^{+\infty}\mathrm{e}^{-2x}\cdot\mathrm{e}^{-x}\mathrm{d}x=-\frac{1}{3}\int_0^{+\infty}\mathrm{e}^{-3x}\mathrm{d}(-3x)=-\frac{1}{3}\mathrm{e}^{-3x}\Big|_0^{+\infty}=\frac{1}{3}.$$

将定理 1 推广到二维及以上的情况.

**定理 2** 设二维随机变量 $(X,Y)$，函数 $Z=g(X,Y)$，且 $E(Z)$ 存在，则

$$E\left(Z\right)=E\left[g(X,Y)\right]=\begin{cases}\sum_{i=1}^{\infty}\sum_{j=1}^{\infty}g(x_i,y_j)p_{ij}, & (X,Y)\text{为离散型，分布律为}P\{X=x_i,Y=y_j\}=p_{ij}\\ \int_{-\infty}^{+\infty}\int_{-\infty}^{+\infty}g(x,y)f(x,y)\mathrm{d}x\mathrm{d}y, & (X,Y)\text{为连续型，概率密度为}f(x,y)\end{cases}.$$

**例 8**　设随机变量 $(X, Y)$ 的联合分布律为

| $X$ | $Y$ | | |
|---|---|---|---|
| | 0 | 1 | 2 |
| 0 | 1/4 | 1/8 | 3/8 |
| 1 | 1/8 | 0 | 1/8 |

求 $E(X)$，$E(Y)$，$E(XY)$.

**解**　对于 $X$ 和 $Y$，由其边缘分布律算期望

| $X$ | 0 | 1 |
|---|---|---|
| $p_k$ | $\frac{3}{4}$ | $\frac{1}{4}$ |

| $Y$ | 0 | 1 | 2 |
|---|---|---|---|
| $p_k$ | $\frac{3}{8}$ | $\frac{1}{8}$ | $\frac{4}{8}$ |

$$E(X)=\frac{1}{4},\quad E(Y)=\frac{1}{8}+\frac{8}{8}=\frac{9}{8},$$

对于 $XY$ 的期望，用定理 2 的公式计算得

$$\begin{aligned}E(XY)&=\sum_{i=1}^{2}\sum_{j=1}^{3}g\left(x_i,y_j\right)\cdot p_{ij}\\&=g(0,0)p_{11}+g(0,1)p_{12}+g(0,2)p_{13}+g(1,0)p_{21}+g(1,1)p_{22}+g(1,2)p_{23}\\&=g(1,1)p_{22}+g(1,2)p_{23}=1\times0+2\times\frac{1}{8}=\frac{1}{4}\ .\end{aligned}$$

**例 9**　设二维随机变量 $(X, Y)$ 的密度函数为

$$f(x,y)=\begin{cases}x+y, & 0\leqslant x\leqslant 1,\ 0\leqslant y\leqslant 1\\0, & \text{其他}\end{cases},$$

求 $E(XY)$.

**解**　这里 $g(X,Y)=XY$，则

$$\begin{aligned}E(XY)&=\int_{-\infty}^{+\infty}\int_{-\infty}^{+\infty}xyf(x,y)\mathrm{d}x\mathrm{d}y\\&=\int_0^1\mathrm{d}x\int_0^1 xy(x+y)\mathrm{d}y=\int_0^1\left(x^2\cdot\frac{y}{2}\bigg|_0+x\cdot\frac{y}{3}\bigg|_0\right)\mathrm{d}x=\frac{1}{3}.\end{aligned}$$

**小练 3** 设随机变量 $X$ 在 $(0,\pi)$ 上服从均匀分布，求 $E\left(X\right)$, $E\left(\sin X\right)$, $E\left(X^2\right)$.

## 四、数学期望的性质

设随机变量 $X, Y$ 的数学期望 $EX$, $EY$ 存在，则有下列性质：

**性质 1** 常数的期望等于它本身，即 $E(C)=C$.

**性质 2** $E(CX)=CE(X)$，其中 $C$ 为任意常数 .

**性质 3** 几个随机变量之和的期望等于各随机变量的期望之和，即

$$E\left(X_1+X_2+\cdots+X_n\right)=E(X_1)+E(X_2)+\cdots+E(X_n)=\sum_{i=1}^{n}E(X_i),$$

这里假定各随机变量的期望存在 .

当有两个随机变量时，上式可写成 $E(X+Y)=E(X)+E(Y)$.

**性质 4** 若随机变量 $X$ 和 $Y$ 相互独立，则 $E(XY)=E(X)E(Y)$ .

此性质也可以推广到有限个相互独立的随机变量乘积的情形 . 设随机变量 $X_1, X_2, \cdots, X_n$ 相互独立，则

$$E\left(X_1X_2\cdots X_n\right)=E(X_1)E(X_2)\cdots E(X_n)=\prod_{i=1}^{n}E(X_i).$$

期望的四个性质可以帮助简化计算，如计算 $E(2X-3Y)$，可利用性质化简为 $2E(X)-3E(Y)$. 利用性质 3 可以把一个比较复杂的随机变量 $X$ 分解成若干个简单的随机变量之和，进而得到 $X$ 的期望 . 我们将利用这种分解方法求二项分布的期望和方差 . 另外，如果 $n$ 个随机变量中既有离散型又有连续型，那么在满足条件的情况下，性质 3 和性质 4 仍成立 .

**例 10** 同时抛掷 5 颗质量分布均匀的骰子，求掷得点数之和的数学期望 .

**解** 设 $X$ 表示点数和，$X_i$ 表示第 $i$ 颗骰子掷出的点数，则 $X=X_1+X_2+\cdots+X_5$. 其中任意一个 $X_i$ 的分布律为

| $X_i$ | 1 | 2 | 3 | 4 | 5 | 6 |
|---|---|---|---|---|---|---|
| $p_k$ | $\frac{1}{6}$ | $\frac{1}{6}$ | $\frac{1}{6}$ | $\frac{1}{6}$ | $\frac{1}{6}$ | $\frac{1}{6}$ |

算得 $E(X_i)=\dfrac{7}{2}$，再由性质 3 知，$E\left(X\right)=E(X_1+\cdots+X_5)=5\times\dfrac{7}{2}=\dfrac{35}{2}$ .

**例 11**　一辆校车载有 20 名学生，校车共有 10 个站点可以停车，如到达一个车站没有人下车就不停车，设 $X$ 表示停车次数，求 $EX$.（设每个学生在各个站点下车是等可能的，且各个学生是否下车相互独立）

**解**　分解 $X$，设 $X = X_1 + X_2 + \cdots + X_{10}$，其中

$$X_i = \begin{cases} 0, & \text{第 } i \text{ 站无人下车} \\ 1, & \text{第 } i \text{ 站有人下车（停车1次）} \end{cases} \quad (i = 1, 2, \cdots, 10),$$

易见 $X_i$ 既相互独立又服从 0—1 分布，先求 $X_i$ 的分布律.

事件 $\{X_i = 0\}$ 表示第 $i$ 站无人下车，一个学生不在第 $i$ 站下车的概率为 $\dfrac{9}{10}$，20 个学生都不在第 $i$ 站下车的概率为 $\left(\dfrac{9}{10}\right)^{20}$. 它的对立事件 $\{X_i = 1\}$，即第 $i$ 站有人下车的概率为 $1-\left(\dfrac{9}{10}\right)^{20}$，故 $X_i$ 的分布律为

| $X_i$ | 0 | 1 |
|---|---|---|
| $p_k$ | $\left(\dfrac{9}{10}\right)^{20}$ | $1-\left(\dfrac{9}{10}\right)^{20}$ |

则 $E(X_i) = 1-\left(\dfrac{9}{10}\right)^{20}$，故

$$E(X) = E(X_1 + X_2 + \cdots + X_{10}) = 10 \times \left[1-\left(\frac{9}{10}\right)^{20}\right] \approx 8.784 .$$

最后，我们指出数学期望是由随机变量的分布完全决定的，我们可以说某分布的期望是多少，或者某密度的期望是多少等．当需要用数据进行估计时，去估计一个变量的期望，要比去估计它的分布容易得多，因为期望只是一个数字，而分布或者密度则是一个函数．

## 4.1 练习题

1. 设离散型随机变量 $X$ 的分布律为

| $X$ | 0 | 1 | 2 | 3 |
|---|---|---|---|---|
| $p_k$ | 0.1 | 0.2 | 0.3 | 0.4 |

则 $E(X)=$__________，$E(X^2-2X+3)=$__________.

2. 设离散型随机变量 $X\sim P(2)$，则分布律为__________. 若随机变量函数 $Y=3X-2$，则 $E(Y)=$__________.

3. 设随机变量 $X$ 的分布函数为 $F(x)=\begin{cases}0, & x<0\\ x^3, & 0\leqslant x\leqslant 1\\ 1, & \text{其他}\end{cases}$，则 $E(X)=$__________.

4. 在 5 个灯泡中混有 2 个坏的，现从中任取 3 个，设随机变量 $X$ 为取到坏的灯泡的个数，求 $X$ 的分布律及数学期望.

5. 已知离散型随机变量 $X$ 的分布律为

| $X$ | $-1$ | 1 | 2 |
|---|---|---|---|
| $p_k$ | $a$ | 0.5 | 0.3 |

求：（1）常数 $a$.（2）$P\{X>\frac{1}{2}\}$ 和 $P\{-1\leqslant X\leqslant\frac{3}{2}\}$.（3）$EX$.

6. 设离散型随机变量 $X$ 的分布律为

| $X$ | $-1$ | 0 | 2 |
|---|---|---|---|
| $p_k$ | 0.2 | 0.3 | 0.5 |

求 $EX$，$E(-X+1)$，$E(X^2)$，$E(X^2-2)$.

7. 设随机变量 $X$，概率密度函数为 $f(x)=\begin{cases}kx^a, & 0<x<1\\ 0, & \text{其他}\end{cases}$，其中 $k, a>0$ 且 $EX=0.75$，求常数 $k$ 和 $a$.

8. 设随机变量 $X$ 在 $[0,\pi]$ 上服从均匀分布，求 $E(\sin X)$，$E(X^2)$ 及 $E[(X-EX)^2]$.

9. 设风速 $V$ 在 $[0, a]$ 上服从均匀分布，且飞机机翼受到的正压力 $W$ 是 $V$ 的函数，即 $W=kV^2$（$k>0$，常数），求 $W$ 的数学期望.

10. 某商店对某种家用电器的销售采用先使用后付款的方式. 记使用寿命为 $X$

（以年计），规定：

$X \leqslant 1$，一台付款 1500 元；

$1 < X \leqslant 2$，一台付款 2000 元；

$2 < X \leqslant 3$，一台付款 2500 元；

$X > 3$，一台付款 3000 元 .

设寿命 $X$ 服从指数分布，概率密度为 $f(x)=\begin{cases}\dfrac{1}{10}\mathrm{e}^{-x/10}, & x>0\\ 0, & x\leqslant 0\end{cases}$，试求该类家用电器一台收费 $Y$ 的数学期望 .

11. 设随机变量 $X$ 和 $Y$ 相互独立，其概率密度分别为

$$f(x)=\begin{cases}2x, & 0<x<1\\ 0, & 其他\end{cases},\quad f(y)=\begin{cases}\mathrm{e}^{-(y-5)}, & y>5\\ 0, & 其他\end{cases},$$

求 $E(XY)$.

12. 已知二维随机变量（$X, Y$）的联合分布律为

| $X$ | $Y$ | | |
|---|---|---|---|
| | 0 | 1 | 2 |
| 0 | 0.1 | 0.2 | 0.1 |
| 1 | 0.3 | 0.1 | 0.2 |

求 $EX$.

13. 从 1 ~ 3 这三个数中任取一数，记为 $X$，再从 1 到 $X$ 中任取一个数，记为 $Y$，求 $EY$.

14. 设二维随机变量 $(X, Y)$，联合概率密度函数为

$$f(x,y)=\begin{cases}xy, & 0<x<1,\ 0<y<2\\ 0, & 其他\end{cases},$$

求 $EX$，$EY$ 和 $E(XY+1)$.

## 第二节 方差及其性质

甲乙两支女生小合唱队，各由五名成员组成，表 4-1 中是她们的身高 .

**表 4-1 小合唱队信息** 单位：cm

| | | | | | |
|---|---|---|---|---|---|
| 甲队 | 160 | 162 | 159 | 160 | 159 |
| 乙队 | 180 | 160 | 150 | 150 | 160 |

经计算甲乙两队的平均身高都是 160cm，但乙队身高波动较大，甲队身高波动较小 . 单从身高看，甲队更整齐，演出时视觉效果更好 .

由此看出，仅有期望是不够的，我们还要研究随机变量取值的散布情况 . 在实际工作中，数据的波动程度是反映客观现象的一种指标，如果反映产品某种特性的数据波动较大，说明生产不够稳定 .

### 一、方差和标准差

设随机变量 $X$ 有期望 $E(X)$. 偏离量 $X-E(X)$ 也是一个随机变量（$X$ 是变量，$EX$ 是数），我们想找到一个与之相关的数字来反映 $X$ 与其均值的偏离程度，但不能用 $E\left[X-E(X)\right]$ . 因为根据期望的性质，它等于零，正负偏离相互抵消，故将其修正为 $E\left(|X-EX|\right)$ 或 $E[(X-EX)^2]$，相比较，后者更容易运算 . 它就是本节所讲内容“方差”，即差的平方 .

**定义 1** 设随机变量 $X$，若 $E[(X-EX)^2]$ 存在，则称其为 $X$ 的方差（Variance），记为

$$\mathrm{Var}(X)=D(X)=E\left[(X-EX)^2\right].$$

在不引起混淆的情况下，可简记为 $DX$.

方差的算术平方根 $\sqrt{DX}$ 称为 $X$ 的标准差或均方差 . 它与 $X$ 具有相同的度量单位，在实际中更常用 .

根据定义，方差是一个非负数，它描述了随机变量 $X$ 与其均值的偏离程度 . 方差小，表明 $X$ 的取值比较集中在均值附近（稳定）；方差大，表明 $X$ 取值分散（数据波动较大）.

## 二、方差的计算

### 1. 定义法

由方差定义，$(X-EX)^2$ 是一个随机变量函数，得

$$D(X)=\begin{cases}\sum_{i=1}^{\infty}\left(x_i-EX\right)^2 p_i, & \text{当} X \text{为离散型} \\ \int_{-\infty}^{+\infty}\left(x-EX\right)^2 f(x)\mathrm{d}x, & \text{当} X \text{为连续型}\end{cases}.$$

### 2. 公式法

由方差定义及期望性质，

$$DX=E\left[(X-EX)^2\right]=E\left[X^2-2X\cdot EX+(EX)^2\right]=E\left(X^2\right)-\left(EX\right)^2$$

即 $D(X)=E\left(X^2\right)-\left(EX\right)^2$.

常用上式计算方差．移项后的式子 $E\left(X^2\right)=D(X)+\left(EX\right)^2$ 也很重要．

**例 1**　设随机变量 $X$ 的分布律为

| $X$ | $-2$ | 0 | 1 | 2 |
|---|---|---|---|---|
| $p_k$ | 0.3 | 0.4 | 0.2 | 0.1 |

求 $X$ 的方差．

**解**　根据公式，先算两类期望，$EX=(-2)\times0.3+1\times0.2+2\times0.1=-0.2$，

$E(X^2)=4\times0.3+1\times0.2+4\times0.1=1.8$，

$DX=E(X^2)-(EX)^2=1.8-0.04=1.76$．

**例 2**　设随机变量 $X$ 服从（0—1）分布，求 $X$ 的方差．

**解**　由 $EX=p$，$E(X^2)=0^2\times(1-p)+1^2\times p=p$，得

$$DX=E(X^2)-(EX)^2=p(1-p)=pq，记 1-p=q.$$

**例 3**　设随机变量 $X$ 服从参数为 $\lambda$ 的泊松分布，求 $X$ 的方差．

**解**　上节已算得 $EX=\lambda$，则

$$E\left(X^2\right)=\sum_{k=0}^{\infty}k^2\mathrm{e}^{-\lambda}\frac{\lambda^k}{k!}=\mathrm{e}^{-\lambda}\sum_{k=1}^{\infty}k\frac{\lambda^k}{(k-1)!}=\mathrm{e}^{-\lambda}\sum_{k=1}^{\infty}\left[(k-1)+1\right]\frac{\lambda^k}{(k-1)!}$$

$$=\mathrm{e}^{-\lambda}\sum_{k=1}^{\infty}(k-1)\frac{\lambda^k}{(k-1)!}+\mathrm{e}^{-\lambda}\sum_{k=1}^{\infty}\frac{\lambda^k}{(k-1)!}=\mathrm{e}^{-\lambda}\lambda^2\sum_{k=2}^{\infty}\frac{\lambda^{k-2}}{(k-2)!}+\mathrm{e}^{-\lambda}\lambda\sum_{k=1}^{\infty}\frac{\lambda^{k-1}}{(k-1)!}=\lambda^2+\lambda,$$

$$DX = E\left(X^2\right) - \left(EX\right)^2 = \lambda \ .$$

上题说明，泊松分布中的参数$\lambda$既是期望又是方差，只要求出$\lambda$就能完全确定泊松分布 .

**小练 1** 设随机变量$X$在区间$(a, b)$上服从均匀分布，求$X$的方差 .

**解** 已知$EX = \dfrac{a+b}{2}$，又$E(X^2) = \int_a^b x^2 \dfrac{1}{b-a} \mathrm{d}x = \dfrac{a^2+ab+b^2}{3}$，得

$$DX = E\left(X^2\right) - \left(EX\right)^2 = \frac{(b-a)^2}{12} \ .$$

**例 4** 设随机变量$X$服从参数为$\lambda$的指数分布，求$X$的方差 .

**解** 已知$EX = \dfrac{1}{\lambda}$，又

$$E(X^2) = \int_{-\infty}^{+\infty} x^2 f(x) \mathrm{d}x = \int_0^{+\infty} x^2 \cdot \lambda \mathrm{e}^{-\lambda x} \mathrm{d}x = -\int_0^{+\infty} x^2 \mathrm{d}\left(\mathrm{e}^{-\lambda x}\right)$$

$$= -x^2 \mathrm{e}^{-\lambda x}\Big|_0^{+\infty} + \int_0^{+\infty} \mathrm{e}^{-\lambda x} d\left(x^2\right) = 2\int_0^{+\infty} x \mathrm{e}^{-\lambda x} dx = \frac{2}{\lambda^2},$$

$$DX = E(X^2) - (EX)^2 = \frac{1}{\lambda^2} \ .$$

## 三、方差的性质

设随机变量$X$和$Y$的方差存在，则有下列性质：

**性质 1** 常数的方差等于零，即$D(C) = 0$ .

**性质 2** 若$C$为任意常数，则$D\left(X + C\right) = D\left(X\right)$ .

**性质 3** 若$C$为任意常数，则$D\left(CX\right) = C^2 D\left(X\right)$ .

**性质 4** 若随机变量$X$和$Y$相互独立，则$D\left(X \pm Y\right) = DX + DY$ .

推广到有限个相互独立的随机变量，

$$D\left(X_1 + X_2 + \cdots + X_n\right) = D(X_1) + D(X_2) + \cdots + D(X_n) = \sum_{i=1}^{n} D(X_i) \ ,$$

即独立随机变量之和的方差等于各变量的方差之和 .

性质 1 至性质 3 可以用定义予以证明，留给读者自己完成 . 注意，性质 4 与期望的性质有所区别，需要有相互独立的条件，证明如下 .

**证明**　由方差的计算公式，有

$$
\begin{aligned}
D(X\pm Y)&=E(X\pm Y)^2-E^2(X\pm Y)\\
&=E(X^2\pm 2XY+Y^2)-(EX\pm EY)^2\\
&=E(X^2)\pm 2E(XY)+E(Y^2)-\left[(EX)^2\pm 2EX\cdot EY+(EY)^2\right]\\
&=\left[E(X^2)-(EX)^2\right]+\left[E(Y)^2-(EY)^2\right]\pm\left[2E(XY)-2EX\cdot EY\right]\\
&=DX+DY\pm 2\left[E(XY)-EX\cdot EY\right]
\end{aligned}
$$

因为随机变量 $X$ 与 $Y$ 相互独立，由期望的性质得上式的第三项为零，证毕 .

另一方面，如果 $E(XY)-EX\cdot EY\neq 0$，那么 $X$ 与 $Y$ 不独立，也就是存在一定的关系，这个式子反映的就是二者之间的联系，下一节我们把它定义为 $X, Y$ 的协方差 .

**小练 2**　设随机变量 $X$ 的期望 $E(X)=\mu$，方差 $D(X)=\sigma^2\neq 0$，记 $X^*=\dfrac{X-\mu}{\sigma}$，并称 $X^*$ 为 $X$ 的标准化变量．利用性质求 $E(X^*)$, $D(X^*)$ .

**解**　由期望与方差的性质得

$$E(X^*)=E\left(\frac{X-\mu}{\sigma}\right)=\frac{1}{\sigma}E(X-\mu)=\frac{1}{\sigma}(EX-\mu)=0,$$

$$D(X^*)=D\left(\frac{X-\mu}{\sigma}\right)=\frac{1}{\sigma^2}D(X-\mu)=\frac{1}{\sigma^2}D(X)=1 .$$

**例 5**　设随机变量 $X$ 服从二项分布 $B(n, p)$，求 $X$ 的期望与方差 .

**解**　由二项分布的定义，$X$ 表示 $n$ 次试验中事件 $A$ 发生的次数，将 $X$ 分解为 $n$ 个随机变量 $X_i$ 之和，即 $X=X_1+X_2+\cdots+X_n$，其中随机变量

$$X_i=\begin{cases}0, & \text{第}i\text{次试验中事件}A\text{不发生}\\ 1, & \text{第}i\text{次试验中事件}A\text{发生}\end{cases},\ i=1,2,\cdots,n,$$

且 $X_i$ 服从 0—1 分布，相互独立，已知 $E(X_i)=p$，$D(X_i)=pq$，则有

$$E(X)=E(X_1+X_2+\cdots+X_n)=E(X_1)+E(X_2)+\cdots+E(X_n)=np,$$

$$D(X)=D(X_1+X_2+\cdots+X_n)=D(X_1)+D(X_2)+\cdots+D(X_n)=npq .$$

结果表明，二项分布的期望与方差就是在 0—1 分布的基础上乘 $n$.

**例 6** 设连续型随机变量 $X \sim N\left(\mu,\sigma^2\right)$，求 $X$ 的数学期望和方差．

**解** 先求出标准正态分布的期望和方差．

设 $Y=\dfrac{X-\mu}{\sigma} \sim N(0,1)$ 的密度函数为 $\varphi(y)=\dfrac{1}{\sqrt{2\pi}}\mathrm{e}^{-\frac{y^2}{2}}$，则

$$EY=\int_{-\infty}^{+\infty} y\varphi(y)\mathrm{d}y=\int_{-\infty}^{+\infty} y\frac{1}{\sqrt{2\pi}}\mathrm{e}^{-\frac{y^2}{2}}\mathrm{d}y=\frac{1}{\sqrt{2\pi}}\int_{-\infty}^{+\infty} y\mathrm{e}^{-\frac{y^2}{2}}\mathrm{d}y$$

$$=\frac{-1}{\sqrt{2\pi}}\int_{-\infty}^{+\infty}\mathrm{e}^{-\frac{y^2}{2}}\mathrm{d}(-\frac{y^2}{2})=\frac{1}{\sqrt{2\pi}}\mathrm{e}^{-\frac{y^2}{2}}\Big|_{+\infty}^{-\infty}=0 .$$

$$DY=E(Y^2)=\int_{-\infty}^{+\infty} y^2\varphi(y)\mathrm{d}y=\frac{1}{\sqrt{2\pi}}\int_{-\infty}^{+\infty} y^2\mathrm{e}^{-\frac{y}{2}}\mathrm{d}y$$

$$=\frac{-1}{\sqrt{2\pi}}\int_{-\infty}^{+\infty} y\mathrm{d}(\mathrm{e}^{-\frac{y^2}{2}})=\frac{-1}{\sqrt{2\pi}}\left[y\mathrm{e}^{-\frac{y^2}{2}}\Big|_{-\infty}^{+\infty}-\int_{-\infty}^{+\infty}\mathrm{e}^{-\frac{y^2}{2}}\mathrm{d}y\right]=\frac{1}{\sqrt{2\pi}}\int_{-\infty}^{+\infty}\mathrm{e}^{-\frac{y^2}{2}}\mathrm{d}y=\Phi(+\infty)=1,$$

又 $X=\sigma Y+\mu$，则正态分布的期望和方差为

$$EX=E\left(\sigma Y+\mu\right)=\sigma E(Y)+\mu=\mu ,$$

$$DX=D\left(\sigma Y+\mu\right)=\sigma^2 D(Y)=\sigma^2 .$$

正态分布的两个参数 $\mu, \sigma^2$ 分别代表分布期望和方差．正态分布完全由期望 $\mu$ 和方差 $\sigma^2$ 决定．此外，正态分布的重要性质有：相互独立的正态分布的随机变量的线性组合仍然服从正态分布，即如果随机变量 $X_i \sim N\left(\mu_i,\sigma_i^2\right)$，$i$=1, 2, $\cdots$, $n$，且相互独立，则它们的线性组合 $C_1X_1+C_2X_2+\cdots+C_nX_n$（其中 $C_i$ 为不全为零的常数）仍然服从正态分布，且可由性质算得

$$C_1X_1+C_2X_2+\cdots+C_nX_n \sim N\left(\sum_{i=1}^{n} C_i\mu_i, \sum_{i=1}^{n} C_i^2\sigma_i^2\right) .$$

**例 7** 设随机变量 $X_1 \sim N(1,2)$，$X_2 \sim N(3,4)$，且二者相互独立，求 $Y=2X_1-3X_2$ 的密度函数．

**解** 根据题设，由正态分布的性质知 $Y$ 仍然服从正态分布，且

$$EY=E\left(2X_1-3X_2\right)=2E\left(X_1\right)-3E\left(X_2\right)=2-9=-7 ,$$

$$DY = D(2X_1 - 3X_2) = 4D(X_1) + 9D(X_2) = 8 + 36 = 44$$

即 $Y \sim N(-7, 44)$，密度函数 $f(y) = \dfrac{1}{2\sqrt{22\pi}} e^{-\frac{(y+7)^2}{88}}$ .

最后，我们将常用分布的期望和方差做成表格（表 4–2），请读者熟记 .

**表 4–2　常用分布的期望方差**

| 分布 | 表示方法 | 分布律 / 概率密度 | 数学期望 | 方差 |
|---|---|---|---|---|
| 0—1 分布 | $X \sim B(1, p)$ | $P\{X = k\} = p^k q^{1-k}$<br>$k = 0,1$ | $p$ | $pq$ |
| 二项分布 | $X \sim B(n, p)$ | $P\{X = k\} = C_n^k p^k q^{n-k}$<br>$k = 0,1,\cdots,n$ | $np$ | $npq$ |
| 泊松分布 | $X \sim P(\lambda)$ | $P\{X = k\} = e^{-\lambda} \dfrac{\lambda^k}{k!}$<br>$k = 0,1,\cdots$ | $\lambda$ | $\lambda$ |
| 均匀分布 | $X \sim U(a,b)$ | $f(x) = \begin{cases} \dfrac{1}{b-a}, & a < x < b \\ 0, & 其他 \end{cases}$ | $\dfrac{a+b}{2}$ | $\dfrac{(b-a)^2}{12}$ |
| 指数分布 | $X \sim e(\lambda)$ | $f(x) = \begin{cases} \lambda e^{-\lambda x}, & x > 0 \\ 0, & x \leqslant 0 \end{cases}$ | $\dfrac{1}{\lambda}$ | $\dfrac{1}{\lambda^2}$ |
| 标准正态分布 | $X \sim N(0,1)$ | $f(x) = \dfrac{1}{\sqrt{2\pi}} e^{-\frac{x^2}{2}}$ | 0 | 1 |
| 正态分布 | $X \sim N(\mu, \sigma^2)$ | $f(x) = \dfrac{1}{\sqrt{2\pi}\sigma} e^{-\frac{(x-\mu)^2}{2\sigma^2}}$ | $\mu$ | $\sigma^2$ |

## 4.2　练习题

1. 设随机变量 $X \sim B(30, \dfrac{1}{6})$，则 $EX$=__________.

2. 设随机变量 $X$ 和 $Y$ 都服从（0, 1）上的均匀分布，则 $E(X+Y)$=__________.

3. 设 $X$ 和 $Y$ 是两个相互独立的随机变量，且 $X \sim U$（2, 4），$Y \sim B$（2, 0.5），

则 $E(XY)=$________.

4. 设随机变量 $X$ 和 $Y$ 相互独立，方差分别为 6 和 3，则 $D(2X-Y)=$______.

5. 设离散型随机变量 $X\sim P(\lambda)$，且 $P\{X=1\}=P\{X=2\}$，则 $EX=$____________，$DX=$______.

6. 设 $X$ 表示 10 次独立重复射击命中目标的次数，每次命中的概率为 0.4，则 $X$ 服从________分布，$E(X^2)=$________.

7. 设离散型随机变量 $X\sim B(n,p)$，且 $EX=8$，$DX=4.8$，则 $n=$__________，$p=$________.

8. 已知随机变量 $X$ 的分布律为 $P\{X=k\}=\mathrm{C}_{1000}^{k}\left(\frac{1}{4}\right)^{k}\left(\frac{3}{4}\right)^{1000-k}$（$k=0,1,2,\cdots,1000$），则 $X$ 服从________分布，$E(X)=$________，$D(X)=$________.

9. 设随机变量 $X\sim N(-1,4)$，则 $P\{X\leq -1\}=$____，$E(X)=$____，$D(X)=$____.

10. 设随机变量 $X\sim U(0,b)$，且 $E(2X+1)=5$，则 $DX=$________.

11. 设随机变量 $X$，$E(X+3)=5$，$D(2X)=4$，则 $E(X^2)=$________.

12. 设随机变量 $X$ 和 $Y$ 相互独立，且 $X\sim U(0,3)$，$Y\sim \mathrm{e}(4)$，则 $D(X+Y)=$____.

13. 设随机变量 $X$ 的期望为 1，方差为 3，则 $E[(1+X)^2]=$________.

14. 设随机变量 $X$，概率密度函数 $f(x)=\frac{1}{\sqrt{\pi}}\mathrm{e}^{-x^2}$，则 $E(X)=$__________，$D(X)=$________.

15. 设随机变量 $X$ 的分布律为

| $X$ | $-1$ | $0$ | $\frac{1}{2}$ | $1$ | $2$ |
|---|---|---|---|---|---|
| $p_k$ | $\frac{1}{3}$ | $\frac{1}{6}$ | $\frac{1}{6}$ | $\frac{1}{12}$ | $\frac{1}{4}$ |

试求 $X$ 的期望与方差.

16. 设连续随机变量 $X$，概率密度 $f(x)=\begin{cases}1+x, & -1\leqslant x<0\\ 1-x, & 0\leqslant x\leqslant 1\\ 0, & \text{其他}\end{cases}$，求 $EX$ 和 $DX$.

17. 设随机变量 $X$，概率密度 $f(x)=\begin{cases} ax^2+bx+c, & 0\leqslant x\leqslant 1 \\ 0, & 其他 \end{cases}$，且已知 $EX=0.5$，$DX=0.15$，求 $a$，$b$ 和 $c$.

18. 设随机变量 $X$ 的分布函数为 $F(x)=\begin{cases} 0, & x<0 \\ \dfrac{x}{4}, & 0\leqslant x\leqslant 4 \\ 1, & 其他 \end{cases}$，求 $EX$ 和 $DX$.

## 第三节　协方差、相关系数与矩

如果从身高和体重两方面考察 9 岁儿童的生长发育状况，那么生活经验告诉我们，在身高和体重这两个随机变量之间，一定还存在着某种联系．前面学习的期望和方差是一维随机变量的数字特征，而本节将要学习的协方差与相关系数都是反映两个随机变量之间相互关系的数字特征．

### 一、协方差及其计算公式

**定义 1**　设二维随机变量 $(X, Y)$，若 $E\left[(X-EX)(Y-EY)\right]$ 存在，则称其为随机变量 $X$ 和 $Y$ 的协方差（Covariance），记为

$$\mathrm{Cov}(X,Y)=E\left[(X-EX)(Y-EY)\right].$$

"协"即"协同"；当我们把定义中的两个变量取成同一个时，协方差即为方差 $\mathrm{Cov}(X,X)=DX$，二者形式相近，协方差由此得名．显然，对换 $X, Y$ 的位置并不会改变协方差的值，即 $\mathrm{Cov}(X,Y)=\mathrm{Cov}(Y,X)$．

协方差是随机变量二元函数的期望，可按期望的计算方法求之．但是，通常我们用公式计算协方差．

$$\begin{aligned}\mathrm{Cov}(X,Y)&=E\left[(X-EX)(Y-EY)\right]=E(XY-X\cdot EY-Y\cdot EX+EX\cdot EY)\\&=E(XY)-EX\cdot EY,\end{aligned}$$

即 $\mathrm{Cov}(X,Y)=E(XY)-E(X)E(Y)$．

由方差的性质 4 的证明可知，当 $X, Y$ 相互独立时，$\mathrm{Cov}(X,Y)=0$．

**例 1**　设随机变量 $(X, Y)$ 的分布律为

| $X$ | $Y$ | | |
|---|---|---|---|
| | 1 | 2 | 3 |
| −1 | 0.2 | 0.1 | 0 |
| 0 | 0.1 | 0 | 0.1 |
| 1 | 0.1 | 0.1 | 0.3 |

求$\mathrm{Cov}(X,Y)$.

**解**　根据协方差计算公式,

| $X$ | $-1$ | $0$ | $1$ |
|---|---|---|---|
| $p_k$ | 0.3 | 0.2 | 0.5 |

| $Y$ | $1$ | $2$ | $3$ |
|---|---|---|---|
| $p_k$ | 0.4 | 0.2 | 0.4 |

$EX=-0.3+0.5=0.2$,　　　$EY=0.4+0.4+1.2=2$,

$$E(XY)=\sum_{i=1}^{3}\sum_{j=1}^{3}x_iy_jp_{ij}=-0.2-0.2+0.1+0.2+0.9=0.8,$$

$$\mathrm{Cov}(X,Y)=E(XY)-EX\cdot EY=0.8-0.4=0.4.$$

**例 2**　设随机变量$(X,Y)$的联合概率密度为

$$f(x,y)=\begin{cases}1, & |y|\leqslant x,\ 0\leqslant x\leqslant 1\\ 0, & 其他\end{cases},$$

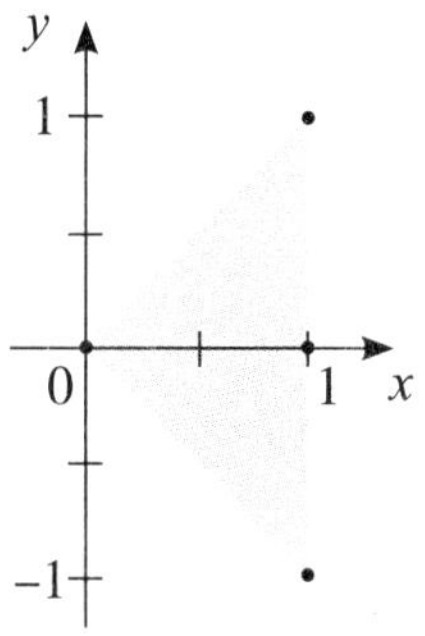

图 4–2

求$\mathrm{Cov}(X,Y)$.

**解**　画出$f(x,y)\neq 0$的区域，如图 4–2 所示.

$$EX=\int_{-\infty}^{+\infty}\int_{-\infty}^{+\infty}x\cdot f(x,y)\mathrm{d}x\mathrm{d}y=\int_0^1\mathrm{d}x\int_{-x}^{x}x\mathrm{d}y=\frac{2}{3},$$

$$EY=\int_0^1\mathrm{d}x\int_{-x}^{x}y\mathrm{d}y=0$$

$$E(XY)=\iint_G xyf(x,y)\mathrm{d}x\mathrm{d}y=\int_0^1\mathrm{d}x\int_{-x}^{x}xy\mathrm{d}y=0，故\mathrm{Cov}(X,Y)=0.$$

## 二、协方差的性质

除了前面提到的简单性质，协方差还有以下重要性质.

**性质 1**　$\mathrm{Cov}(c,X)=0$，其中$c$为任意常数.

这个性质可以理解为，常数$c$不变，与变量$X$相互独立，故协方差为零.

**性质 2**　$\mathrm{Cov}(aX,bY)=ab\mathrm{Cov}(X,Y)$，其中$a$，$b$为任意常数.

根据协方差的计算公式，性质 2 可由期望的性质证得，留给读者练习. 该性质说明随机变量的系数可以提到协方差的外面.

**性质 3**　$\mathrm{Cov}(X_1+X_2,Y)=\mathrm{Cov}(X_1,Y)+\mathrm{Cov}(X_2,Y)$ .

由以上性质可推出$\mathrm{Cov}(aX+b,cY+d)=ac\mathrm{Cov}(X,Y)$.

**性质4** 随机变量方差和协方差的关系：$D(X\pm Y)=DX+DY\pm 2\mathrm{Cov}(X,Y)$.

特别地，当$X$和$Y$相互独立时，有$D(X\pm Y)=DX+DY$.

**推广** $D\left(\sum_{i=1}^{n}X_i\right)=\sum_{i=1}^{n}D(X_i)+2\sum_{1\leqslant i<j\leqslant n}\mathrm{Cov}(X_i,X_j)$.

## 三、相关系数

协方差的大小在一定程度上反映了随机变量$X$, $Y$之间的相互关系，但它会受到$X$, $Y$本身数值大小的影响．比如，$X$与$Y$，$kX$与$kY$两组的相互关系应该是一样的，但是协方差却扩大了$k^2$倍，$\mathrm{Cov}(kX,kY)=k^2\mathrm{Cov}(X,Y)$．为了避免这个问题，我们引入相关系数．

**定义2** 设随机变量$(X, Y)$且$DX>0$、$DY>0$，则称

$$\rho=\rho_{XY}=\frac{\mathrm{Cov}(X,Y)}{\sqrt{DX\cdot DY}}$$

为$X$和$Y$的相关系数．特别地，当$\rho=0$时，称$X$与$Y$不相关．

随机变量的相关系数是标准化后的协方差，能更好地反映$X$，$Y$之间的关系，而不受到所用单位的影响．因为

$$\rho_{XY}=\frac{\mathrm{Cov}(X,Y)}{\sqrt{DX\cdot DY}}=\frac{E\left[(X-EX)(Y-EY)\right]}{\sqrt{DX\cdot DY}}=E\left(\frac{X-EX}{\sqrt{DX}}\cdot\frac{Y-EY}{\sqrt{DY}}\right),$$

令$X^*=\frac{X-EX}{\sqrt{DX}}$，$Y^*=\frac{Y-EY}{\sqrt{DY}}$，且$E(X^*)=E(Y^*)=0$，$D(X^*)=D(Y^*)=1$，则有

$$\rho_{XY}=E(X^*Y^*)=\mathrm{Cov}(X^*,Y^*)=\rho_{X^*Y^*}.$$

## 四、相关系数的性质

**性质5** 若随机变量$X$和$Y$相互独立，则$\rho_{XY}=0$，即$X$和$Y$不相关．反之不然．

但对于二维正态分布，$X$和$Y$相互独立当且仅当$X$和$Y$不相关．

**性质6** $-1\leqslant\rho_{XY}\leqslant 1$或$|\rho_{XY}|\leqslant 1$.

**证明**　由协方差及方差性质得，

$$0\leqslant D\left(\frac{X}{\sqrt{DX}}\pm\frac{Y}{\sqrt{DY}}\right)=D\left(\frac{X}{\sqrt{DX}}\right)+D\left(\frac{Y}{\sqrt{DY}}\right)\pm 2\mathrm{Cov}\left(\frac{X}{\sqrt{DX}},\frac{Y}{\sqrt{DY}}\right)$$

$$=1+1\pm 2\frac{\mathrm{Cov}(X,Y)}{\sqrt{DX\cdot DY}}=2\pm 2\rho_{XY},$$

即 $1\pm\rho_{XY}\geqslant 0$，解得 $-1\leqslant\rho_{XY}\leqslant 1$.

**性质 7**　$\rho_{XY}=\pm 1$ 的充要条件是存在常数 $a$, $b$ $(a\neq 0)$，使得

$$P\{Y=aX+b\}=1\ .$$

性质 3 说明 $\rho_{XY}=\pm 1$ 的充要条件是随机变量 $X$, $Y$ 以概率 1 存在“线性关系”. 当 $a>0$ 时，$\rho_{XY}=1$，称 $X$ 与 $Y$ 正相关；当 $a<0$ 时，$\rho_{XY}=-1$，称 $X$ 与 $Y$ 负相关.

相关系数 $\rho_{XY}$ 反映了两个分量之间线性关系的紧密程度. $|\rho_{XY}|$ 越接近于 1, $X$ 和 $Y$ 之间的线性关系越明显；$|\rho_{XY}|$ 越接近于 0, $X$ 和 $Y$ 之间的线性关系越弱. 故当 $\rho=0$ 时，称 $X$ 和 $Y$ 不相关. $X$ 和 $Y$ 不相关（$\rho=0$）只说明它们之间没有线性关系，而不能说明它们之间没有其他函数关系. 只有当 $X$ 和 $Y$ 相互独立时，它们才没有任何关系.

**小练**　设二维随机变量 $(X, Y)$ 的联合分布律为

| $X$ | $Y$ | | |
|---|---|---|---|
| | $-1$ | $0$ | $1$ |
| $-1$ | $\frac{1}{8}$ | $\frac{1}{8}$ | $\frac{1}{8}$ |
| $0$ | $\frac{1}{8}$ | $0$ | $\frac{1}{8}$ |
| $1$ | $\frac{1}{8}$ | $\frac{1}{8}$ | $\frac{1}{8}$ |

求 $DX$, $DY$ 和 $\mathrm{Cov}(X,Y)$. $X$ 和 $Y$ 是否相关？是否独立？

**解**　由联合分布律分别求得 $X$ 和 $Y$ 的边缘分布律：

| $X$ | $-1$ | $0$ | $1$ |
|---|---|---|---|
| $p_k$ | $\frac{3}{8}$ | $\frac{2}{8}$ | $\frac{3}{8}$ |

| $Y$ | $-1$ | $0$ | $1$ |
|---|---|---|---|
| $p_k$ | $\frac{3}{8}$ | $\frac{2}{8}$ | $\frac{3}{8}$ |

$$EX=(-1)\times\frac{3}{8}+1\times\frac{3}{8}=0\ ,EY=0,$$

$$E\left(X^2\right)=(-1)^2\times\frac{3}{8}+1^2\times\frac{3}{8}=\frac{3}{4},\quad E\left(Y^2\right)=\frac{3}{4},$$

$$DX=E\left(X^2\right)-\left(EX\right)^2=\frac{3}{4},\quad DY=\frac{3}{4},$$

$$E\left(XY\right)=(-1)\times(-1)\times\frac{1}{8}+(-1)\times0\times\frac{1}{8}+(-1)\times1\times\frac{1}{8}+1\times(-1)\times\frac{1}{8}+1\times0\times\frac{1}{8}+1\times1\times\frac{1}{8}=0\ .$$

$\mathrm{Cov}\left(X,Y\right)=E\left(XY\right)-EX\cdot EY=0$，故 $\rho_{XY}=0$，即 $X$ 和 $Y$ 不相关.

而 $P\{X=0,Y=0\}=0\neq P\{X=0\}\cdot P\{Y=0\}=\dfrac{1}{16}$，故 $X$ 和 $Y$ 不独立.

练习说明，由 $X$ 和 $Y$ 不相关不能推出 $X$ 和 $Y$ 相互独立.

## 五、矩的概念

**定义 3** 设随机变量 $X$ 和 $Y$，$k$ 和 $l$ 为正整数，若 $E(X^k)$ 存在，有

$$E(X^k)=\begin{cases}\sum\limits_{i=1}^{\infty}x_i^k p_i\ , & X\text{为离散型}\\ \int_{-\infty}^{+\infty}x^k f(x)\mathrm{d}x, & X\text{为连续型}\end{cases},$$

则称它为 $X$ 的 $k$ 阶原点矩，简称 $k$ 阶矩.

若 $E\left[(X-EX)^k\right]$ 存在，有

$$E\left[(X-EX)^k\right]=\begin{cases}\sum\limits_{i=1}^{\infty}(x_i-EX)^k p_i, & X\text{为离散型}\\ \int_{-\infty}^{+\infty}(x-EX)^k f(x)dx, & X\text{为连续型}\end{cases},$$

则称它为 $X$ 的 $k$ 阶中心矩.

若 $E\left(X^kY^l\right)$ 存在，则称它为 $X$ 和 $Y$ 的（$k$+$l$）阶混合矩.

若 $E[(X-EX)^k(Y-EY)^l]$ 存在，则称它为 $X$ 和 $Y$ 的（$k$+$l$）阶混合中心矩.

根据定义 3，本章所学数字特征都可归结为矩（表 4–3）.

表 4–3　矩

| 矩 | 数字特征 |
|---|---|
| 一阶原点矩 $E(X)$ | 期望 |
| 二阶原点矩 $E(X^2)$ | $E\left(X^2\right)=\left(EX\right)^2+DX$ |
| 二阶中心矩 $E\left[(X-EX)^2\right]$ | 方差 |
| 二阶混合中心矩 $E\left[(X-EX)(Y-EY)\right]$ | 协方差 |

## 4.3　练习题

1. 设随机变量 $X$ 和 $Y$，$DX=4$，$DY=16$，$\mathrm{Cov}(X,Y)=2$，则 $\rho_{XY}=$______.

2. 设 $EX=EY=2$，$\mathrm{Cov}(X,Y)=-\dfrac{1}{6}$，则 $E(XY)=$______.

3. 设随机变量 $X$ 和 $Y$ 相互独立，且分布律为

| $X$ | 1 | 2 | 3 |
|---|---|---|---|
| $p_k$ | $\frac{3}{9}$ | $\frac{2}{9}$ | $\frac{4}{9}$ |

| $Y$ | $-1$ | 0 |
|---|---|---|
| $p_k$ | $\frac{1}{3}$ | $\frac{2}{3}$ |

则$\mathrm{Cov}(X,Y)$________.

4. 已知离散型随机向量 $(X,Y)$ 的概率分布为

| $X$ | $Y$ | | |
|---|---|---|---|
| | $-1$ | 0 | 2 |
| 0 | 0.1 | 0.2 | 0 |
| 1 | 0.3 | 0.05 | 0.1 |
| 2 | 0.15 | 0 | 0.1 |

求$\mathrm{Cov}(X,Y)$.

5.设二维随机变量$(X,Y)$，联合概率密度$f(x,y)=\begin{cases} cxy^2, & 0<x<1,\ 0<y<1 \\ 0, & \text{其他} \end{cases}$，确定参数 $c$ 并求出相关系数 $P_{XY}$.

6. 设随机变量 $X$，概率密度函数 $f(x)=\begin{cases}\frac{1}{2}x, & 0<x<2 \\ 0, & \text{其他}\end{cases}$，求随机变量 $X$ 的 1 阶至 4 阶原点矩和中心矩 .

# 本章小结

## ◆ 本章知识要点

数学期望或均值　方差　标准差　几种常见分布的数学期望和方差

协方差　相关系数　$X$，$Y$不相关　矩

## ◆ 本章常用结论

### 1. 一维随机变量的数字特征

（1）数学期望：

设 $EX$，$EY$ 存在，$Y=g(X)$，

$$EX=\begin{cases}\sum_{k=1}^{\infty}x_k p_k, & X\text{为离散型}\\ \int_{-\infty}^{+\infty}xf(x)\mathrm{d}x, & X\text{为连续型}\end{cases},$$

$$E(Y)=E[g(X)]=\begin{cases}\sum_{k=1}^{\infty}g(x_k)p_k, & X\text{为离散型}\\ \int_{-\infty}^{+\infty}g(x)f(x)dx, & X\text{为连续型}\end{cases}.$$

（2）数学期望的性质：

**性质 1**　$E(C)=C$，$E(EX)=EX$.

**性质 2**　$E(X+Y)=EX+EY$ 或 $E(X_1+X_2+\cdots+X_n)=EX_1+EX_2+\cdots+EX_n$.

**性质 3**　若随机变量 $X$ 与 $Y$ 相互独立，则 $E(XY)=EX\cdot EY$ .

**推广**　设随机变量 $X_1,X_2,\cdots,X_n$ 相互独立，则

$$E(X_1X_2\cdots X_n)=E(X_1)E(X_2)\cdots E(X_n)=\prod_{i=1}^{n}E(X_i) .$$

（3）方差：

方差的计算公式：

$$DX=E\left[(X-EX)^2\right]=E\left(X^2\right)-(EX)^2,$$

$$E\left(X^2\right)=DX+\left(EX\right)^2 .$$

（4）方差的性质：

**性质 1** $D(C)=0$，$D(EX)=0$，$D(DX)=0$.

**性质 2** $D(CX)=C^2D(X)$ .

**性质 3** $D(X\pm Y)=DX+DY\pm 2E\left[\left(X-EX\right)\left(Y-EY\right)\right]$

$$=DX+DY\pm 2\mathrm{Cov}\left(X,Y\right) .$$

**性质 4** 若 $X$ 与 $Y$ 相互独立，则 $D(X\pm Y)=DX+DY$ .

**推广** 设随机变量 $X_1,X_2,\cdots,X_n$ 相互独立，则

$$D(X_1+X_2+\cdots+X_n)=D(X_1)+D(X_2)+\cdots+D(X_n)=\sum_{i=1}^{n}D(X_i) .$$

## 2. 常用分布的数学期望与方差

表 4–4 常用分布的数学期望与方差

| 分布 | 表示方法 | 分布律 / 概率密度 | 数学期望 | 方差 |
|---|---|---|---|---|
| 0—1 分布 | $X\sim B\left(1,p\right)$ | $P\left\{X=k\right\}=p^kq^{1-k}$<br>$k=0,1$ | $p$ | $pq$ |
| 二项分布 | $X\sim B\left(n,p\right)$ | $P\left\{X=k\right\}=\mathrm{C}_n^k p^k q^{n-k}$<br>$k=0,1,\cdots,n$ | $np$ | $npq$ |
| 泊松分布 | $X\sim P\left(\lambda\right)$ | $P\left\{X=k\right\}=\mathrm{e}^{-\lambda}\dfrac{\lambda^k}{k!}$<br>$k=0,1,\cdots$ | $\lambda$ | $\lambda$ |
| 均匀分布 | $X\sim U\left(a,b\right)$ | $f(x)=\begin{cases}\dfrac{1}{b-a}, & a<x<b\\ 0, & \text{其他}\end{cases}$ | $\dfrac{a+b}{2}$ | $\dfrac{\left(b-a\right)^2}{12}$ |
| 指数分布 | $X\sim \mathrm{e}\left(\lambda\right)$ | $f(x)=\begin{cases}\lambda\mathrm{e}^{-\lambda x}, & x>0\\ 0, & x\leqslant 0\end{cases}$ | $\dfrac{1}{\lambda}$ | $\dfrac{1}{\lambda^2}$ |
| 标准正态分布 | $X\sim N\left(0,1\right)$ | $f(x)=\dfrac{1}{\sqrt{2\pi}}\mathrm{e}^{-\frac{x^2}{2}}$ | 0 | 1 |
| 正态分布 | $X\sim N\left(\mu,\sigma^2\right)$ | $f(x)=\dfrac{1}{\sqrt{2\pi}\sigma}\mathrm{e}^{-\frac{(x-\mu)^2}{2\sigma^2}}$ | $\mu$ | $\sigma^2$ |

### 3. 二维随机变量的数字特征

（1）数学期望：

$$E(Z)=E\left[g(X,Y)\right]=\begin{cases}\sum_{i=1}^{\infty}\sum_{j=1}^{\infty}g(x_i,y_j)p_{ij}, & (X,Y)\text{ 为离散型}\\ \int_{-\infty}^{+\infty}\int_{-\infty}^{+\infty}g(x,y)f(x,y)\mathrm{d}x\mathrm{d}y, & (X,Y)\text{ 为连续型}\end{cases}.$$

（2）协方差：

计算公式：$\mathrm{Cov}(X,Y)=E\left[(X-EX)(Y-EY)\right]=E(XY)-EX\cdot EY$.

协方差的性质：

**性质 1**　$\mathrm{Cov}(c,X)=0$.

**性质 2**　$\mathrm{Cov}(aX,bY)=ab\mathrm{Cov}(X,Y)$.

**性质 3**　$\mathrm{Cov}(X_1+X_2,Y)=\mathrm{Cov}(X_1,Y)+\mathrm{Cov}(X_2,Y)$或

$\mathrm{Cov}(X,Y_1+Y_2)=\mathrm{Cov}(X,Y_1)+\mathrm{Cov}(X,Y_2)$.

**性质 4**　随机变量方差和协方差的关系：$D(X\pm Y)=DX+DY\pm 2\mathrm{Cov}(X,Y)$. 特别地，当 $X$ 和 $Y$ 相互独立时，有$D(X\pm Y)=DX+DY$.

**推广**　$D\left(\sum_{i=1}^{n}X_i\right)=\sum_{i=1}^{n}D(X_i)+2\sum_{1\leqslant i<j\leqslant n}\mathrm{Cov}(X_i,Y_j)$.

（3）相关系数：

计算公式：$\rho=\rho_{XY}=\dfrac{\mathrm{Cov}(X,Y)}{\sqrt{DX\cdot DY}}$.

协方差的性质：

**性质 1**　$|\rho_{XY}|\leqslant 1$.

**性质 2**　$|\rho_{XY}|=1$的充要条件是存在常数 $a$，$b$，使得$P\{Y=aX+b\}=1$.

不相关与独立的关系：独立一定不相关，不相关不一定独立．独立是说随机变量间没有任何关系，不相关指的是随机变量间没有线性关系．

### 4. 矩

设 $X$ 为随机变量，若 $E(X^k)$ 存在，则称其为 $X$ 的 $k$ 阶原点矩；若 $E\left[(X-EX)^k\right]$ 存在，则称其为 $X$ 的 $k$ 阶中心矩；若 $E\left[(X-EX)^k(Y-EY)^l\right]$ 存在，则称其为 $X$ 和 $Y$ 的（$k+l$）阶混合中心矩．

一阶原点矩为数学期望，二阶中心距为方差，二阶混合中心矩为协方差．

# 总习题四

## 一、选择题

1. 设随机变量$X$，概率密度$f(x)=\frac{1}{2\sqrt{2\pi}}e^{-\frac{(x+1)^2}{8}}$，$-\infty<x<+\infty$，则$X$服从（　）

A. $N(-1,2)$　　B. $N(-1,4)$　　C. $N(-1,8)$　　D. $N(-1,16)$

2. 下列结论不正确的是（　）

A. $X$与$Y$相互独立，则$X$与$Y$不相关

B. $X$与$Y$相关，则$X$与$Y$不独立

C. $E(XY)=E(X)E(Y)$，则$X$与$Y$相互独立

D. $f(x,y)=f(x)f(y)$，则$X$与$Y$不相关

3. 若 Cov（$X,Y$）=0，则不正确的是（　）

A. $E(XY)=E(X)E(Y)$　　B. $E(X+Y)=E(X)+E(Y)$

C. $D(XY)=D(X)D(Y)$　　D. $D(X+Y)=D(X)+D(Y)$

4. 设随机变量$X$和$Y$，则$X+Y$与$X-Y$不相关的充要条件为（　）

A. $E(X)=E(Y)$　　B. $E(X^2)-(EX)^2=E(Y^2)-(EY)^2$

C. $E(X^2)=E(Y^2)$　　D. $E(X^2)+(EX)^2=E(Y^2)+(EY)^2$

5. $E(XY)=E(X)E(Y)$是$X$与$Y$不相关的（　）

A. 充分条件　　B. 必要条件

C. 充要条件　　D. 既不充分，也不必要

6. 设随机变量$X_1$，$X_2$，…，$X_n$（$n>1$）独立同分布，且$D(X_i)=\sigma^2>0$，令$Y=\frac{1}{n}\sum_{i=1}^{n}X_i$，则下列选项正确的是（　）

A. $\text{Cov}(X_1,Y)=\frac{\sigma^2}{n}$　　B. $\text{Cov}(X_1,Y)=\sigma^2$

C. $D(X_1+Y)=\frac{n+2}{n}\sigma^2$　　　　D. $D(X_1-Y)=\frac{n+1}{n}\sigma^2$

7. 将长度为 1 米的木棍随意截成两段，则两段长度的相关系数为（　）

A.1　　　B. $\frac{1}{2}$　　　C. $-\frac{1}{2}$　　　D. $-1$

8. 若随机变量 $X$ 和 $Y$ 满足 $D(X+Y)=D(X-Y)$，则必有（　）

A. $X$ 与 $Y$ 相互独立　　　B. $X$ 与 $Y$ 不相关

C. $DY=0$　　　D. $DX=0$

## 二、填空题

1. 设随机变量 $X$ 的分布律为

| $X$ | $-1$ | 0 | 1 | 2 |
|---|---|---|---|---|
| $p_k$ | 0.1 | 0.2 | 0.3 | 0.4 |

，令 $Y=2X+1$，则 $EY=$________.

2. 设随机变量 $X$ 和 $Y$ 相互独立，且 $DX=2$，$DY=1$，则 $D(X-2Y+3)=$________.

3. 设二维离散型随机变量（$X$, $Y$）的联合分布律为

| $X$ | $Y$ | | |
|---|---|---|---|
| | 0 | 1 | 2 |
| 0 | 0.1 | 0.2 | $a$ |
| 1 | 0.1 | $b$ | 0.2 |

已知 $E(XY)=0.65$，则 $a=$________，$b=$________.

4. 设随机变量 $X$ 的密度函数为 $f(x)=\begin{cases}\lambda e^{-\lambda x}, & x\geqslant 0\\ 0, & 其他\end{cases}$，则 $P\left\{X>\sqrt{DX}\right\}=$________.

5. 设随机变量 $X$，概率密度 $f(x)=\frac{1}{\sqrt{\pi}}e^{-x^2+2x-1}$，则 $E(X)=$________，$D(X)=$________.

6. 已知 $2X+3Y=1$，则 $\rho_{XY}=$________.

7. 设随机变量 $X$ 和 $Y$ 相互独立，$X\sim P(2)$，$Y\sim B(3,0.6)$，则 $E(X-2Y)$ =________，$D(X-2Y)$ =________.

8. 设随机变量 $X\sim U(a,b)$，$Y\sim N(3,4)$，$X$ 与 $Y$ 具有相同的期望和方差，$a=$________，$b=$________.

## 三、计算题

1. 设随机变量 $X$ 的分布律为

| $X$ | $-1$ | $0$ | $1$ |
|---|---|---|---|
| $p_k$ | $\frac{1}{3}$ | $\frac{1}{3}$ | $\frac{1}{3}$ |

，令 $Y=X^2$，求 $DX$，$DY$.

2. 设连续型随机变量 $X$，分布函数 $F(x)=\begin{cases} A+\dfrac{B}{(1+Cx)^2}, & x\geqslant 0 \\ 0, & x<0 \end{cases}$，且 $EX=2$，确定 $A$，$B$ 和 $C$ 的值.

3. 某种产品的每件表面上的疵点数服从参数 $\lambda=0.8$ 的泊松分布，若规定疵点数不超过 1 个为一等品，价值 10 元；疵点数大于 1 个、不多于 4 个为二等品，价值 8 元；疵点数超过 4 个为废品．求：（1）产品的废品率（结果取三位小数）；（2）产品价值的平均值．

4. 汽车沿街道行驶，需要通过 3 个设有红绿信号灯的路口，红灯停绿灯行，每个信号灯之间相互独立，且红绿两种颜色的显示时间相等，$X$ 表示汽车第一次停下来时通过的路口个数，求 $X$ 的分布律和数学期望．

5. 将 $n$ 个小球（$1\sim n$ 号）随机地放进 $n$ 个盒子（$1\sim n$ 号）里，一个盒子只能装一个球，若球与盒子编号相同称为一个配对，记 $X$ 为总配对数，求它的数学期望．

6. 设连续型随机变量 $X$，分布函数 $F(x)=\begin{cases} A+B\mathrm{e}^{-2x}, & x>0 \\ 0, & x\leqslant 0 \end{cases}$，

（1）确定 $A$ 和 $B$ 的值；

（2）计算 $P\{-1<X<1\}$；

（3）求 $f(x)$；

（4）求 $E(X)$ 和 $D(X)$.

7. 设随机变量 $X$~$U$（$-1$，2），随机变量 $Y=\begin{cases}1, & x>0\\0, & x=0\\-1, & x<0\end{cases}$，求 $EY$ 和 $DY$.

8. 设二维随机变量（$X$, $Y$）的联合分布律为

| X | Y | |
|---|---|---|
| | −1 | 1 |
| 1 | $\frac{1}{4}$ | 0 |
| 2 | $\frac{1}{2}$ | $\frac{1}{4}$ |

求 $EX$，$EY$，$E(XY)$，$\mathrm{Cov}(X, Y)$.

9. 设甲、乙两箱中装有同种产品，其中甲箱中有合格品和次品各 3 件，乙箱中有 3 件合格品．现从甲箱中任取 3 件放入乙箱，求乙箱中次品数 $X$ 的数学期望．

10. 设随机变量 $X$ 和 $Y$ 的分布律分别为

| $X$ | −1 | 1 |
|---|---|---|
| $p_k$ | $\frac{1}{2}$ | $\frac{1}{2}$ |

| $Y$ | 0 | 1 |
|---|---|---|
| $p_k$ | $\frac{1}{4}$ | $\frac{3}{4}$ |

且已知 $P\{X=Y\}=\frac{1}{4}$，求（$X$，$Y$）的联合分布律表和 $\rho_{XY}$.

11. 设随机事件 $A$ 和 $B$，且 $P(A)=\frac{1}{4}$，$P(B|A)=\frac{1}{3}$ 和 $P(A|B)=\frac{1}{2}$，设

$$X=\begin{cases}1, & A\text{发生}\\0, & A\text{不发生}\end{cases},\quad Y=\begin{cases}1, & B\text{发生}\\0, & B\text{不发生}\end{cases},$$

求二维随机变量（$X, Y$）的联合分布律和 $\rho_{XY}$.

12. 设随机变量 $X$~$N(1, 4)$，$Y\sim \mathrm{e}(0.5)$，$X$ 与 $Y$ 相互独立，求 $E(XY)$ 与 $D(XY)$.

13. 设随机变量 $X$~$P(16)$，$Y\sim \mathrm{e}(2)$，$\rho_{XY}=-0.5$，求 $\mathrm{Cov}(X,Y+1)$，$E(Y^2+XY)$，$D(X-2Y)$．

14.设二维随机变量 $(X,Y)$，联合概率密度 $f(x,y)=\begin{cases}4xy\mathrm{e}^{-\left(x^2+y^2\right)}, & x>0,y>0\\ 0, & 其他\end{cases}$，

求 $E\left(\sqrt{x^2+y^2}\right)$ .

15. 设二维随机变量 $(X, Y)$ 在区域 $D=\{0<x<1，|y|<x\}$ 内服从均匀分布，求：

（1）$X$ 的边缘概率密度；（2）$Z=X+1$ 的方差 .

16. 设二维随机变量 $(X, Y)$ 的联合分布律为

| $X$ | $Y$ | |
|---|---|---|
| | 0 | 1 |
| 0 | $\frac{1}{3}$ | $a$ |
| 1 | $b$ | $\frac{1}{6}$ |

且已知 $X$ 和 $Y$ 不相关，求 $a$ 和 $b$.

# 第五章

# 大数定律和中心极限定理

极限定理是概率论的基本理论，其中最重要的是大数定律和中心极限定理．当随机变量序列的前 $n$ 项的算术平均值，在某种条件下收敛到某期望时，就是大数定律；而中心极限定理叙述的是，大量随机变量之和的分布在何种条件下逼近于正态分布．

## 第一节 大数定律

实践表明，随着试验次数的增加，事件发生的频率呈现出稳定性，稳定在某一个常数附近，这是概率定义的客观基础．大数定律对这一点从理论上给予了概括和证明．所谓“大数”就是指定理中指出的现象只有在大量次数的观测之下才能成立．比如，考察某城市大学毕业生（人数庞大）的收入情况，某一个人的收入 $X_1$ 可能与全体毕业生的平均收入 $a$ 相去甚远，但是1000人的平均收入则有可能更接近于 $a$. 本节将要介绍的几个大数定律就是对这种稳定性的研究．

### 一、预备知识

**定义 1** 若对任意 $n>1$，随机变量 $X_1, X_2, \cdots, X_n, \cdots$ 都相互独立，则称随机变量序列 $X_1, X_2, \cdots, X_n, \cdots$ 相互独立．此时，若所有的 $X_i$ 都有相同的分布，则称 $X_1, X_2, \cdots, X_n, \cdots$ 是独立同分布的随机变量序列．

**定义 2** 设随机变量序列 $X_1, X_2, \cdots, X_n, \cdots$ 及常数 $a$，若对于任意正数 $\varepsilon$，有

$$\lim_{n\to\infty} P\left\{\left|X_n-a\right|<\varepsilon\right\}=1 \text{ 或 } \lim_{n\to\infty} P\left\{\left|X_n-a\right|\geq\varepsilon\right\}=0,$$

则称序列 $X_1, X_2, \cdots, X_n, \cdots$ 依概率收敛于 $a$，记为 $X_n \xrightarrow{P} a$ .

概率意义下的收敛与微积分的数列收敛不同．按定义 2，不论给定怎样小的正数 $\varepsilon$，$|X_n - a|$都是有可能大于等于 $\varepsilon$，但是当 $n$ 很大时，出现这种偏差的可能性很小．而在微积分中，随着 $n$ 的增大，数列 $x_n$ 会越来越接近于极限值，没有偏离的可能性．

**定理 1** 设随机变量 $X$ 的期望 $EX=\mu$，方差 $DX=\sigma^2$，则对于任意给定的正数 $\varepsilon$，不等式

$$P\{|X-\mu| \geq \varepsilon\} \leqslant \frac{\sigma^2}{\varepsilon^2}$$

成立，称其为**切比雪夫**（Chebyshev）**不等式**．

**证明** 这里给出连续型随机变量的证明．设随机变量 $X$，密度函数 $f(x)$. 由 $|X-\mu| \geqslant \varepsilon$ 得 $\dfrac{|X-\mu|}{\varepsilon} \geqslant 1$，则有

$$P\{|X-\mu| \geqslant \varepsilon\} = \int_{|X-\mu| \geqslant \varepsilon} f(x)\mathrm{d}x \leqslant \int_{|X-\mu| \geqslant \varepsilon} \frac{|X-\mu|^2}{\varepsilon^2} f(x)\mathrm{d}x = \frac{1}{\varepsilon^2}\int_{|X-\mu| \geqslant \varepsilon} (x-\mu)^2 f(x)\mathrm{d}x$$

$$\leqslant \frac{1}{\varepsilon^2}\int_{-\infty}^{+\infty} (x-\mu)^2 f(x)\mathrm{d}x = \frac{1}{\varepsilon^2}\int_{-\infty}^{+\infty} (x-EX)^2 f(x)\mathrm{d}x = \frac{1}{\varepsilon^2} DX = \frac{\sigma^2}{\varepsilon^2}.$$ 证毕．

切比雪夫不等式还可以写成 $P\{|X-\mu| < \varepsilon\} \geqslant 1 - \dfrac{\sigma^2}{\varepsilon^2}$.

在随机变量分布未知的条件下，由切比雪夫不等式可以求出事件 $\{|X-\mu| \geqslant \varepsilon\}$ 发生概率的上界．但是，这个上界可能与概率的真值相差较大，因为这个不等式适用于所有分布．比如，设随机变量 $X \sim U(0, 4)$，取 $\varepsilon=1$ 则 $EX=2$，$DX=\dfrac{4}{3}$．由定理 1 知，估计值 $P\{|X-2| \geqslant 1\} \leqslant \dfrac{4}{3} \approx 1.33$，而真值 $P\{|X-2| \geqslant 1\} = 0.5$ .

## 二、大数定律

**定理 2**（弱大数定律或辛钦大数定律）设独立同分布的随机变量序列 $X_1, X_2, \cdots, X_n, \cdots$，且具有相同的期望 $E(X_i) = \mu$ $(i = 1, 2, \cdots)$，作前 $n$ 个随机变

量的算术平均值为 $\bar{X}=\frac{1}{n}\sum_{i=1}^{n}X_i$，则对任意正数 $\varepsilon$，有

$$\lim_{n\to\infty}P\left\{\left|\bar{X}-\mu\right|\geqslant\varepsilon\right\}=0\text{或}\lim_{n\to\infty}P\left\{\left|\bar{X}-\mu\right|<\varepsilon\right\}=1 .$$

**证明**　这里只在随机变量序列的方差存在且相等的条件下给出证明，设 $D(X_i)=\sigma^2$ .

$$E\left(\bar{X}\right)=\frac{1}{n}E(X_1+\cdots+X_n)=\frac{1}{n}\sum_{i=1}^{n}E(X_i)=\mu ,$$

$$D\left(\bar{X}\right)=\frac{1}{n^2}D\left(X_1+\cdots+X_n\right)=\frac{1}{n^2}\sum_{i=1}^{n}\left(DX_i\right)=\frac{\sigma^2}{n} ,$$

因为序列独立同分布，由切比雪夫不等式得

$$0\leqslant P\left\{\left|\bar{X}-\mu\right|\geqslant\varepsilon\right\}\leqslant\frac{\sigma^2}{n\cdot\varepsilon^2} .$$

当 $n\to\infty$ 时，$P\left\{\left|\bar{X}-\mu\right|\geqslant\varepsilon\right\}\to 0$ . 证毕 .

定理还可以叙述为，在定理条件下，$\bar{X}$ 依概率收敛于 $\mu$，即 $\bar{X}\xrightarrow{P}\mu$ .

定理从理论上证明了平均值具有稳定性 . 对于独立同分布且具有相同数学期望的随机变量序列，当 $n$ 很大时，它们的算术平均值很可能接近于它们的数学期望 . 如果需要测量一个物理量，我们可以多次重复测量后再取平均值，这样做更接近于物理量的真实值 .

定理的一个特例——伯努利大数定律，从理论上证明了频率收敛于概率 .

**推论**　(**伯努利大数定律**) 设 $n_A$ 是 $n$ 次独立重复试验中事件 $A$ 发生的次数，$p$ 是每次试验中事件 $A$ 发生的概率，即 $n_A$ 服从二项分布 $B(n, p)$，则对任意正数 $\varepsilon$，有

$$\lim_{n\to\infty}P\left\{\left|\frac{n_A}{n}-p\right|\geqslant\varepsilon\right\}=0\text{ 或 }\lim_{n\to\infty}P\left\{\left|\frac{n_A}{n}-p\right|<\varepsilon\right\}=1 .$$

**证明**　因为服从二项分布的随机变量 $n_A$ 可分解成 $n$ 个服从 0—1 分布的随机变量之和，即 $n_A=X_1+X_2+\cdots+X_n$，且 $X_i$ 相互独立，具有相同的期望和方差，$E(X_i)=p_n$，$D(X_i)=p(1-p)$ $(i=1, 2,\cdots)$，满足定理 2 条件，又 $\frac{1}{n}\sum_{i=1}^{n}X_i=\frac{n_A}{n}$，代入即得所证结论 .

推论表明，在实际应用中，当试验次数足够大时，可用频率代替概率．如果事件 $A$ 发生的概率很小，由推论可知，$A$ 发生的频率也很小，即概率很小的随机事件在个别试验中几乎不会发生（小概率原理）．但是，小概率事件不等于不可能事件，在多次试验中，小概率事件也有可能发生，所以我们说“人活着一定要有梦想……”“机会只留给有准备的人”，人生理想的实现也是小概率事件，只有一次次不断努力尝试，才会有实现的可能．

## 5.1　练习题

1. 设随机变量 $X$，$EX=\mu$，$DX=\sigma^2$，用切比雪夫不等式估计 $P\{|X-\mu|\geqslant 2\sigma\}\leqslant$ ________.

2. 设随机变量 $X$，概率密度函数 $f(x)=\begin{cases}\frac{1}{2}x^2\mathrm{e}^{-x}, & x>0\\ 0, & x\leqslant 0\end{cases}$，用切比雪夫不等式估计 $P\{0<X<6\}>$ ________.

3. 已知正常成年男性每毫升血液中含有白细胞数平均是 7300 个，均方差是 700 个．利用切比雪夫不等式估计每毫升血液中的白细胞数为 5200 ~ 9400 个的概率．

## 第二节　中心极限定理

之前，我们重点讲解了正态分布，因为“在自然和社会现象中，大量随机变量都服从或近似地服从正态分布”．本节我们将给出这句话的理论依据，即中心极限定理．中心极限定理有很多形式，本节介绍两个最基本的形式．

**定理 1**（独立同分布的中心极限定理或列维—林德伯格定理）设独立同分布的随机变量序列 $X_1, X_2, \cdots, X_n, \cdots$ 具有相同的期望和方差，$E(X_i)=\mu$，$D(X_i)=\sigma^2$ $(i=1,2,\cdots)$，则随机变量之和 $\sum\limits_{i=1}^{n} X_i$ 的标准化变量对任意实数 $x$，有

$$\lim_{n\to\infty} P\left\{\frac{\sum\limits_{i=1}^{n} X_i - n\mu}{\sqrt{n}\sigma} \leqslant x\right\} = \Phi(x),$$

其中，$\Phi(x)=\int_{-\infty}^{x}\frac{1}{\sqrt{2\pi}}\mathrm{e}^{-\frac{t^2}{2}}\mathrm{d}t$是标准正态分布的分布函数．

该定理由两位学者列维和林德伯格在 20 世纪 20 年代给出证明．定理结论说明，当 $n$ 充分大时，$n$ 个具有相同期望方差的独立同分布的随机变量之和近似地服从标准正态分布．一般情况下，我们很难求出和式$\sum\limits_{i=1}^{n} X_i$ 的分布，但当 $n$ 很大时，可以用标准正态分布给出近似值．在定理条件下，近似地有

$$\frac{\sum\limits_{i=1}^{n} X_i - n\mu}{\sqrt{n}\sigma} \sim N(0,1) \text{ 或者 } \sum_{i=1}^{n} X_i \sim N\left(n\mu, n\sigma^2\right),$$

记$\bar{X}=\frac{1}{n}\sum\limits_{i=1}^{n} X_i$，则

$$\frac{\bar{X}-\mu}{\sigma/\sqrt{n}} \sim N(0,1) \text{或者} \bar{X} \sim N\left(\mu, \frac{\sigma^2}{n}\right).$$

**例 1** 某电子元件的寿命服从参数为 $\frac{1}{100}$ 小时的指数分布，现任取 16 只，设它们的寿命相互独立，问这 16 只电子元件寿命总和大于 1920 小时的概率．

**解** 设 $X_i$ 表示第 $i$ 只电子元件的寿命 $(i=1, 2,\cdots, 16)$，$E(X_i)=100$，$D(X_i)=100^2$，$n=16$，满足定理 1 的条件，则有

$$\sum_{i=1}^{16} X_i \sim N\left(1600, 400^2\right),$$

$$P\left\{\sum_{i=1}^{16} X_i > 1920\right\} = 1-P\left\{\sum_{i=1}^{16} X_i \leqslant 1920\right\} = 1-\Phi\left(\frac{1920-1600}{400}\right) = 1-\Phi(0.8) = 0.2119.$$

定理 2 是定理 1 的特例，这时和式服从二项分布，和式中的每一个随机变量服从 0—1 分布．定理由棣莫弗提出，拉普拉斯推广，是历史上最早的中心极限定理．

**定理 2** （二项分布中心极限定理或棣莫弗—拉普拉斯定理）设相互独立的随机变量序列 $X_1, X_2,\cdots, X_n,\cdots$ 都服从参数为 $p$ 的 0—1 分布，则随机变量之和 $\sum_{i=1}^{n} X_i$ 的标准化变量对任意实数 $x$，有

$$\lim_{n\to\infty} P\left\{\frac{\sum_{i=1}^{n} X_i - np}{\sqrt{np(1-p)}} \leqslant x\right\} = \Phi(x) = \int_{-\infty}^{x} \frac{1}{\sqrt{2\pi}} \mathrm{e}^{-\frac{t^2}{2}} \mathrm{d}t.$$

定理说明，当 $n$ 充分大，$p$ 不变时，可用标准正态分布来近似计算二项分布．这与第二章中用泊松分布近似二项分布不同，泊松定理应用于 $p$ 很小，但 $np=\lambda$ 不太大时．二者的相似点是 $n$ 充分大．

在定理条件下，近似地有

$$\frac{\sum_{i=1}^{n} X_i - np}{\sqrt{npq}} \sim N(0,1) \text{或者} \sum_{i=1}^{n} X_i \sim N(np, npq) \quad (q=1-p).$$

**例 2**　某宿舍楼有 10000 盏同样型号的灯，夜间每盏灯开着的概率为 0.8，各盏灯开关情况相互独立，计算同时开灯数为 8000 ~ 10000 盏的概率．

**解**　设随机变量 $X$ 表示同一时刻的开灯数，$X \sim B(10000, 0.8)$，$np=8000$，$np(1-p)=40^2$，由定理 2，$X$ 近似地服从 $N(8000, 40^2)$，故

$$P\{8000 < X < 10000\} = \Phi\left(\frac{10000-8000}{40}\right) - \Phi\left(\frac{8000-8000}{40}\right) \approx 0.5 .$$

**例 3**　某实验室有同样型号的设备 200 台，每台设备开动的概率为 0.7，各台设备相互独立，开动时每台消耗电能 15 个单位．求电厂最少要供应多少电能，才能以 95% 的概率保证实验室不会因供电不足而无法运转．

**解**　设随机变量 $X$ 表示同一时刻开动的设备数，则 $X \sim B(200, 0.7)$，$np=140$，$np(1-p)=42$，

$$P\{X \leqslant x\} = \Phi\left(\frac{x-140}{\sqrt{42}}\right) \geqslant 95\% \text{ , } x \approx 151,$$

故供电量为 $151 \times 15=2265$ 个单位．

## 5.2　练习题

一盒同类型的钉子共有 100 个，每个钉子的重量是一个随机变量，期望值为 100 克，标准差为 10 克，求一盒钉子的重量超过 10.2 千克的概率．

# 本章小结

## ◆ 本章知识要点

切比雪夫不等式　辛钦大数定律　伯努利大数定律

列维—林德伯格定理　棣莫弗—拉普拉斯定理

## ◆ 本章常用结论

### 1. 切比雪夫不等式

设随机变量 $X$ 的数学期望 $EX=\mu$ 和方差 $DX=\sigma^2$，则对于任意给定的 $\varepsilon>0$，有

$$P\{|X-\mu|\geqslant\varepsilon\}\leqslant\frac{\sigma^2}{\varepsilon^2}\text{或}P\{|X-\mu|<\varepsilon\}\geqslant1-\frac{\sigma^2}{\varepsilon^2},$$

称上式为切比雪夫不等式 .

### 2. 大数定律

（1）弱大数定律或辛钦大数定律 .

设独立同分布的随机变量序列 $X_1,X_2,\cdots,X_n,\cdots$，且具有相同的期望 $E(X_i)=\mu\ (i=1,2,\cdots)$，作前 $n$ 个随机变量的算术平均值为 $\bar{X}=\frac{1}{n}\sum_{i=1}^{n}X_i$，则对任意的 $\varepsilon>0$，有

$$\lim_{n\to\infty}P\{|\bar{X}-\mu|\geqslant\varepsilon\}=0\text{ 或 }\lim_{n\to\infty}P\{|\bar{X}-\mu|<\varepsilon\}=1 .$$

（2）伯努利大数定律 .

设 $n_A$ 是 $n$ 次独立重复试验中事件 $A$ 发生的次数，$p$ 是每次试验中事件 $A$ 发生的概率，即 $n_A\sim B(n,p)$，则对任意的 $\varepsilon>0$，有

$$\lim_{n\to\infty}P\left\{\left|\frac{n_A}{n}-p\right|\geqslant\varepsilon\right\}=0\text{ 或 }\lim_{n\to\infty}P\left\{\left|\frac{n_A}{n}-p\right|<\varepsilon\right\}=1 .$$

### 3. 中心极限定理

（1）独立同分布的中心极限定理或列维—林德伯格定理 .

设独立同分布的随机变量序列 $X_1, X_2, \cdots, X_n, \cdots$，且具有相同的数学期望和方差，$E(X_i)=\mu$，$D(X_i)=\sigma^2>0\ (i=1,2,\cdots)$，则随机变量

$$Y_n=\frac{\sum_{i=1}^{n}X_i-E(\sum_{i=1}^{n}X_i)}{\sqrt{D(\sum_{i=1}^{n}X_i)}}=\frac{\sum_{i=1}^{n}X_i-n\mu}{\sqrt{n}\sigma}$$

的分布函数 $F_n(x)$ 收敛到标准正态分布的分布函数 $\Phi(x)$. 对任意实数 $x$，有

$$\lim_{n\to\infty}F_n(x)=\lim_{n\to\infty}P\{Y_n\leqslant x\}=\int_{-\infty}^{x}\frac{1}{\sqrt{2\pi}}\mathrm{e}^{-\frac{t^2}{2}}\mathrm{d}t=\Phi(x).$$

记 $\bar{X}=\frac{1}{n}\sum_{i=1}^{n}X_i$，则根据定理 1，有 $Y_n=\frac{\bar{X}-\mu}{\sqrt{\frac{\sigma^2}{n}}}$，且可得

$$\frac{\sum_{i=1}^{n}X_i-n\mu}{\sqrt{n}\sigma}\sim N(0,1),\ \sum_{i=1}^{n}X_i\sim N\left(n\mu,n\sigma^2\right);$$

$$\frac{\bar{X}-\mu}{\sqrt{\frac{\sigma^2}{n}}}\sim N(0,1),\ \bar{X}\sim N\left(\mu,\frac{\sigma^2}{n}\right).$$

（2）二项分布中心极限定理或棣莫弗—拉普拉斯定理 .

设 $n_A$ 是 $n$ 次独立重复试验中事件 $A$ 发生的次数，$p$ 是每次试验中 $A$ 发生的概率，即 $n_A\sim B(n,p)$，则随机变量

$$Y_n=\frac{n_A-np}{\sqrt{np(1-p)}}$$

的分布函数 $F_n(x)$ 收敛到标准正态分布的分布函数 $\Phi(x)$. 对任意实数 $x$，有

$$\lim_{n\to\infty}F_n(x)=\lim_{n\to\infty}P\{Y_n\leqslant x\}=\Phi(x)=\int_{-\infty}^{x}\frac{1}{\sqrt{2\pi}}\mathrm{e}^{-\frac{t^2}{2}}\mathrm{d}t.$$

设 $Y_n=\frac{n_A-np}{\sqrt{np(1-p)}}\sim N(0,1)$，则 $\sum_{i=1}^{n}X_i=n_A\sim N(np,np(1-p))$，对任意实数

$x$，有

$$P\{n_A \leqslant x\} = P\left\{\frac{n_A - np}{\sqrt{np(1-p)}} \leqslant \frac{x - np}{\sqrt{np(1-p)}}\right\} \approx \Phi\left(\frac{x - np}{\sqrt{np(1-p)}}\right),$$

$$P\{a < n_A \leqslant b\} \approx \Phi\left(\frac{b - np}{\sqrt{np(1-p)}}\right) - \Phi\left(\frac{a - np}{\sqrt{np(1-p)}}\right).$$

# 总习题五

1. 设随机变量 $X \sim B(200, 0.5)$，用切比雪夫不等式估计 $P\{80<X<120\} \geqslant$ ________.

2. 设随机变量 $X_1$，$X_2$，…，$X_n$ 相互独立同分布，且 $X_i$ 的概率密度为 $f(x)$，则 $p=P\{\sum_{i=1}^{n} X_i \leqslant x\}$. 当 $n$ 充分大时，有（　）

   A. $p$ 可由 $f(x)$ 计算　　B. $p$ 不能由 $f(x)$ 计算

   C. $p$ 一定可用中心极限定理近似出来

   D. $p$ 不能用中心极限定理近似出来

3. 设随机变量 $X$ 和 $Y$，已知 $EX=-2$，$DX=1$，$EY=2$，$DY=4$，$\rho_{XY}=-0.5$，由切比雪夫不等式估计 $P\{|X+Y| \geqslant 6\} \leqslant$ ________.

4. 某车间生产同一类产品，每件产品的重量是一个随机变量，每件的平均重量为 50 千克，标准差 5 千克，若用最大载重量为 5 吨的汽车运输，利用中心极限定理说明每辆汽车可以装多少件产品，才能保证不超载的概率大于 0.977 $(\Phi(2)=0.977)$？

5. 保险公司开办一年人身保险业务，被保险人每年需缴纳保费 160 元，若一年内发生重大人身事故，受益人可获 2 万元赔偿金. 已知一般人一年内发生重大人身事故的概率为 0.005，现有 5000 人投保，问保险公司一年内因此项业务所获总收益在 20 万元到 40 万元之间的概率是多少？

6. 质检员检查产品，每个产品的检验时间为 10 秒，但也有可能某个产品需要复查，再花掉 10 秒，即检查这个产品共用 20 秒. 设每个产品复查的概率为 1/2，求在 8 小时内质检员至少检查 1600 个产品的概率.

# 第六章 样本及抽样分布

在前面的几章里，我们介绍了概率论的主要内容．从本章开始，将讲解数理统计的基本知识和几个常用的数理统计方法．

概率论是研究随机现象的一门学科，对于其中许多问题，我们总是假设随机变量的概率分布或密度函数为已知，进而讨论其性质、数字特征等内容．但是在实际问题中，人们事先并不知道随机事件的概率以及随机变量的概率分布等信息，这就需要通过对所研究的随机现象进行重复独立的观察，得到大量数据，然后对这些数据进行分析，从而对所研究的随机变量的分布进行估计，并作出合理推断，这就是所谓的数理统计问题．因此，概率论是数理统计的理论基础，而数理统计是概率论在自然及社会学科中的实际应用．

数理统计的主要内容包括：怎样收集和整理带有随机性的数据，怎样对所得的数据资料进行分析研究，从而对所研究对象的性质和特征作出合理的估计和推断，为决策提供依据和建议．由于数理统计中的推断往往是在一定的概率意义下作出的，所以称之为统计推断．本书讲述数理统计的基本方法，包括参数估计和假设检验．

本章主要介绍总体、样本、统计量、抽样分布等数理统计的基本概念，然后讲解几种常用统计量的分布．

胡适在《红楼梦考证》一文中首先提出，《红楼梦》后四十回并非出于曹雪芹之手，而是高鹗所续，他的论断引发了红学界的激烈争论．

对此，复旦大学的李贤平教授带领他的学生作了很有意义的工作，他们创造性的想法是将 120 回看成 120 个样本，确定与情节无关的虚词出现的次数作为变量，巧妙运用数理统计分析方法，看看哪些回目出自同一人的手笔．

一般认为，每个人使用某些词的习惯是特有的．于是李教授用每个回目中 47 个虚词（之，其，或……；呀，吗，咧，罢……；可，便，就……等）出现的次数（频率），作为《红楼梦》各个回目的数字标志．之所以要抛开情节，是因为在一般情况下，同一情节大家描述得都差不多，但由于个人写作特点和习惯的不同，所用的虚词是不会一样的．利用多元分析中的聚类分析法进行聚类，果然将 120 回分成两类，即前 80 回为一类，后 40 回为一类，形象地证实了全书不是出自同一作者的手笔．

又进一步分析前 80 回是否为曹雪芹所写，另选了一本曹雪芹的其他著作，作类似计算，结果证实了用词手法完全相同，断定前 80 回为曹雪芹一人手笔，是他根据《石头记》写成，中间插入《风月宝鉴》，还有一些别的增加成分．而后 40 回是否为高鹗所写呢？论证结果推翻了后 40 回是高鹗一个人所写，而是曹雪芹的亲友将其草稿整理而成，宝黛故事为一人所写，贾府衰败情景为另一人所写，而程伟元和高鹗为整理全书作出了重要贡献．

李教授团队用多元统计分析方法支持了红学界的观点，把科学与历史完美结合，彰显了统计学的巨大作用．

## 第一节　数理统计的基本概念

### 一、总体与样本

总体、个体和样本是数理统计中最基本的三个概念．我们把具有一定共性的研究对象的全体称为**总体**，把组成总体的每一个元素称为**个体**．例如，要研究某校学生的身高，则该校全体学生的身高构成一个总体，每个学生的身高都是一个个体．同样，要研究一批灯泡的寿命，就把这批灯泡寿命的全体作为总体，而每个灯泡的寿命是一个个体．总体与个体之间的关系可看成集合与元素的关系．

总体中所包含的个体的个数称为**总体的容量**．当总体所含有的个体数为有限时，称其为**有限总体**，否则为**无限总体**．例如，研究某班学生某门课程的成绩时，由于该班学生为有限个，所得总体为有限总体．又如，在数学中研究曲线的性质，总体为所有曲线性质的全体，为无限总体．当总体的容量很大时，我们也可以将其看成无限总体．例如，考察某工厂生产的某种型号的螺丝钉的质量，由于构成总体的个体数量很多，就可以把它近似地看成是无限总体．

当我们用数理统计的方法来研究总体时，往往关心的不是每个个体本身，而是每个个体的某种数量指标．例如，对于研究学生身高的问题，我们关心的是数量指标身高 $X$ 的概率分布问题，对于研究灯泡寿命的问题，我们关心的是灯泡寿命 $X$ 的概率分布问题．因此，对总体的研究，实际上就是对某一个随机变量 $X$ 的概率分布的研究．为了方便起见，我们把总体和相应数量指标等同起来，即总体是一个随机变量 $X$，其分布函数为 $F(x)$．例如，对于灯泡寿命的问题，总体就是灯泡的寿命 $X$，它服从的分布函数为 $F(x)$.

由于总体的分布一般是未知的，为了判断总体服从何种分布，必须对其中的个体进行观察（或试验）．一般来说，采用对每个个体都观察的手段来估计总体分布是不可能的．一方面，某些试验具有破坏性，如对灯泡寿命的观察，灯泡的寿命一旦被测出，也就意味着该灯泡已经报废了；又如对某种武器（如导弹等）的破坏力的试验也不可能多次重复．另一方面，由于人力、物力、财力、时间、技术和环境等条件限制不可能也没必要对个体做逐个观察．一种普遍被接受的方法是按照一定规则从总体中随机抽取一部分个体进行观察（或试验），根据对这部分个体的观察结果来推断总体的分布情况．被抽取出的这部分个体叫作来自于总体的一个**样本**，从总体中抽取样本的过程称作**抽样**．从总体中抽取 $n$ 个样本，也就是对总体进行了 $n$ 次观察（或试验）.

样本中所含个体的数目 $n$ 称为**样本容量**．我们知道，对总体 $X$ 的任何一个容量为 $n$ 的样本，抽样结果 $x_1,x_2,\cdots,x_n$ 是 $n$ 个完全确定的数值．由于抽样是一次随机试验，所以这 $n$ 个结果是随每次抽样而改变的，具有随机性．如果我们对总体做多次抽样（每次抽取容量为 $n$ 的样本），则抽样结果是 $n$ 个随机变量 $X_1,X_2,\cdots,X_n$，我们称这 $n$ 个随机变量 $X_1,X_2,\cdots,X_n$ 为总体的一个**样本**．当一次抽样完成时，我们就得到一组实数 $x_1,x_2,\cdots,x_n$，我们称之为样本 $X_1,X_2,\cdots,X_n$ 的观察值，也叫**样本值**．

为了使抽取的样本 $X_1,X_2,\cdots,X_n$ 能够较好地反映总体 $X$ 的特征，我们要求样本满足以下两个条件：

（1）代表性：样本的每一个分量 $X_i$ 与总体 $X$ 有相同的分布 .

（2）独立性：随机变量 $X_1,X_2,\cdots,X_n$ 是相互独立的 .

用这种方式得到的样本 $X_1,X_2,\cdots,X_n$ 叫作**简单随机样本**，相应的抽样方式称为**简单随机抽样** . 简单随机抽样实际上就是独立地、重复地对总体 $X$ 做抽样试验 . 获取简单随机样本的方法可分为**有放回抽样**和**不放回抽样** . 对于有限总体，通常采用有放回抽样，对于无限总体或大容量总体，有放回抽样与不放回抽样几乎没什么差别，因而通常采用不放回抽样 .

需要读者注意的是，本书所涉及的样本均指简单随机样本，即样本 $X_1,X_2,\cdots,X_n$ 是相互独立的，且都是与总体 $X$ 具有相同分布的随机变量 .

设总体 $X$ 的分布函数为 $F(x)$，由于样本相互独立，$X_1,X_2,\cdots,X_n$ 的联合分布函数为

$$F(x_1,x_2,\cdots,x_n)=\prod_{i=1}^{n}F(x_i) .$$

对于随机变量的两种类型，分别得到如下定义：

（1）若 $X$ 是离散型随机变量，其分布律为 $P\{X=x_i\}=p(x_i)$，则样本的联合概率分布为

$$P\{X_1=x_1,X_2=x_2,\cdots,X_n=x_n\}=\prod_{i=1}^{n}P\{X_i=x_i\}=\prod_{i=1}^{n}p(x_i) .$$

（2）若 $X$ 是连续型随机变量，其概率密度为 $f(x)$，则样本的联合概率密度为

$$f(x_1,x_2,\cdots,x_n)=\prod_{i=1}^{n}f(x_i) .$$

**例 1**　设总体 $X$ 服从参数为 $\lambda(\lambda>0)$ 的指数分布，$X_1,X_2,\cdots,X_n$ 是取自总体的样本，求样本 $X_1,X_2,\cdots,X_n$ 的概率密度 .

**解**　总体 $X$ 的概率密度为 $f(x)=\begin{cases}\lambda e^{-\lambda x}, & x>0\\ 0, & x\leqslant 0\end{cases}$，因为 $X_1,X_2,\cdots,X_n$ 相互独立且与总体 $X$ 具有相同的分布，所以 $X_1,X_2,\cdots,X_n$ 的概率密度为

$$f(x_1,x_2,\dots,x_n)=\prod_{i=1}^{n}f(x_i)=\begin{cases}\lambda^n e^{-\lambda\sum_{i=1}^{n}x_i}, & x_i>0\\ 0, & 其他\end{cases}.$$

## 二、统计量

样本是总体特征及性质的代表和反映，因而可以根据样本所提供的信息对总体进行估计和推断．然而，在获取样本后，不能直接用样本进行推断，而需要对样本进行适当的“加工”，将样本中的主要信息“提炼”出来．要做到这一点，常常利用样本构造出适当的函数，这个函数只依赖于样本，而不依赖任何未知参数．因此，引入统计量的概念．

**定义** 设 $X_1,X_2,\cdots,X_n$ 是来自总体 $X$ 的一个样本，$g(X_1,X_2,\cdots,X_n)$ 是 $X_1,X_2,\cdots,X_n$ 的函数，若 $g$ 中不含与总体分布有关的未知参数，则称 $g(X_1,X_2,\cdots,X_n)$ 是一个**统计量**．

**例 2** 设总体 $X\sim N(\mu,\sigma^2)$，其中 $\mu,\sigma^2$ 为未知参数，$X_1,X_2,\cdots,X_n$ 是来自总体 $X$ 的样本，由定义知 $\frac{1}{n}\sum_{i=1}^{n}X_i$，$\max\{X_1,X_2,\cdots,X_n\}$，$\frac{1}{n}\sum_{i=1}^{n}(X_i-\overline{X})^2$ 均是统计量，而 $\overline{X}-\mu$，$\frac{\overline{X}-\mu}{\sigma}$ 不是统计量（因为其中含有未知参数）．

若样本 $X_1,X_2,\cdots,X_n$ 的观察值为 $x_1,x_2,\cdots,x_n$，则称 $g(x_1,x_2,\cdots,x_n)$ 是 $g(X_1,X_2,\cdots,X_n)$ 的观察值．值得注意的是，由于样本是随机变量，所以作为样本的函数的统计量也是随机变量．

下面列出数理统计中一些常用的统计量：

**1. 样本均值**

$$\bar{X}=\frac{1}{n}\sum_{i=1}^{n}X_i,$$

样本均值反映了样本取值的平均水平．

**2. 样本方差**

$$S^2=\frac{1}{n-1}\sum_{i=1}^{n}(X_i-\bar{X})^2,$$

样本方差反映了样本偏离均值的程度 .

注：根据样本方差的定义，有

$$S^2=\frac{1}{n-1}\sum_{i=1}^{n}(X_i-\bar{X})^2=\frac{1}{n-1}\sum_{i=1}^{n}(X_i^2-2X_i\bar{X}+\bar{X}^2)$$

$$=\frac{1}{n-1}\left(\sum_{i=1}^{n}X_i^2-2\bar{X}\sum_{i=1}^{n}X_i+n\bar{X}^2\right)$$

$$=\frac{1}{n-1}(\sum_{i=1}^{n}X_i^{\ 2}-n\bar{X}^2),$$

用此表达式计算样本方差更为方便 .

**3. 样本标准差**

$$S=\sqrt{S^2}=\sqrt{\frac{1}{n-1}\sum_{i=1}^{n}(X_i-\bar{X})^2}\ ,$$

样本标准差反映了样本的离散程度 .

**4. 样本 $k$ 阶原点矩**

$$A_k=\frac{1}{n}\sum_{i=1}^{n}X_i^{\ k},k=1,2,\cdots .$$

**5. 样本 $k$ 阶中心矩**

$$B_k=\frac{1}{n}\sum_{i=1}^{n}(X_i-\bar{X})^k,k=2,3,\cdots .$$

用$\bar{x}$, $s^2$, $s$, $a_k$, $b_k$分别表示$\bar{X}$, $S^2$, $S$, $A_k$, $B_k$的观察值，此时只需把定义中的 $X_i$ 改为 $x_i$ 即可 .

我们知道，总体 $X$ 最基本的两种数字特征是均值 $E(X)$ 与方差 $D(X)$. 相应地，引入了样本均值和样本方差的定义 . 对于上述概念，我们有如下基本定理：

**定理**　设总体 $X$ 的均值和方差都存在，$X_1,X_2,\cdots,X_n$ 是来自总体 $X$ 的一个样本，$\bar{X}$ 与 $S^2$ 分别为该样本的样本均值和样本方差，则

（1）$E(\overline{X})=E(X)$；

（2）$D(\overline{X})=\frac{1}{n}D(X)$；

（3）$E(S^2)=D(X)$ .

**证明** （1）$E\left(\bar{X}\right)=E\left(\dfrac{1}{n}\sum_{i=1}^{n}X_i\right)=\dfrac{1}{n}\sum_{i=1}^{n}E(X_i)=\dfrac{1}{n}nE(X)=E(X)$ .

（2）$D(\bar{X})=D\left(\dfrac{1}{n}\sum_{i=1}^{n}X_i\right)=\dfrac{1}{n^2}\sum_{i=1}^{n}D(X_i)=\dfrac{1}{n^2}nD(X)=\dfrac{1}{n}D(X)$ .

（3）$$E\left(S^2\right)=E\left[\frac{1}{n-1}\left(\sum_{i=1}^{n}X_i^2-n\bar{X}^2\right)\right]=\frac{1}{n-1}\left[\sum_{i=1}^{n}E\left(X_i^2\right)-nE\left(\bar{X}^2\right)\right]$$

$$=\frac{1}{n-1}\left[n(D(X)+(E(X))^2)-n(D(\bar{X})+(E(\bar{X}))^2)\right]$$

$$=\frac{1}{n-1}\left[n(D(X)+(E(X))^2)-n(\frac{1}{n}D(X)+(E(X))^2)\right]$$

$$=D(X).$$

此外，我们可以观察到，样本均值就是样本的一阶原点矩，即 $\bar{X}=A_1$，它常用来估计总体的均值．样本二阶中心矩与样本方差只相差一个常数因子，即 $S^2=\dfrac{n}{n-1}B_2$，说明样本二阶中心矩与样本方差有一些差异，当样本容量 $n$ 充分大时，$B_2$ 与 $S^2$ 近似相等．

**例 3** 设经过抽样得到的样本观察值为下列数据：

15.4，16.2，15.7，17.2，18.0，14.5，16.8，19.8，21.1，16.7，

计算样本均值 $\bar{X}$、样本方差 $S^2$ 和样本标准差 $S$.

**解** 由样本均值、样本方差及样本标准差的定义知

$$\bar{X}=\frac{1}{n}(X_1+X_2+\cdots+X_n)$$

$$=\frac{1}{10}(15.4+16.2+15.7+17.2+18.0+14.5+16.8+19.8+21.1+16.7)$$

$$=17.14.$$

$$S^2=\frac{1}{n-1}(\sum_{i=1}^{n}X_i^2-n\bar{X}^2)=\frac{1}{9}\left(\sum_{i=1}^{10}x_i^2-10\times17.14^2\right)=4.085 .$$

$$S=\sqrt{S^2}=\sqrt{4.085}=2.021 .$$

**例 4** 设总体 $X\sim N(20,3^2)$，$X_1,X_2,\cdots,X_{36}$ 为来自总体 $X$ 的一个样本，求：

（1）样本均值 $\bar{X}$ 的数学期望与方差．（2）$P\{|\bar{X}-20|\leqslant 0.25\}$.

**解**　（1）由于 $X\sim N(20,3^2)$，样本容量 $n$=36，

$$于是 E(\bar{X})=20,\ D(\bar{X})=\frac{3^2}{36}=0.25\ .$$

（2）由 $\bar{X}\sim N(20,0.5^2)$，得 $\frac{\bar{X}-20}{0.5}\sim N(0,1)$，

$$故 P\{|\bar{X}-20|\leqslant 0.25\}=P\left\{\left|\frac{\bar{X}-20}{0.5}\right|\leqslant 0.5\right\}=2\Phi(0.5)-1=0.383\ .$$

## 习题 6.1

1. 设总体 $X\sim N(\mu,\sigma^2)$，其中 $\mu$ 为已知，$\sigma^2$ 为未知，$X_1,X_2,\cdots,X_n$ 是来自总体 $X$ 的一个样本．判断下面各式哪些是统计量，哪些不是统计量．

（1）$\sum_{i=1}^{n}X_i$ .　　（2）$\sum_{i=1}^{n}X_i^2$ .

（3）$\frac{\bar{X}-\mu}{\sigma}$ .　　（4）$\sum_{i=1}^{n}(X_i-\bar{X})^2$ .

（5）$\frac{1}{\sigma}\sum_{i=1}^{n}X_i$ .　　（6）$\max\{X_1,X_2,\cdots,X_n\}-\mu$ .

（7）$\frac{1}{n}\sum_{i=1}^{n}(X_i-\mu)^2$ .　　（8）$\frac{1}{\sigma^2}\sum_{i=1}^{n}(X_i-\bar{X})^2$ .

2. 从某班学生中抽取 10 人，数学成绩如下：

86，72，75，94，60，87，75，80，79，83.

求这组样本值的均值、方差、二阶原点矩与二阶中心矩．

3. 在总体 $X\sim N(52,6.3^2)$ 中随机抽一容量为 36 的样本，求样本均值落在 50.8 至 53.8 之间的概率．

4. 设 $X$ 为任意总体，期望为 $\mu$，方差为 $\sigma^2$. 若至少要以 95% 的概率保证

$$\left|\bar{X}-\mu\right|<0.1\sigma\ ,$$

问样本容量 $n$ 应取多大？

# 第二节　抽样分布

统计量的分布称为抽样分布，有了抽样分布，我们就可以借助它对未知总体的分布特征进行推断．当总体是正态总体，即总体 $X$ 服从正态分布时，一些常用统计量的分布比较容易得到．本节先介绍数理统计中常用的三大分布：$\chi^2$ 分布、$t$ 分布、$F$ 分布，然后给出正态总体的一些统计量的分布．

## 一、分位数

**定义 1**　设随机变量 $X$ 的分布函数为 $F(x)$，对给定的实数 $\alpha(0<\alpha<1)$，若实数 $F_\alpha$ 满足

$$P\{X>F_\alpha\}=\alpha ,$$

则称 $F_\alpha$ 为随机变量 $X$ 分布的水平 $\alpha$ 的**上侧分位数**．若实数 $T_{\alpha/2}$ 满足

$$P\{|X|>T_{\alpha/2}\}=\alpha ,$$

则称 $T_{\alpha/2}$ 为随机变量 $X$ 分布的水平 $\alpha$ 的**双侧分位数**．

例如，标准正态分布的上侧分位数和双侧分位数分别如图 6–1 和图 6–2 所示．

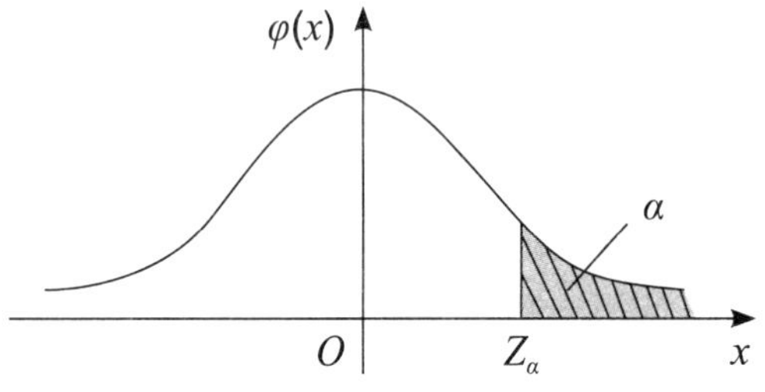


图 6–1

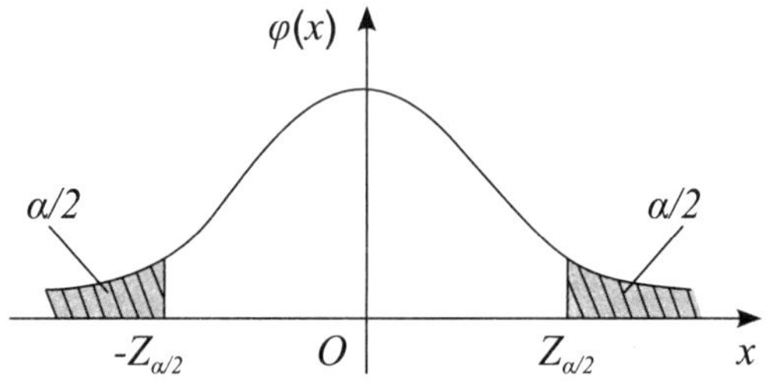


图 6–2

**例 1**　设 $\alpha=0.1$，求标准正态分布的水平 0.1 的上侧分位数和双侧分位数．

**解**　由于 $\varphi(z_{0.1})=1-0.1=0.9$，查标准正态分布表可得，标准正态分布的水平 0.1 的上侧分位数为 $z_{0.1}=1.28$，而水平 0.1 的双侧分位数为 $z_{0.05}$，它满足 $\varphi(z_{0.05})=1-0.05=0.95$，查表得 $z_{0.05}=1.645$.

## 二、$\chi^2$ 分布

**定义 2**　设 $X_1, X_2, \cdots, X_n$ 是来自总体 $N(0, 1)$ 的样本，则称统计量

$$\chi^2 = X_1^2 + X_2^2 + \cdots + X_n^2$$

服从自由度为 $n$ 的 $\chi^2$ 分布，记为 $\chi^2 \sim \chi^2(n)$ .

自由度是指上述统计量右端所包含的独立变量的个数 .

$\chi^2$ 分布是海尔墨特（Hermert）和 K. 皮尔逊（K.pearson）分别于 1875 年和 1890 年导出的 . 它主要适用于对拟合优度检验和独立性检验 .

$\chi^2(n)$ 分布的概率密度函数为

$$f(x) = \begin{cases} \dfrac{1}{2^{n/2}\Gamma(n/2)} x^{\frac{n}{2}-1} \mathrm{e}^{-\frac{x}{2}}, & x > 0 \\ 0, & x \leqslant 0 \end{cases}.$$

其中 $\Gamma(\cdot)$ 为 $\Gamma$（Gamma）函数，其定义为

$$\Gamma(s) = \int_0^{+\infty} t^{s-1} \mathrm{e}^{t} \mathrm{d}t \quad (s > 0),$$

其图形如图 6–3 所示 .

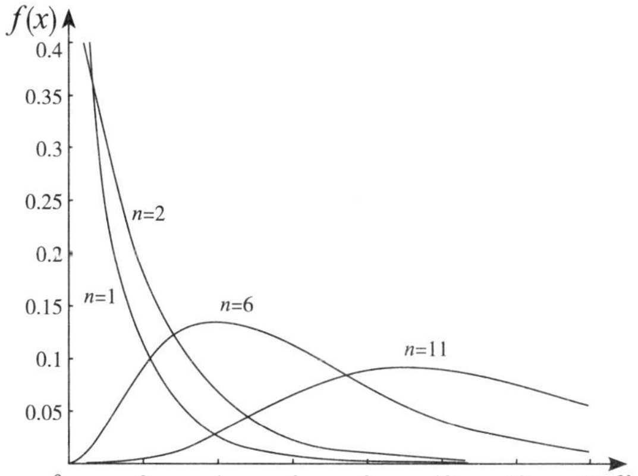


图 6–3

从图中可以看到，自由度 $n$ 越大，密度函数图形越呈对称趋势 .

下面我们来研究 $\chi^2$ 分布的一些性质：

（1）$\chi^2$ 分布的数学期望和方差：

若 $\chi^2 \sim \chi^2(n)$，则有 $E(\chi^2) = n$， $D(\chi^2) = 2n$ .

**证明**　由 $X_i \sim N(0,1)$，有 $E(X_i^2) = D(X_i) = 1$，

$$E\left(X_i^4\right)=\frac{1}{\sqrt{2\pi}}\int_{-\infty}^{+\infty}t^4\mathrm{e}^{-\frac{t^2}{2}}\mathrm{d}t=-\frac{1}{\sqrt{2\pi}}\int_{-\infty}^{+\infty}t^3\mathrm{d}(\mathrm{e}^{-\frac{t^2}{2}})$$

$$=(-\frac{t^3}{\sqrt{2\pi}}\mathrm{e}^{-\frac{t^2}{2}})\Big|_{-\infty}^{+\infty}+3\int_{-\infty}^{+\infty}t^2\frac{1}{\sqrt{2\pi}}\mathrm{e}^{-\frac{t^2}{2}}\mathrm{d}t=0+3E\left(X_i^2\right)=0+3\times1=3$$

$$D\left(X_i^2\right)=E\left(X_i^4\right)-[E\left(X_i^2\right)]^2=3-1=2,\ i=1,2,\cdots,n.$$

再由 $X_1,\cdots,X_n$ 的独立性，得

$$E(\chi^2)=E(\sum_{i=1}^{n}X_i^2)=\sum_{i=1}^{n}E(X_i^2)=n,$$

$$D(\chi^2)=D(\sum_{i=1}^{n}X_i^2)=\sum_{i=1}^{n}D(X_i^2)=2n.$$

（2）$\chi^2$ 分布的可加性：

若 $X\sim\chi^2\left(n_1\right)$，$Y\sim\chi^2\left(n_2\right)$，且 $X$ 与 $Y$ 相互独立，则 $X+Y\sim\chi^2\left(n_1+n_2\right)$.

进一步，若 $X_1, X_2, \cdots, X_k$ 相互独立，都服从 $\chi^2$ 分布，自由度相应为 $n_1$, $n_2,\cdots,n_k$，则 $X_1+X_2+\cdots+X_k$ 服从自由度为 $n_1+n_2+\cdots+n_k$ 的 $\chi^2$ 分布，称为 $\chi^2$ 分布的可加性.

（3）$\chi^2$ 分布的分位数：

设 $\chi^2\sim\chi^2(n)$，对于给定的正数 $\alpha$，$0<\alpha<1$，称满足条件

$$P\left\{\chi^2>\chi_\alpha^2\left(n\right)\right\}=\int_{\chi_\alpha^2(n)}^{+\infty}f\left(x\right)\mathrm{d}x=\alpha$$

的数 $\chi_\alpha^2\left(n\right)$ 为 $\chi^2\left(n\right)$ 分布的水平 $\alpha$ 的上侧分位数，如图 6–4 所示．对于不同的 $\alpha$ 和 $n$，可以通过查附录中的 $\chi^2$ 分布表得到分位数的值.

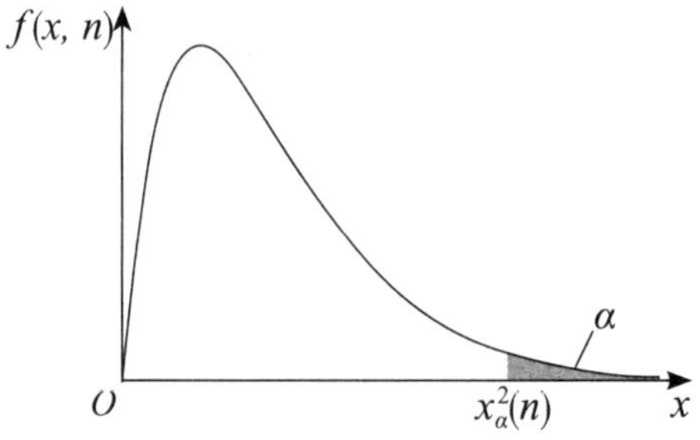


图 6–4

例如，对于 $\alpha=0.05$，$n=15$，查得 $\chi_{0.05}^2\left(15\right)=24.996$．表中只给出了自由

度 $n \leqslant 45$ 时的上侧分位数．

当 $n$ 充分大时，近似地有

$$\chi_{\alpha}^{2}(n) \approx \frac{1}{2}\left(z_{\alpha}+\sqrt{2n-1}\right)^{2}.$$

其中，$z_{\alpha}$ 是标准正态分布的水平 $\alpha$ 的上侧分位数．

例如，$\chi_{0.05}^{2}(85) \approx \frac{1}{2}\left(z_{0.05}+\sqrt{2\times 85-1}\right)^{2}=\frac{1}{2}\left(1.645+\sqrt{169}\right)^{2}=107.238$．

**例 2**　设总体 $X \sim N(0,1)$，$X_1, X_2, \cdots, X_6$ 为来自总体 $X$ 的一个样本．令

$$Y=\left(X_1+X_2+X_3\right)^{2}+\left(X_4+X_5+X_6\right)^{2},$$

求常数 $C$，使得 $CY$ 服从 $\chi^2$ 分布．

**解**　由 $X_1+X_2+X_3 \sim N(0,3)$，$X_4+X_5+X_6 \sim N(0,3)$ 可知

$$\frac{X_1+X_2+X_3}{\sqrt{3}} \sim N(0,1),\quad \frac{X_4+X_5+X_6}{\sqrt{3}} \sim N(0,1),$$

且它们相互独立．于是 $\left(\frac{X_1+X_2+X_3}{\sqrt{3}}\right)^{2}+\left(\frac{X_4+X_5+X_6}{\sqrt{3}}\right)^{2} \sim \chi^{2}(2)$．

从而有 $\frac{1}{3}Y \sim \chi^{2}(2)$，故应取 $C=\frac{1}{3}$．

**小练 1**　设 $X_1, X_2, \cdots, X_6$ 为来自正态总体 $N(0, 1)$ 的一组样本，求 $C_1, C_2$ 使得 $Y=C_1\left(X_1+X_2\right)^{2}+C_2\left(X_3+X_4+X_5+X_6\right)^{2}$ 服从 $\chi^2$ 分布．

## 三、$t$ 分布

$t$ 分布又称学生氏分布．关于 $t$ 分布的早期理论工作，是英国统计学家威廉·西利·戈塞特（William Sealy Gosset）在 1908 年进行的．$t$ 分布适用于当总体标准差未知时，用样本标准差代替总体标准差，由样本平均值推断总体平均值．

**定义 3**　设随机变量 $X$ 服从标准正态分布 $N(0, 1)$，$Y$ 服从自由度为 $n$ 的 $\chi^2$ 分布，且 $X$ 与 $Y$ 相互独立，则随机变量

$$T=\frac{X}{\sqrt{Y/n}}$$

服从自由度为 $n$ 的 $t$ 分布．记为 $T\sim t(n)$．

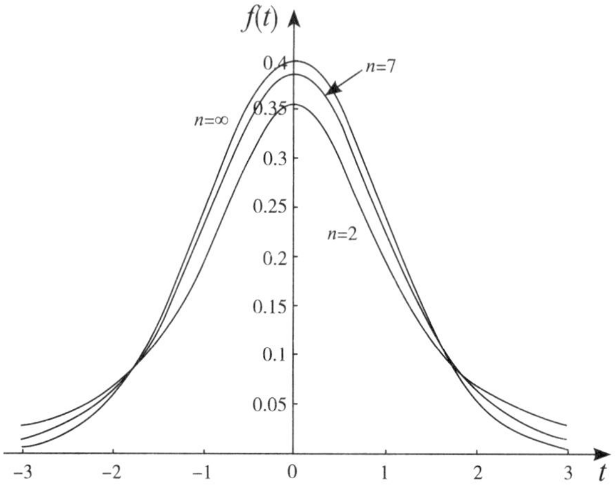

图 6–5

$t(n)$ 分布的概率密度为

$$f(t)=\frac{\Gamma\left[(n+1)/2\right]}{\sqrt{\pi n}\,\Gamma(n/2)}\left(1+\frac{t^2}{n}\right)^{-\frac{n+1}{2}},\quad -\infty<t<+\infty\ .$$

它的图形，如图 6–5 所示．

$t$ 分布具有如下性质：

（1）$t$ 分布的数学期望和方差：

若 $T\sim t(n)$，则有 $E(T)=0$，$D(T)=\dfrac{n}{n-2}\ (n>2)$．

（2）$t$ 分布的图形特点：

$f(t)$ 的图形关于 $y$ 轴对称，且 $\lim\limits_{t\to\infty}f(t)=0$．

当 $n$ 充分大时，$t$ 分布近似于标准正态分布，$f(t)$ 图形类似于标准正态分布概率密度的图形．利用 $\Gamma$ 函数的性质可得 $\lim\limits_{n\to\infty}f(t)=\dfrac{1}{\sqrt{2\pi}}\mathrm{e}^{-\frac{t^2}{2}}$．

但对于较小的 $n$，$t$ 分布与 $N(0,1)$ 分布相差较大．

（3）$t$ 分布的分位数：

设 $T\sim t(n)$ 对于给定的实数 $\alpha$，$0<\alpha<1$，称满足条件

$$P\{T>t_\alpha(n)\}=\int_{t_\alpha(n)}^{+\infty}f(t)\mathrm{d}t=\alpha$$

的数 $t_\alpha(n)$ 为 $t(n)$ 分布的水平 $\alpha$ **的上侧分位数**．若存在实数 $T_{\alpha/2}$ 满足

$$P\{|T| > T_{\alpha/2}\} = \alpha\ ,$$

则称 $T_{\alpha/2}$ 为 $t(n)$ 分布的水平 $\alpha$ 的**双侧分位数**，如图 6–6 所示．

$t$ 分布的水平 $\alpha$ 的上侧分位数可通过查附录中的 $t$ 分布表得到．

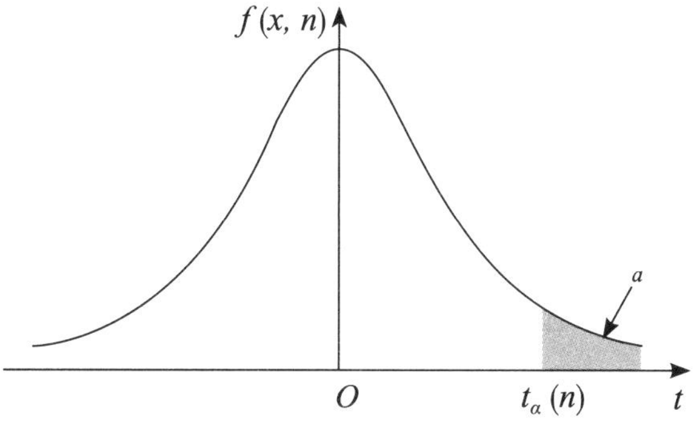


图 6–6

由 $t$ 分布密度函数 $f(t)$ 的对称性知

$$t_{1-\alpha}(n) = -t_\alpha(n)\ .$$

当 $n > 45$ 时，$t$ 分布近似于标准正态分布，故有 $t_\alpha(n) \approx z_\alpha$，$t_{\alpha/2}(n) \approx z_{\alpha/2}$．

**例 3** 设随机变量 $X \sim N(3,1)$，随机变量 $Y_1, Y_2, Y_3, Y_4$ 均服从 $N(0, 6)$，且 $X, Y_i\ (i = 1,2,3,4)$ 都相互独立，令 $T = \dfrac{2\sqrt{6}(X-3)}{\sqrt{\sum\limits_{i=1}^{4} Y_i^2}}$，求 $T$ 的分布，并确定 $t_0$ 的值，使 $P\{|T| > t_0\} = 0.02$．

**解** 由于 $X - 3 \sim N(0,1)$，$\dfrac{Y_i}{\sqrt{6}} \sim N(0,1)$，$i = 1,2,3,4$，故由 $t$ 分布的定义知

$$T = \frac{2\sqrt{6}(X-3)}{\sqrt{\sum\limits_{i=1}^{4} Y_i^2}} = \frac{X-3}{\sqrt{\sum\limits_{i=1}^{4}\left(\frac{Y_i}{\sqrt{6}}\right)^2 \Big/ 4}} \sim t(4)\ ,$$

即 $T$ 服从自由度为 4 的 $t$ 分布：$T \sim t(4)$．由 $P\{|T| > t_0\} = 0.02$，对于 $n = 4$，$\alpha = 0.02$，查附录中的 $t$ 分布表得 $t_0 = t_{\alpha/2}(4) = t_{0.01}(4) = 3.7469$．

**小练 2** 设总体 $X$ 和 $Y$ 相互独立，且都服从 $N(0, 9)$，$X_1, X_2, \cdots, X_9$ 和 $Y_1$,

$Y_2, \cdots, Y_9$ 来自总体 $X$ 和 $Y$ 的样本．求统计量 $T$ 的分布，其中 $T=\dfrac{\sum\limits_{i=1}^{9} X_i}{\sqrt{\sum\limits_{i=1}^{9} {Y_i}^2}}$ ．

## 四、$F$ 分布

$F$ 分布是英国统计学家费希尔（Fisher）于 1924 年提出的，并以其姓氏的第一个字母命名．$F$ 分布用于方差分析、协方差分析和回归分析等．

**定义 4**　设 $X$ 服从自由度为 $n_1$ 的 $\chi^2$ 分布，$Y$ 服从自由度为 $n_2$ 的 $\chi^2$ 分布且 $X$ 与 $Y$ 相互独立，则称随机变量

$$F=\frac{X/n_1}{Y/n_2}=\frac{n_2 X}{n_1 Y}$$

服从自由度为 $(n_1, n_2)$ 的 $F$ 分布，记为 $F \sim F\left(n_1, n_2\right)$，其中 $n_1$ 称为第一自由度，$n_2$ 称为第二自由度．

$F(n_1, n_2)$ 分布的概率密度为

$$f(x)=\begin{cases}\dfrac{\Gamma\left[(n_1+n_2)/2\right]}{\Gamma(n_1/2)\Gamma(n_2/2)}\left(\dfrac{n_1}{n_2}\right)\left(\dfrac{n_1}{n_2}x\right)^{\frac{n_1}{2}-1}\left(1+\dfrac{n_1}{n_2}x\right)^{-\frac{1}{2}(n_1+n_2)}, & x>0 \\ 0, & x \leqslant 0\end{cases}.$$

它的图形，如图 6-7 所示．

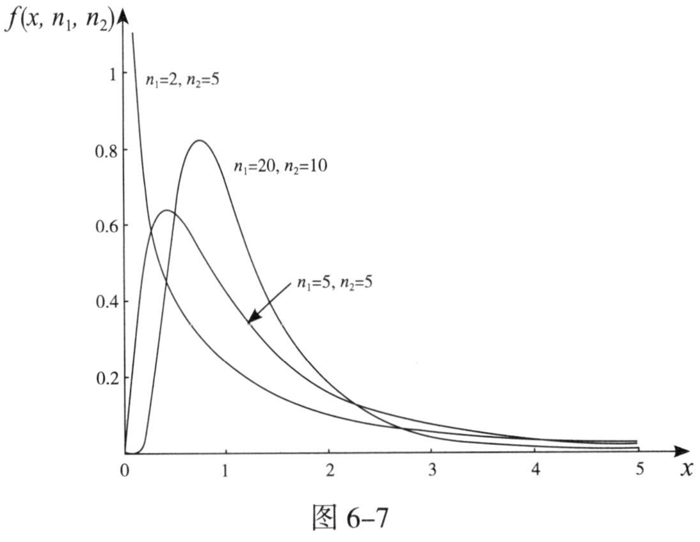


图 6-7

$F$ 分布具有以下性质：

（1）若 $F \sim F(n_1, n_2)$，则 $\frac{1}{F} \sim F(n_2, n_1)$ .

（2）若 $X \sim t(n)$，则 $X^2 \sim F(1, n)$ .

（3）$F$ 分布的水平 $\alpha$ 的上侧分位数：

设 $F \sim F(n_1, n_2)$，对于给定的实数 $\alpha$，$0<\alpha<1$，称满足条件

$$P\{F > F_\alpha(n_1, n_2)\} = \int_{F_\alpha(n_1, n_2)}^{+\infty} f(x)\mathrm{d}x = \alpha$$

的数 $F_\alpha(n_1, n_2)$ 为 $F(n_1, n_2)$ 分布的水平 $\alpha$ **的上侧分位数**，如图 6–8 所示 .

$F$ 分布的分位数具有如下重要性质：

$$F_\alpha(n_1, n_2) = \frac{1}{F_{1-\alpha}(n_2, n_1)} .$$

**证明**　$P\left\{F \geqslant \frac{1}{F_{1-\alpha}(n_2, n_1)}\right\} = P\left\{\frac{1}{F} \leqslant F_{1-\alpha}(n_2, n_1)\right\}$

$$= 1 - P\left\{\frac{1}{F} > F_{1-\alpha}(n_2, n_1)\right\}$$

$$= 1 - (1-\alpha) = \alpha .$$

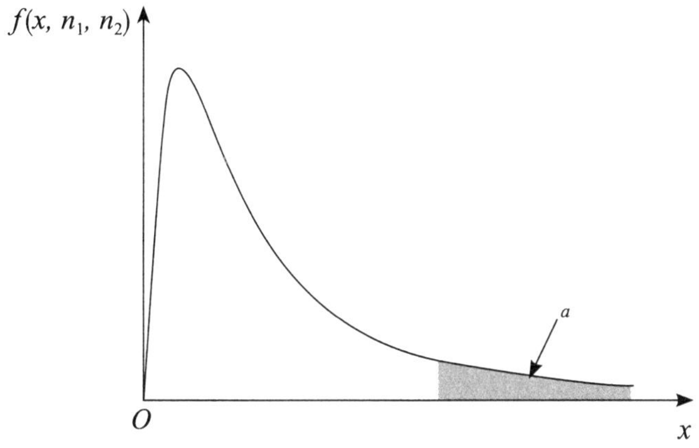


图 6–8

$F$ 分布的上侧分位数可以查 $F$ 分布表求得 . 若遇到表中未列出的某些上侧分位数，可用上式进行转换求得 .

例如，通过 $F$ 分布表可以直接查得 $F_{0.05}(25, 30)=1.92$，$F_{0.01}(20, 7)=3.70$，但若求 $F_{0.95}(20, 15)$，则可按下式计算：

$$F_{0.95}(20,15)=\frac{1}{F_{0.05}(15,20)}=\frac{1}{2.33}=0.429 .$$

**例 4** 设总体 $X$ 服从正态分布 $N(0, 2^2)$，而 $X_1, X_2, \cdots, X_{15}$ 是来自总体 $X$ 的简单随机样本，则随机变量 $Y=\dfrac{X_1^{\ 2}+\cdots+X_{10}^{\ 2}}{2\left(X_{11}^{\ 2}+\cdots+X_{15}^{\ 2}\right)}$ 服从什么分布？

**解** 由 $X_1, X_2, \cdots, X_{15}$ 相互独立且都服从 $N(0, 2^2)$ 得

$$\frac{X_i}{2}\sim N(0,1),\ i=1,2,\cdots,15 ,$$

故 $U=\left(\dfrac{X_1}{2}\right)^2+\left(\dfrac{X_2}{2}\right)^2+\cdots+\left(\dfrac{X_{10}}{2}\right)^2=\dfrac{1}{4}\left(X_1^{\ 2}+\cdots+X_{10}^{\ 2}\right)\sim\chi^2(10)$，

$V=\left(\dfrac{X_{11}}{2}\right)^2+\left(\dfrac{X_{12}}{2}\right)^2+\cdots+\left(\dfrac{X_{15}}{2}\right)^2=\dfrac{1}{4}\left(X_{11}^{\ 2}+\cdots+X_{15}^{\ 2}\right)\sim\chi^2(5)$

又 $U, V$ 相互独立，所以 $Y=\dfrac{X_1^{\ 2}+\cdots+X_{10}^{\ 2}}{2\left(X_{11}^{\ 2}+\cdots+X_{15}^{\ 2}\right)}=\dfrac{U/10}{V/5}\sim F(10,5)$ .

**小练 3** 设 $X\sim t(n), Y=\dfrac{1}{X^2}$，则（　）

A. $Y\sim\chi^2(n)$　　B. $Y\sim\chi^2(n-1)$

C. $Y\sim F(n,1)$　　D. $Y\sim F(1,n)$

**小练 4** 设 $X_1, X_2, \cdots, X_{20}$ 是来自总体 $X$ 的一个简单随机样本，$X\sim N(0, 4)$，统计量 $U=\sum\limits_{i=1}^{4}X_i^{\ 2}$，$V=\sum\limits_{i=10}^{17}X_i^{\ 2}$，若 $aU\sim\chi^2(n)$，则 $a=$______，$n=$______，$\dfrac{bV}{U}\sim F(p,q)$，则 $b=$______，$p+q=$______.

## 五、正态总体的抽样分布

当用统计量去推断总体分布时，必须要先知道统计量的分布．本节前面几部分讨论了几个较复杂的统计量的分布问题，得到了 $\chi^2$ 分布、$t$ 分布和 $F$ 分布．下面我们继续讨论关于单正态总体和双正态总体的几个统计量的分布问题，其中大多数和 $\chi^2$ 分布、$t$ 分布及 $F$ 分布有密切关系．

首先给出单正态总体统计量分布的相关结论．

**定理 1**　设总体$X \sim N(\mu,\sigma)$，$X_1, X_2, \cdots, X_n$是来自$X$的一个样本，$\bar{X}$与$S^2$分别为该样本的样本均值和样本方差，则有

（1）$\bar{X} \sim N(\mu,\sigma^2/n)$；

（2）$\dfrac{\bar{X}-\mu}{\sigma/\sqrt{n}} \sim N(0,1)$；

（3）$\chi^2 = \dfrac{1}{\sigma^2}\sum\limits_{i=1}^{n}(X_i-\mu)^2 \sim \chi^2(n)$；

（4）$\chi^2 = \dfrac{1}{\sigma^2}(n-1)S^2 = \dfrac{1}{\sigma^2}\sum\limits_{i=1}^{n}(X_i-\bar{X})^2 \sim \chi^2(n-1)$；

（5）$T = \dfrac{\bar{X}-\mu}{S/\sqrt{n}} \sim t(n-1)$；

（6）样本均值$\bar{X}$与样本方差$S^2$相互独立．

**证明**

（1）由 6.1 中定理可得结论．

（2）将$\bar{X}$标准化即得结论．

（3）因$X_i \sim N\left(\mu,\sigma^2\right)$，所以

$$\frac{X_i-\mu}{\sigma} \sim N\left(0,1\right),$$

又因$X_1, X_2, \cdots, X_n$相互独立，所以

$$\frac{X_1-\mu}{\sigma},\frac{X_2-\mu}{\sigma},\cdots,\frac{X_n-\mu}{\sigma}$$

也相互独立．

于是由$\chi^2$分布的定义，有

$$\frac{1}{\sigma^2}\sum_{i=1}^{n}(X_i-\mu)^2 \sim \chi^2(n) .$$

（4）证明略．

（5）由结论（2），（4）知$\dfrac{\bar{X}-\mu}{\sigma/\sqrt{n}} \sim N\left(0,1\right)$，$\dfrac{(n-1)S^2}{\sigma^2} \sim \chi^2\left(n-1\right)$且两者相互独立．

根据 $t$ 分布的定义，有

$$\left(\frac{\bar{X}-\mu}{\sigma/\sqrt{n}}\right)\Bigg/\sqrt{\frac{(n-1)S^2}{(n-1)\sigma^2}}\sim t(n-1)$$

化简上式左边，即得

$$T=\frac{\bar{X}-\mu}{S/\sqrt{n}}\sim t(n-1) .$$

（6）此结论证明比较复杂，有兴趣的读者可以参考相关文献．

**例 5** 设正态总体 $X\sim N(\mu,\sigma^2)$，$X_1, X_2, \cdots, X_n$ 是来自总体 $X$ 的一个样本，问样本容量 $n$ 取多大才能使 $P\left(\frac{S^2}{\sigma^2}\leqslant 1.5\right)\geqslant 0.95$．

**解** $X\sim N(\mu,\sigma^2)$，样本容量为 $n$，则由定理 1 得

$$\frac{1}{\sigma^2}(n-1)S^2\sim\chi^2(n-1) ,$$

$$P\left(\frac{S^2}{\sigma^2}\leqslant 1.5\right)=P\left(\frac{1}{\sigma^2}(n-1)S^2\leqslant 1.5\times(n-1)\right)\geqslant 0.95,$$

即

$$P\left(\frac{1}{\sigma^2}(n-1)S^2>1.5\times(n-1)\right)<0.05 ,$$

由 $\chi^2$ 分布的上侧分位数，有

$$P\left(\frac{1}{\sigma^2}(n-1)S^2>\chi^2_{0.05}(n-1)\right)=0.05 ,$$

比较两式，结合 $\chi^2$ 分布概率密度的图形得

$$1.5\times(n-1)>\chi^2_{0.05}(n-1) ,$$

查 $\chi^2$ 分布表得 $n\geqslant 27$.

现在给出双正态总体统计量分布的相关结论．

**定理 2** 设 $X\sim N(\mu_1,{\sigma_1}^2)$ 与 $Y\sim N(\mu_2,{\sigma_2}^2)$ 是两个相互独立的正态总体，$X_1, X_2, \cdots, X_n$ 是来自正态总体 $X$ 的样本，$Y_1, Y_2, \cdots, Y_n$ 是来自正态总体 $Y$ 的样本，$\bar{X}$ 与 $\bar{Y}$ 分别是两个样本的样本均值，${S_1}^2$ 与 ${S_2}^2$ 分别是两个样本的样本方

差，记$S_w^2=\dfrac{(n_1-1)S_1^2+(n_2-1)S_2^2}{n_1+n_2-2}$，则有

（1）$Z=\bar{X}-\bar{Y}\sim N(\mu_1-\mu_2,\dfrac{\sigma_1^2}{n_1}+\dfrac{\sigma_2^2}{n_2})$ .

（2）$U=\dfrac{(\bar{X}-\bar{Y})-(\mu_1-\mu_2)}{\sqrt{\sigma_1^2/n_1+\sigma_2^2/n_2}}\sim N(0,1)$ .

（3）$F=\dfrac{S_1^{\ 2}/S_2^{\ 2}}{\sigma_1^{\ 2}/\sigma_2^{\ 2}}\sim F(n_1-1,n_2-1)$ .

（4）若$\sigma_1^{\ 2}=\sigma_2^{\ 2}=\sigma^2$，

$$T=\frac{(\bar{X}-\bar{Y})-(\mu_1-\mu_2)}{S_w\sqrt{1/n_1+1/n_2}}\sim t(n_1+n_2-2)\ .$$

定理证明略 .

本节所介绍的定理结论均是在已知总体为正态的这一基本假设下得到的 . 它们是数理统计的基础，在后面的参数估计和假设检验中起着重要的作用 .

## 习题 6.2

1. 设随机变量 $X, Y$ 均服从标准正态分布，则（　　）

A. $X+Y$ 服从正态分布　　　　B. $X^2+Y^2$ 服从 $\chi^2$ 分布

C. $X^2$, $Y^2$ 都服从 $\chi^2$ 分布　　　　D. $\dfrac{X^2}{Y^2}$ 服从 $F$ 分布

2. 设 $X_1, X_2, \cdots, X_{10}$ 是来自总体 $X\sim N(0, 1)$ 的简单随机样本，则统计量

$$T=\frac{1}{4}\left(\sum_{i=1}^{4}X_i\right)^2+\frac{1}{6}\left(\sum_{i=5}^{10}X_i\right)^2$$

服从的分布为（　　）

A. $N(0, 2)$　　B. $\chi^2(10)$　　C. $\chi^2(2)$　　D. $N(0, 10)$

3. 设随机变量 $X$ 服从正态分布，$E(X)=-1$, $E(X^2)=4$, $Y=\frac{1}{n}\sum_{i=1}^{n}X_i$，则 $Y$ 服从的分布为（　）

A. $N\left(-1,\frac{3}{n}\right)$　B. $N\left(-1,\frac{4}{n}\right)$　C. $N\left(-\frac{1}{n},4\right)$　D. $N\left(-\frac{1}{n},\frac{3}{n}\right)$

4. 设 $X_1, X_2, \cdots, X_{15}$ 是来自正态总体 $N(0, 2^2)$ 的一个简单随机样本，若

$$Y=\frac{X_1^{\ 2}+X_2^{\ 2}+\cdots+X_{10}^{\ 2}}{2\left(X_{11}^{\ 2}+X_{12}^{\ 2}+\cdots+X_{15}^{\ 2}\right)}$$

服从________分布，自由度为________.

5. 设 $X_1, X_2, \cdots, X_{15}$ 是来自总体 $X$ 的一个简单随机样本，$X\sim N(0, 9)$，统计量

$$U=\sum_{i=1}^{6}X_i^{\ 2},\ V=\sum_{i=10}^{15}X_i^{\ 2}.$$

若 $aU\sim\chi^2(n)$，则 $a=$________，$n=$________，$\frac{U}{V}$ 服从________，$\frac{\sqrt{6}X_8}{\sqrt{U}}$ 服从________.

6. 设 $\alpha=0.05$，求标准正态分布的水平 0.05 的上侧分位数和双侧分位数 .

7. 设 $X_1, X_2, \cdots, X_9$ 是来自正态总体 $N(0, 2^2)$ 的简单随机样本，若 $a, b, c$ 使 $Y=a\left(X_1+X_2\right)^2+b\left(X_3+X_4+X_5\right)^2+c\left(X_6+X_7+X_8+X_9\right)^2$ 服从 $\chi^2$ 分布，求 $a, b, c$ 的值及 $\chi^2$ 分布自由度 .

8. 设 $X_1, X_2, \cdots, X_{10}$ 是来自正态总体 $N(0, \sigma^2)$ 的一个简单随机样本，求下列统计量的分布 .

（1）$Y_1=\frac{7}{3}\frac{\left(X_1+X_2+X_3\right)^2}{X_4^{\ 2}+X_5^{\ 2}+\cdots+X_{10}^{\ 2}}$.

（2）$Y_2=\sqrt{\frac{7}{3}}\frac{X_1+X_2+X_3}{\sqrt{X_4^{\ 2}+X_5^{\ 2}+\cdots+X_{10}^{\ 2}}}$.

（3）$Y_3=\frac{7}{3}\frac{X_1^{\ 2}+X_2^{\ 2}+X_3^{\ 2}}{X_4^{\ 2}+X_5^{\ 2}+\cdots+X_{10}^{\ 2}}$.

9. 设总体 $X\sim N(0, 1)$，$X_1, X_2, \cdots, X_{16}$ 为来自总体 $X$ 的一个样本，设

$$Y=(\sum_{i=1}^{4}X_i)^2+(\sum_{i=5}^{8}X_i)^2+(\sum_{i=9}^{12}X_i)^2+(\sum_{i=13}^{16}X_i)^2.$$

问当 $C$ 取何值时 $CY$ 服从 $\chi^2$ 分布，并求 $E(CY)$ 和 $D(CY)$.

10. 设样本 $X_1, X_2, \cdots, X_7$ 来自总体 $X \sim N(0, 0.5^2)$ 的简单随机样本，求 $P\left\{\sum_{i=1}^{7}X_i^2>4\right\}$.

11. 设随机变量 $X$ 和 $Y$ 相互独立且都服从正态分布 $N(0, 3^2)$，而 $X_1, X_2, \cdots, X_9$ 和 $Y_1, Y_2, \cdots, Y_9$ 分别是来自总体 $X$ 和 $Y$ 的简单随机样本，则统计量 $U=\dfrac{X_1+\cdots+X_9}{\sqrt{Y_1^2+\cdots+Y_9^2}}$ 服从什么分布？

12. 设 $X_1, X_2, \cdots, X_{16}$ 及 $Y_1, Y_2, \cdots, Y_{25}$ 分别是取自两个独立总体 $N(0,16)$ 及 $N(1,9)$ 的样本，以 $\bar{X}$ 和 $\bar{Y}$ 分别表示两个样本均值，求 $P\left\{\left|\bar{X}-\bar{Y}\right|>1\right\}$.

## 思政园地

在第二次世界大战期间，美国陆军航空队和英国皇家空军一起对德国进行战略轰炸．但在早期，每次执行任务战损率都很高．为此，美国陆军航空队采取种种措施，希望减少损失．

其中有一条措施就是请国内派统计专家来前线，看看能不能通过统计手段降低战损率．一位统计学专家很快来到前线基地．他在各个部队走访了一圈，然后让配合他工作的军士去制作了陆军航空队所用的 Bl7，B24 等轰炸机大尺寸模型．在接下来的时间里，只要有执行任务的轰炸机部队返航，统计学家和他的军士就在第一时间去机场，详细地记录下每一架飞机的损伤情况，随后在模型上用墨汁将所有被击中的部位涂黑．结果，不到两个月时间，统计学家面前的轰炸机模型上，除了几个很小的区域还是机身原来的颜色以外，其他全被涂黑了．很多地方显然是被反复涂过多次，墨汁都已经像油漆一样凝结成厚厚的一层．

统计学家将这些飞机模型带到了陆军航空队司令的办公室．在场的还有各个轰炸机生产厂家的代表．在部队司令的面前，统计学家指着模型，先是解释了一下机身被涂黑意味着什么，接着提出了他的建议："请让厂家将轰炸机上这些没有被涂成黑色的部位，尽快增加装甲．"几个厂商代表马上发出了疑问："为什么是这些没有被击中的地方？难道那些被击中次数最多的部位不需要增加装甲吗？"统计学家摇了摇头，解释道："这些部位之所以没有被涂黑，不是因为那里不会被击中，而是因为所有被击中这些部位的飞机，最终都没有返回基地．"陆军航空队司令非常赞同统计学家的观点，并立刻下令让各个厂家给轰炸机的相应部位增加防护措施．

在采取统计学家的建议后，轰炸机部队在执行任务时的战损率果然有了明显的下降．

这个真实的故事能够带给我们什么启示呢？可能每一个人对此都有不同的理解．在我看来，这位统计学家在分析问题的时候，能够做到不被表面现象所迷惑，在使用数据之前首先考虑到了数据的代表性问题，进而得到了正确的统计分析结果．

在我们的工作中，也会接触到大量的统计数据，我们在分析这些数据的时候，有没有想过这些数据与我们所期望的是否吻合，是否存在影响数据结果的未考虑到的因素呢？我们在使用数据的时候，不妨将眼界放宽一些，这样更有助于我们得到正确的结论．

# 本章小结

## ◆ 本章知识要点

总体　样本　简单随机样本　样本的联合概率分布与概率密度

统计量　常用的统计量（样本均值、样本方差）抽样分布　分位数

$\chi^2$ 分布　$t$ 分布　$F$ 分布

## ◆ 本章常用结论

### 1. 关于样本 $X_1, X_2, \cdots, X_n$ 的联合概率分布与概率密度

（1）若 $X$ 是离散型随机变量，具有概率分布 $P\{X=x_i\}=p(x_i)$，则样本的联合概率分布为

$$P\{X_1=x_1, X_2=x_2, \cdots, X_n=x_n\}=\prod_{i=1}^{n} P\{X_i=x_i\}=\prod_{i=1}^{n} p(x_i) .$$

（2）若 $X$ 是连续型随机变量，具有概率密度 $f(x)$，则样本的联合概率密度为

$$f(x_1, x_2, \cdots, x_n)=\prod_{i=1}^{n} f(x_i) .$$

### 2. 常用的统计量

表 6–1　常用的统计量

| 统计量 | 定义（表达式） | 观察值 |
| --- | --- | --- |
| 样本均值 | $\bar{X}=\frac{1}{n}\sum_{i=1}^{n} X_i$ | $\bar{x}=\frac{1}{n}\sum_{i=1}^{n} x_i$ |
| 样本方差 | $S^2=\frac{1}{n-1}\sum_{i=1}^{n}(X_i-\bar{X})^2=\frac{1}{n-1}(\sum_{i=1}^{n} X_i^2-n\bar{X}^2)$ | $s^2=\frac{1}{n-1}\sum_{i=1}^{n}(x_i-\bar{x})^2=\frac{1}{n-1}(\sum_{i=1}^{n} x_i^2-n\bar{x}^2)$ |

续表

| 统计量 | 定义（表达式） | 观察值 |
|---|---|---|
| 样本标准差 | $S=\sqrt{S^2}=\sqrt{\frac{1}{n-1}\sum_{i=1}^{n}(X_i-\overline{X})^2}$ | $s=\sqrt{s^2}=\sqrt{\frac{1}{n-1}\sum_{i=1}^{n}(x_i-\overline{x})^2}$ |
| 样本 $k$ 阶原点矩 | $A_k=\frac{1}{n}\sum_{i=1}^{n}X_i^k\quad(k=1,2,\cdots)$ | $a_k=\frac{1}{n}\sum_{i=1}^{n}x_i^k\quad(k=1,2,\cdots)$ |
| 样本 $k$ 阶中心矩 | $B_k=\frac{1}{n}\sum_{i=1}^{n}(X_i-\overline{X})^k\quad(k=2,3,\cdots)$ | $b_k=\frac{1}{n}\sum_{i=1}^{n}(x_i-\overline{x})^k\quad(k=2,3,\cdots)$ |

### 3. 常用的统计分布

（1）$\chi^2$分布.

$\chi^2(n)$分布的概率密度函数为

$$f(x)=\begin{cases}\dfrac{1}{2^{n/2}\Gamma(n/2)}x^{\frac{n}{2}-1}\mathrm{e}^{-\frac{x}{2}}, & x>0\\ 0, & x\leqslant 0\end{cases}.$$

（2）$t$分布.

$t(n)$分布的概率密度函数为

$$f(t)=\frac{\Gamma\left[(n+1)/2\right]}{\sqrt{\pi n}\Gamma(n/2)}\left(1+\frac{t^2}{n}\right)^{-\frac{n+1}{2}},\ -\infty<t<+\infty .$$

（3）$F$分布.

$F(n_1,n_2)$分布的概率密度为

$$f(x)=\begin{cases}\dfrac{\Gamma\left[(n_1+n_2)/2\right]}{\Gamma(n_1/2)\Gamma(n_2/2)}\left(\dfrac{n_1}{n_2}\right)\left(\dfrac{n_1}{n_2}x\right)^{\frac{n_1}{2}-1}\left(1+\dfrac{n_1}{n_2}x\right)^{-\frac{1}{2}(n_1+n_2)}, & x>0\\ 0, & x\leqslant 0\end{cases}.$$

### 4. 关于统计量的重要结论［单正态总体情形，$X\sim N(0,\sigma^2)$］

（1）$E(\overline{X})=E(X)$.

（2）$D(\overline{X})=\frac{1}{n}D(X)$.

（3）$\bar{X} \sim N(\mu, \sigma^2/n)$ .

（4）$\dfrac{\bar{X}-\mu}{\sigma/\sqrt{n}} \sim N(0,1)$ .

（5）$\chi^2 = \dfrac{1}{\sigma^2}\sum_{i=1}^{n}(X_i-\mu)^2 \sim \chi^2(n)$ .

（6）$\chi^2 = \dfrac{1}{\sigma^2}(n-1)S^2 = \dfrac{1}{\sigma^2}\sum_{i=1}^{n}(X_i-\bar{X})^2 \sim \chi^2(n-1)$ .

（7）$T = \dfrac{\bar{X}-\mu}{S/\sqrt{n}} \sim t(n-1)$ .

# 总习题六

1. 设 $X_1, X_2, \cdots, X_n$ 是来自标准正态总体 $N(0, 1)$ 的简单随机样本，$\bar{X}$ 为样本均值，$S^2$ 为样本方差，则（　）

A. $n\bar{X} \sim N(0,1)$　　B. $nS^2 \sim \chi^2(n)$

C. $\dfrac{(n-1)\bar{X}}{S} \sim t(n-1)$　　D. $\dfrac{(n-1)X_1^2}{\sum\limits_{i=2}^{n} X_i^2} \sim F(1,n-1)$

2. 设 $X_1, X_2, \cdots, X_n$（$n \geqslant 2$）是来自正态总体 $N(\mu, 1)$ 的简单随机样本，若 $\bar{X} = \dfrac{1}{n}\sum\limits_{i=1}^{n} X_i$,则下列不正确的是（　）

A. $\sum\limits_{i=1}^{n}(X_i-\mu)^2$ 服从 $\chi^2$ 分布　　B. $2(X_n-X_1)^2$ 服从 $\chi^2$ 分布

C. $\sum\limits_{i=1}^{n}(X_i-\bar{X})^2$ 服从 $\chi^2$ 分布　　D. $n(\bar{X}-\mu)^2$ 服从 $\chi^2$ 分布

3. 设 $X_1, X_2, \cdots, X_n$ 是来自正态总体 $X \sim N(0,\sigma^2)$ 的简单随机样本，$\bar{X} = \dfrac{1}{n}\sum\limits_{i=1}^{n} X_i$，$S_1^2 = \sum\limits_{i=1}^{n}(X_i-\bar{X})^2$，则下列选项服从 $t(n-1)$ 分布的统计量为（　）

A. $\dfrac{\sqrt{n}\bar{X}}{\sqrt{n-1}S_1}$　　B. $\dfrac{\sqrt{n-1}\bar{X}}{\sqrt{n}S_1}$

C. $\dfrac{\sqrt{n(n-1)}\bar{X}}{S_1}$　　D. $\dfrac{\bar{X}}{\sqrt{n(n-1)}S_1}$

4. 设总体 $X \sim N(0,4^2)$，$X_1, X_2, \cdots, X_n$ 是来自总体的一个样本，则

$Y = \dfrac{\sum\limits_{i=1}^{10} X_i^2}{16} \sim$ ________，$Z = \dfrac{3X_{20}}{\sqrt{\sum\limits_{i=1}^{9} X_i^2}} \sim$ ________，$W = \dfrac{\sum\limits_{i=1}^{15} X_i^2}{3\sum\limits_{i=26}^{30} X_i^2} \sim$ ________.

5. 设 $X_1, X_2, \cdots, X_{100}$ 是来自总体 $X$ 的一个简单随机样本，$X \sim N(0, 9)$，统计量 $U=\sum_{i=1}^{25} X_i^2, V=\sum_{i=61}^{69} X_i^2$，若 $aU \sim \chi^2(m)$，则 $m=$________，$\alpha=$________，$\frac{\beta U}{V} \sim F(p,q)$，则 $\beta=$________，$\frac{\omega X_{99}}{\sqrt{V}} \sim t(9)$，则 $\omega=$________.

6. 设总体 $X$ 服从参数为 $\lambda$ 的泊松分布，$X_1, X_2, \cdots, X_n$ 为一个样本，求 $E(\bar{X})$ 和 $D(\bar{X})$ .

7. 设总体 $X \sim N(\mu, 5^2)$，从总体中抽取一个容量为 16 的样本，求 $|\bar{X}-\mu|<2$ 的概率 .

8. 设样本 $X_1, X_2, \cdots, X_7$ 是来自总体 $X \sim N(0, 2^2)$ 的简单随机样本，且

$$Y=a(X_1-2X_2)^2+b(3X_3-4X_4)^2,$$

则 $a$，$b$ 分别为何值时，统计量 $Y$ 服从 $\chi^2$ 分布，其自由度是多少?

9. 设 $X_1, X_2$ 是来自总体 $N(0, \sigma^2)$ 的简单随机样本，试求 $Y=\left(\frac{X_1+X_2}{X_1-X_2}\right)^2$ 的分布 .

10. 设样本 $X_1, X_2, X_3, X_4$ 是来自总体 $X \sim N(0, \sigma^2)$ 的简单随机样本，问

（1）$V=\frac{X_1-X_2}{\sqrt{X_3^2+X_4^2}}$ 服从何种分布?

（2）$T=\frac{X_1-X_2}{|X_1+X_2|}$ 服从何种分布?

11. 设样本 $X_1, X_2, \cdots, X_5$ 是来自总体 $N(0, \sigma^2)$ 的简单随机样本，若 $\frac{a(X_1+X_2)}{\sqrt{X_3^2+X_4^2+X_5^2}}$ 服从 $t$ 分布，求 $a$ 的值 .

12. 设 $X_1, X_2, \cdots, X_{16}$ 是来自总体 $N(\mu, 2^2)$ 的简单随机样本，记 $T=\sum_{i=1}^{n}(X_i-\bar{X})^2$，求统计量 $U=\frac{4\sqrt{15}(\bar{X}-\mu)}{\sqrt{T}}$ 的分布 .

13. 设总体 $X \sim N(0, 1)$，$X_1, X_2, \cdots, X_n$ 为总体的一个样本，试求下列统计量各服从什么分布?

（1）$\dfrac{(n/6-1)\sum\limits_{i=1}^{6}X_i^2}{\sum\limits_{i=7}^{n}X_i^2}$；　（2）$\dfrac{X_1-X_2}{\sqrt{X_3^2+X_4^2}}$；　（3）$\dfrac{\sqrt{n-1}X_1}{\sqrt{X_2^2+X_3^2+\cdots X_n^2}}$ .

14. 求总体 $N(20,3)$ 的容量分别为 10 和 15 的两独立样本均值差大于 0.3 的概率 .

15. 从正态总体 $N(0,\ 2^2)$ 中抽取随机样本 $X_1, X_2, \cdots, X_8$，求 $\sum\limits_{i=1}^{8}X_i^2$ 不小于 40 的概率 .

16. 设在总体 $X\sim N(\mu,\sigma^2)$ 中抽取一个容量为 16 的样本，这里 $\mu,\sigma^2$ 均为未知 .

（1）求 $P\left\{\dfrac{S^2}{\sigma^2}\leqslant 2.041\right\}$，其中 $S^2$ 为样本方差；（2）求 $D(S^2)$.

17. 设 $X_1, X_2, \cdots, X_n$ 及 $Y_1, Y_2, \cdots, Y_n$ 分别取自总体 $X\sim N(\mu_1,\ a^2)$ 及 $Y\sim N(\mu_2,\ a^2)$ 且相互独立，则下列统计量各服从什么分布？

（1）$\dfrac{(n-1)\left(S_1^2+S_2^2\right)}{\sigma^2}$；（2）$\dfrac{n\left[\left(\bar{X}-\bar{Y}\right)-\left(\mu_1-\mu_2\right)\right]^2}{S_1^2+S_2^2}$ .

18. 从一正态总体中抽取容量为 10 的样本，设样本均值和总体均值之差的绝对值在 4 以上的概率为 0.02，求总体的标准差 .

19. 假设随机变量 $F$ 服从分布 $F(10, 5)$，求 $\lambda$ 的值，使其满足 $P\{F\geqslant\lambda\}=0.95$ .

# 第七章

# 参数估计

数理统计的基本问题就是根据样本所提供的信息，对总体的分布或分布中的未知参数等进行统计推断．统计推断的基本问题可以分为两大类：一类是参数估计，另一类是假设检验．本章我们讨论参数估计的相关内容．

第二次世界大战期间，盟军很想知道德军总共制造了多少辆坦克．德国人长于逻辑思维而乏于机变，在给坦克编号时非常刻板，他们把坦克从 1 开始按序编号．战争之中，盟军缴获了一些德军坦克，并记录下了他们的生产编号．这些编号对于了解德军的坦克总量有用吗？在统计学家眼里，这些编号组成了一个样本，可由此去估计总的坦克数量．

制造出来的坦克数肯定不小于记录中的最大编号，为了推测坦克的数量比缴获坦克中的最大编号大多少，可以先计算已知编号的平均值和方差，并把这个平均值视为全部编号的中点．因此，样本均值乘以 2 就是坦克总数的一个估计，当然，这里必须存在一个假设：缴获的坦克代表了所有坦克的一个随机样本．使用这种方法估计，有可能出现一个荒谬的结果：作为全部坦克数量估计值的样本均值的 2 倍居然小于样本中的最大值．另一种估计方法是用观测到的最大编号乘以 $\left(1+\dfrac{1}{n}\right)$，如果缴获坦克数量 $n$ 为 10，其中最大编号为 50，那么坦克总数的一个估计是 $50\times\left(1+\dfrac{1}{10}\right)=55$．

从战后发现的德军记录来看，盟军的估计值非常接近于德军生产坦克的实际值．记录还表明统计估计比其他情报方式所做的估计要大大接近于真实数目．统计学家做得比间谍们更漂亮！

## 第一节　点估计

在我们处理许多实际问题时，总体的概率分布类型是已知的，但其中一个或多个参数未知．例如，某种型号的电子产品的使用寿命服从指数分布，但参数 $\lambda$ 是未知的；某班学生的成绩服从正态分布，但均值 $\mu$、方差 $\sigma^2$ 未知．如何利用总体 $X$ 的样本 $X_1, X_2, \cdots, X_n$ 估计未知参数，就是我们这章要讨论的参数估计问题．

参数估计分为两类，一类是点估计，它的主要思想是用一个估计量 $\hat{\theta}$ 作为未知参数 $\theta$ 的估计值．另一类是区间估计，它的基本思路是用两个估计量 $\hat{\theta}_1, \hat{\theta}_2$ 来估计未知参数 $\theta$ 的范围，并要以较大的概率保证 $\theta$ 位于 $\hat{\theta}_1$ 与 $\hat{\theta}_2$ 之间．

### 一、点估计的概念

先看一个例子．

**例 1**　从某机床生产出来的一批零件中随机抽取 10 只，测得其长度（单位：cm）为

$$12.03 \quad 12.25 \quad 11.95 \quad 12.10 \quad 12.05$$
$$11.92 \quad 12.08 \quad 12.09 \quad 11.90 \quad 12.12$$

试求这批零件的长度均值的估计值．

**解**　由于估计的是总体均值，一个很自然的想法就是用样本均值来估计总体的均值 $E(X)$.

$$\begin{aligned}\bar{X} &= \frac{X_1 + X_2 + \cdots + X_n}{n} \\ &= \frac{12.03+12.25+11.95+12.10+12.05+11.92+12.08+12.09+11.90+12.12}{10} \\ &= 12.05,\end{aligned}$$

故总体长度均值的估计值为 12.05.

类似地，我们也可以用适当的统计量去求这批零件的方差的估计值．

点估计问题的一般提法如下：

设总体 $X$ 的分布函数 $F(x, \theta)$ 已知，但它的一个或多个参数为未知，$\theta$ 表示未知参数，$X_1, X_2, \cdots, X_n$ 是总体 $X$ 的一个样本，$x_1, x_2, \cdots, x_n$ 为相应

的一个观察值，点估计问题就是要构造一个适当的统计量 $\hat{\theta}(X_1,X_2,\cdots,X_n)$，用它的观察值去估计未知参数 $\theta$ 的值．$\hat{\theta}(X_1,X_2,\cdots,X_n)$ 称为 $\theta$ 的点估计量，其观测值 $\hat{\theta}(x_1,x_2,\cdots,x_n)$ 称为 $\theta$ 的点估计值．

本节我们介绍两种常用的点估计方法：矩估计法和极大似然估计法．

## 二、矩估计法

估计总体分布中的未知参数 $\theta$，很简单易行的方法就是用样本矩作为总体矩的估计量，这就是**矩估计法**的基本思想．求矩估计量不需要事先知道总体的分布，而且计算相对简单．

设总体 $X$ 的分布函数为 $F(x;\theta_1,\theta_2,\cdots,\theta_k)$，其中 $\theta_1,\theta_2,\cdots,\theta_k$ 为未知参数，且 $X$ 的前 $k$ 阶原点矩存在，矩估计求未知参数的方法如下．

（1）求出总体的前 $k$ 阶原点矩：

$$E\left(X^j\right),\quad j=1,2,\cdots,k\ .$$

注意，$E(X^j)$ 中包含未知参数 $\theta_1,\theta_2,\cdots,\theta_k$.

（2）建立如下方程组：

$$\begin{cases} A_1=\dfrac{1}{n}\sum\limits_{i=1}^{n}X_i=E\left(X\right), \\ A_2=\dfrac{1}{n}\sum\limits_{i=1}^{n}X_i^2=E\left(X^2\right), \\ \cdots\cdots \\ A_k=\dfrac{1}{n}\sum\limits_{i=1}^{n}X_i^k=E\left(X^k\right), \end{cases}$$

这是一个含 $k$ 个方程、$k$ 个未知量的方程组．

（3）解关于 $\theta_1,\theta_2,\cdots,\theta_k$ 的方程组，得到参数的矩估计量：

$$\begin{cases} \hat{\theta}_1=\hat{\theta}_1\left(X_1,X_2,\cdots,X_n\right) \\ \hat{\theta}_2=\hat{\theta}_2\left(X_1,X_2,\cdots,X_n\right) \\ \cdots\cdots \\ \hat{\theta}_k=\hat{\theta}_k\left(X_1,X_2,\cdots,X_n\right) \end{cases}.$$

（4）由样本值 $x_1,x_2,\cdots,x_n$，算得 $\hat{\theta}_i$ 的观测值作为 $\theta_i$ 的矩估计值．

这种求未知参数点估计的方法叫作**矩估计**（Moment Estimation），矩估计求得的估计量叫作**矩估计量**，对应的观测值叫作**矩估计值**.

**例 2** 设总体的概率密度为

$$f(x;\theta)=\begin{cases}\dfrac{1}{\theta}, & 0\leqslant x\leqslant\theta\\ 0, & \text{其他}\end{cases},$$

求未知参数 $\theta$ 的矩估计量.

**解** 计算总体均值

$$E(X)=\int_0^{\theta}x\cdot\frac{1}{\theta}\mathrm{d}x=\frac{\theta}{2},$$

按矩估计法，用样本均值代替总体均值，所以有

$$\frac{\theta}{2}=\bar{X},$$

即

$$\hat{\theta}=2\bar{X}=\frac{2}{n}\sum_{i=1}^{n}X_i.$$

**小练 1** 设总体的概率密度为

$$f(x;\theta)=\begin{cases}\dfrac{2}{\theta^2}(\theta-x), & 0\leqslant x\leqslant\theta\\ 0, & \text{其他}\end{cases},$$

求未知参数 $\theta$ 的矩估计量.

**例 3** 设总体 $X$ 的概率分布为

| $X$ | 0 | 1 | 2 | 3 |
|---|---|---|---|---|
| $p$ | $\theta^2$ | $2\theta(1-\theta)$ | $\theta^2$ | $1-2\theta$ |

其中 $\theta$ $\left(0<\theta<\dfrac{1}{2}\right)$ 是未知参数，利用总体 $X$ 的样本值 3, 1, 3, 0, 3, 1, 2, 3，求 $\theta$ 的矩估计值.

**解** 计算总体均值

$$E(X)=0\times\theta^2+1\times2\theta(1-\theta)+2\times\theta^2+3\times(1-2\theta)=3-4\theta.$$

按矩估计法，用样本均值代替总体均值，所以有

$$3-4\theta=\bar{X},$$

即 $\theta$ 的矩估计量为

$$\hat{\theta}=\frac{1}{4}\left(3-\bar{X}\right).$$

由所给样本值得

$$\bar{x}=\frac{1}{8}\sum_{i=1}^{8}x_i=\frac{1}{8}\left(3+1+3+0+3+1+2+3\right)=2,$$

故 $\theta$ 的矩估计值为

$$\hat{\theta}=\frac{1}{4}\left(3-2\right)=\frac{1}{4}.$$

**小练 2**　设总体 $X$ 的概率分布为

| $X$ | 1 | 2 | 3 |
|---|---|---|---|
| $p$ | $\theta^2$ | $2\theta(1-\theta)$ | $(1-\theta)^2$ |

其中 $\theta$ 是未知参数．已知取得样本值：$x_1=1,\ x_2=2,\ x_3=1,\ x_4=3,\ x_5=3$，求参数 $\theta$ 的矩估计值．

**例 4**　设总体 $X$ 的均值 $\mu$ 及方差 $\sigma^2$ 都存在，但 $\mu$，$\sigma^2$ 均未知，$X_1,X_2,\cdots,X_n$ 是取自 $X$ 的样本，试求 $\mu$，$\sigma^2$ 的矩估计量．

**解**　因为有两个未知参数 $\mu$ 和 $\sigma^2$，所以需要计算总体的前两阶原点矩．

$$\begin{cases}E(X)=\mu\\ E(X^2)=D(X)+[E(X)]^2=\sigma^2+\mu^2\end{cases},$$

令 $\begin{cases}\mu=A_1=\bar{X}\\ \sigma^2+\mu^2=A_2\end{cases},$

解得 $\mu$，$\sigma^2$ 的矩估计量

$$\begin{cases}\hat{\mu}=\bar{X}=\dfrac{1}{n}\sum\limits_{i=1}^{n}X_i\\ \hat{\sigma}^2=B_2=\dfrac{1}{n}\sum\limits_{i=1}^{n}(X_i-\bar{X})^2\end{cases}.$$

这个例子的结果表明：无论何种总体，只要总体的均值 $\mu$ 和方差 $\sigma^2$ 存在，则其均值与方差的矩估计量的表达式相同：$\hat{\mu}=\bar{X}$，$\hat{\sigma}^2=B_2$，即样本均值$\bar{X}$是总体均值 $\mu$ 的矩估计量，样本的二阶中心矩 $B_2$ 是总体方差 $\sigma^2$ 的矩估计量．

矩估计法直观、简便，特别是在估计总体均值和方差时不需要知道总体的分布．但是，此方法也有不足之处．首先，它要求总体各阶原点矩都存在，这个条件有时过于苛刻；其次，它常常没有用到总体分布函数所提供的信息，其结果的精确度很难得到保证．

## 三、极大似然估计法

假设有甲、乙两支足球队要进行比赛，某老汉很认真地看了这两支足球队的相关资料，并作了细致的分析，得出了甲队战胜乙队的概率为 $p$. 但是，在第二天被朋友问及此事时，该老汉一时犯昏把数字给记混了．他只知道甲队战胜乙队的概率 $p$ 只可能取 0，0.1，0.3，0.5，0.75，0.9 几个值，但一点儿也记不清到底哪个数字才是真实的．也就是说，在这个时候，这五个数字没有哪一个看上去更像是真实的 $p$. 于是他打开手机查找资料，发现与这两支足球队有关的资料只有一条，就是他们在某日的比赛中以平局收场．

看完这条资料以后，老汉再来看以上这六个数字时，发现 0.5“看起来最像”，因为用 0.5 来解释刚才看到的资料最有说服力．

如果老汉看到的资料中说甲队在某日的比赛中战胜了乙队，那么此时 0.9 将是“看起来最像”的．

“看起来最像”在数学上的含义是什么呢?

设所要估计的总体参数为 $\theta$. 我们可以把样本数据 $x$ 视为“结果”，而参数 $\theta$ 视为“原因”．很显然，根据不同的 $\theta$ 值计算出来的出现样本数据 $x$ 的概率是不一样的，一种直观的想法就是，哪个 $\theta$ 值使得“结果”数据 $x$ 出现的概率最大，哪个 $\theta$ 值就是使这个“结果”出现的“原因”．因此，就用这个值作为未知参数的估计值．

在数学上，我们首先要计算样本数据 $x$ 出现的概率，很显然这个概率是 $\theta$ 的函数，然后再求出使得这个函数达到最大值的 $\theta$ 值，这个值就是 $\theta$ 的极大似然估计值．

在总体分布类型已知的条件下，极大似然估计法是一种极其重要的点估计方法．这种方法的思想来源于一条简单直观的原理：概率最大的事件最有可能发生．一个随机试验有若干种可能结果 $A, B, C, \cdots$，若在一次试验中结果 $A$ 出现，则一般认为 $A$ 出现的概率最大．例如，袋中有黑球和红球共 100 个，已知某一种颜色的球只有一个．从袋中任取一球，发现是红球，则一般会猜测 100 个球中有 99 个红球和 1 个黑球．这种推测的合理性蕴含了极大似然估计的思想．

下面我们对离散型总体和连续型总体分别进行讨论．

（1）离散型总体的情形：

设总体 $X$ 为离散型随机变量，其概率分布为 $P\{X=x\}=p(x;\theta)$，$\theta$ 为未知参数．设 $X_1, X_2, \cdots, X_n$ 是来自总体 $X$ 的样本，那么 $X_1, X_2, \cdots, X_n$ 的联合分布律为

$$P\{X_1=x_1, X_2=x_2, \cdots, X_n=x_n\}=\prod_{i=1}^{n} p(x_i;\theta) .$$

当样本值 $x_1, x_2, \cdots, x_n$ 给定时，此联合分布律可看成关于 $\theta$ 的函数，我们将其记为 $L(\theta)$，即

$$L(\theta)=L(x_1, x_2, \cdots, x_n;\theta)=\prod_{i=1}^{n} p(x_i;\theta) ,$$

称为**似然函数**．显然，似然函数 $L(\theta)$ 的值的大小表示样本值 $x_1, x_2, \cdots, x_n$ 出现的可能性的大小，现已取得了样本值 $x_1, x_2, \cdots, x_n$，那么我们有理由认为样本值为 $x_1, x_2, \cdots, x_n$ 时似然函数的值应该最大，所以我们选择使 $L(\theta)$ 达到最大值的 $\hat{\theta}$ 作为未知参数 $\theta$ 的估计值．

（2）连续型总体的情形：

设总体 $X$ 为连续型随机变量，其概率密度 $f(x, \theta)$ 的形式已知，$\theta$ 为未知参数．设 $X_1, X_2, \cdots, X_n$ 是来自总体 $X$ 的样本，则 $X_1, X_2, \cdots, X_n$ 的联合密度为

$$\prod_{i=1}^{n} f(x_i;\theta) .$$

类似于离散型情形的讨论，我们可以定义似然函数为

$$L(\theta)=L(x_1,x_2,\cdots,x_n;\theta)=\prod_{i=1}^{n}f(x_i;\theta)\ .$$

其中，$x_1, x_2, \cdots, x_n$ 是相应于样本 $X_1, X_2, \cdots, X_n$ 的一个样本值．同样，当样本值 $x_1, x_2, \cdots, x_n$ 给定时，我们选择使 $L(\theta)$ 达到最大值的 $\hat{\theta}$ 作为未知参数 $\theta$ 的估计值．

综上所述，无论总体是离散型还是连续型，对于固定的样本观察值 $x_1, x_2, \cdots, x_n$，我们都选择使似然函数 $L(\theta)$ 取得最大值的参数值 $\hat{\theta}$ 作为参数 $\theta$ 的估计量，这种方法就叫作**极大似然估计法**．显然，用这种方法得到的估计量 $\hat{\theta}$ 与样本值 $x_1, x_2, \cdots, x_n$ 有关，$\hat{\theta}(x_1,x_2,\cdots,x_n)$ 称为参数 $\theta$ 的**极大似然估计值**，而相应的统计量 $\hat{\theta}(X_1,X_2,\cdots,X_n)$ 称为参数 $\theta$ 的**极大似然估计量**．

由似然函数的定义形式可以看出，确定似然估计量的问题可归结为求似然函数最大值的问题．由于 $\ln x$ 是 $x$ 的增函数，所以 $\ln L(\theta)$ 与 $L(\theta)$ 在同一值处达到最大值，再运用微积分中的求最大值的方法，可将极大似然估计法的一般步骤总结如下：

（1）写出样本的似然函数 $L(\theta)=L(x_1,x_2,\cdots,x_n;\theta)$ ．

（2）取对数计算 $\ln L(\theta)$（如果需要的话）．

（3）求 $\ln L(\theta)$ 的导数，令 $\dfrac{\mathrm{d}\ln L(\theta)}{\mathrm{d}\theta}=0$，求出驻点．

（4）判断并求出最大值点，将样本值代入即得参数的极大似然估计值．

**例 5**　设 $X\sim b(1,p)$，$X_1, X_2, \cdots, X_n$ 是取自总体 $X$ 的一个样本，试求参数 $p$ 的极大似然估计．

**解**　设 $x_1, x_2, \cdots, x_n$ 是 $X_1, X_2, \cdots, X_n$ 的一个样本值，$X$ 的分布律为

$$P\{X=x\}=p^x(1-p)^{1-x},\ \ x=0,1,$$

故似然函数为

$$L(p)=\prod_{i=1}^{n}p\{X=x_i\}=p^{\sum\limits_{i=1}^{n}x_i}(1-p)^{n-\sum\limits_{i=1}^{n}x_i},$$

$$\ln L(p)=\left(\sum_{i=1}^{n}x_i\right)\ln p+\left(n-\sum_{i=1}^{n}x_i\right)\ln(1-p),$$

$$令\frac{\mathrm{d}}{\mathrm{d}p}\ln L(p)=\frac{\sum_{i=1}^{n}x_i}{p}-\frac{n-\sum_{i=1}^{n}x_i}{(1-p)}=0,$$

解得 $p$ 的极大似然估计值为

$$\hat{p}=\frac{1}{n}\sum_{i=1}^{n}x_i=\bar{x},$$

从而 $p$ 的极大似然估计量为

$$\hat{p}=\frac{1}{n}\sum_{i=1}^{n}X_i=\bar{X}.$$

**例 6**　设总体 $X$ 服从指数分布，其概率密度函数为

$$f(x;\lambda)=\begin{cases}\lambda \mathrm{e}^{-\lambda x}, & x>0\\ 0, & x\leqslant 0\end{cases},$$

其中 $\lambda>0$，是未知参数．$x_1, x_2, \cdots, x_n$ 是来自总体 $X$ 的样本观察值，求参数 $\lambda$ 的极大似然估计值．

**解**　构造似然函数为

$$L(x_1,x_2,\cdots,x_n;\lambda)=\begin{cases}\lambda^n \mathrm{e}^{-\lambda\sum_{i=1}^{n}x_i}, & x_i>0\\ 0, & 其他\end{cases}.$$

显然 $L(x_1,x_2,\cdots x_n;\lambda)$ 的最大值点一定是 $L_1(x_1,x_2,\cdots,x_n;\lambda)=\lambda^n \mathrm{e}^{-\lambda\sum_{i=1}^{n}x_i}$ 的最大值点，对其取对数得

$$\ln L_1(x_1,x_2,\cdots,x_n;\lambda)=n\ln\lambda-\lambda\sum_{i=1}^{n}x_i,$$

$$令\frac{\mathrm{d}}{\mathrm{d}\lambda}\ln L_1(x_1,x_2,\cdots,x_n;\lambda)=\frac{n}{\lambda}-\sum_{i=1}^{n}x_i=0,$$

可得参数 $\lambda$ 的极大似然估计值为

$$\hat{\lambda}=\frac{n}{\sum_{i=1}^{n}x_i}=\frac{1}{\bar{x}}.$$

**小练 3** 设总体 $X$ 的概率密度为

$$f(x;\lambda)=\begin{cases}\lambda x^{\lambda-1}, & 0<x<1\\ 0, & \text{其他}\end{cases},$$

其中 $\lambda$ 是未知参数．$X_1, X_2, \cdots, X_n$ 是取自总体 $X$ 的一个样本，求参数 $\lambda$ 的极大似然估计值．

**例 7** 设总体 $X$ 的概率分布为

| $X$ | 1 | 2 | 3 |
|---|---|---|---|
| $p$ | $\theta^2$ | $2\theta(1-\theta)$ | $(1-\theta)^2$ |

其中 $\theta$ $\left(0<\theta<\frac{1}{2}\right)$ 是未知参数，利用总体 $X$ 的样本值 3，1，3，0，3，1，2，3，求 $\theta$ 的极大似然估计值．

**解** 前面已经求过 $\theta$ 的矩估计值，现在我们用极大似然估计法求 $\theta$ 的估计值．构造似然函数为

$$L(\theta)=\prod_{i=1}^{8}P\{X=X_i\}=P\{X=0\}\cdot\left[P\{X=1\}\right]^2\cdot P\{X=2\}\cdot\left[P\{X=3\}\right]^4$$

$$=\theta^2\cdot\left[2\theta(1-\theta)\right]^2\cdot\theta^2\cdot(1-2\theta)^4=4\theta^6(1-\theta)^2(1-2\theta)^4\quad\left(0<\theta<\frac{1}{2}\right).$$

对其取对数得

$$\ln L(\theta)=\ln 4+6\ln\theta+2\ln(1-\theta)+4\ln(1-2\theta),$$

$$\text{令}\ \frac{\mathrm{d}}{\mathrm{d}\theta}\ln L(\theta)=\frac{6}{\theta}-\frac{2}{1-\theta}-\frac{8}{1-2\theta}=\frac{2\left(12\theta^2-14\theta+3\right)}{\theta(1-\theta)(1-2\theta)}=0,$$

得 $\theta=\frac{7\pm\sqrt{13}}{12}$，因为 $\theta=\frac{7+\sqrt{13}}{12}>\frac{1}{2}$ 舍去，

所以 $\theta$ 的极大似然估计值为 $\hat{\theta}=\frac{7-\sqrt{13}}{12}$．

**小练 4** 设总体 $X$ 的概率分布为

| $X$ | 1 | 2 | 3 |
|---|---|---|---|
| $p$ | $\theta^2$ | $2\theta(1-\theta)$ | $(1-\theta)^2$ |

其中 $\theta$ 是未知参数．已知取得样本值：$x_1=1,\ x_2=2,\ x_3=1,\ x_4=3,\ x_5=3$．求参数 $\theta$ 的极大似然估计值．

**例 8** 设 $X\sim N(\mu,\sigma^2)$，$\mu$，$\sigma^2$ 未知，$x_1,x_2,\cdots,x_n$ 是取自 $X$ 的一组样本观测值，求 $\mu$，$\sigma^2$ 的极大似然估计量．

**解** $X$ 的概率密度为

$$f(x;\mu,\sigma^2)=\frac{1}{\sqrt{2\pi}\sigma}\exp[-\frac{1}{2\sigma^2}(x_i-\mu)^2],$$

似然函数为

$$\begin{aligned}L(\mu,\sigma^2)&=\prod_{i=1}^{n}\frac{1}{\sqrt{2\pi}\sigma}\exp[-\frac{1}{2\sigma^2}(x_i-\mu)^2]\\&=(2\pi)^{-n/2}(\sigma^2)^{-n/2}\exp[-\frac{1}{2\sigma^2}\sum_{i=1}^{n}(x_i-\mu)^2],\end{aligned}$$

取对数得

$$\ln L=-\frac{n}{2}\ln(2\pi)-\frac{n}{2}\ln(\sigma^2)-\frac{1}{2\sigma^2}\sum_{i=1}^{n}(x_i-\mu)^2,$$

令偏导数为 0，得方程组

$$\begin{cases}\dfrac{\partial}{\partial\mu}\ln L=\dfrac{1}{\sigma^2}[\sum\limits_{i=1}^{n}x_i-\mu\ ]=0\\\dfrac{\partial}{\partial\sigma^2}\ln L=-\dfrac{n}{2\sigma^2}+\dfrac{1}{2(\sigma^2)^2}\sum\limits_{i=1}^{n}(x_i-\mu)^2=0\end{cases},$$

解得

$$\begin{cases}\hat{\mu}=\dfrac{1}{n}\sum\limits_{i=1}^{n}x_i=\bar{x}\\\hat{\sigma}^2=\dfrac{1}{n}\sum\limits_{i=1}^{n}(x_i-\bar{x})^2\end{cases},$$

所以 $\mu$，$\sigma^2$ 的极大似然估计量为

$$\begin{cases}\hat{\mu}=\bar{X}=\dfrac{1}{n}\sum\limits_{i=1}^{n}X_i\\\hat{\sigma}^2=B_2=\dfrac{1}{n}\sum\limits_{i=1}^{n}(X_i-\bar{X})^2\end{cases}.$$

## 习题 7.1

1. 已知总体 $X$ 有概率密度 $f(x;\theta)=\begin{cases}\dfrac{6x\quad\theta\quad x}{\theta^3}, & 0<x<\theta\\ 0, & \text{其他}\end{cases}$，其中 $\theta$ 为未知参数 .

$X_1,\cdots,X_n$ 是来自总体 $X$ 的样本 .

（1）求 $\theta$ 的矩估计量 $\hat{\theta}$ .

（2）求 $\hat{\theta}$ 的方差 $D(\hat{\theta})$.

（3）若 3.5，4.4，5.3，4.6，4.8，3.7，5.8，3.9 为一组样本观测值，求 $\theta$ 的矩估计值 .

2. 设总体 $X\sim U[a,b]$，$X_1,\cdots,X_n$ 是取自总体 $X$ 的简单随机样本，求 $a,b$ 的矩估计量 .

3. 设总体 $X$ 的概率分布为

| $X$ | 0 | 1 | 2 |
|---|---|---|---|
| $p$ | $\theta^2$ | $2\theta(1-\theta)$ | $\theta^2$ |

其中 $\theta$ $(1<\theta<1)$ 是未知参数，现抽得一个样本 $x_1=1,x_2=2,x_3=1$，求 $\theta$ 的矩估计值和极大似然估计值 .

4. 已知总体 $X$ 有概率密度 $f(x;\theta)=\begin{cases}\dfrac{2}{\lambda}\mathrm{e}^{-\frac{2x}{\lambda}}, & x>0\\ 0, & \text{其他}\end{cases}$，$\lambda>0$ 为未知参数，

$X_1,\cdots,X_n$ 是来自总体 $X$ 的样本 . 求 $\lambda$ 的矩估计量 $\hat{\lambda}_1$ 与极大似然估计量 $\hat{\lambda}_2$ .

5. 设 $X$ 服从参数为 $\lambda$ 的泊松分布，试求参数 $\lambda$ 的矩估计量与极大似然估计量 .

6. 设总体 $X\sim B(n,p)$，$0<p<1$，其中 $p$ 是未知参数，$X_1,\cdots,X_n$ 为取自总体的简单随机样本，求 $p$ 的矩估计量和极大似然估计量 .

7. 已知总体 $X$ 有概率密度 $f(x;\theta)=\begin{cases}\dfrac{\theta^2}{x^3}\mathrm{e}^{-\frac{\theta}{x}}, & x>0\\ 0, & \text{其他}\end{cases}$，$\theta>0$ 为未知参数，$X_1,\cdots,$

$X_n$ 是来自总体 $X$ 的样本，求 $\theta$ 的极大似然估计量 .

8. 设总体 $X$ 的分布函数为 $F(x;\ \beta)=\begin{cases}1-\dfrac{1}{x^{\beta}}, & x>1\\0, & 其他\end{cases}$，其中未知参数 $\beta>1$，

$X_1, \cdots, X_n$ 是来自总体 $X$ 的简单随机样本．求：

（1）总体 $X$ 的概率密度函数 $f(x;\ \beta)$.

（2）$\beta$ 的矩估计量．

（3）$\beta$ 的极大似然估计量．

## 第二节　估计量的评价标准

对于总体 $X$ 的同一个未知参数，采用不同的估计方法可能会产生不同的估计量．那么我们自然会考虑如下问题：当总体的一个参数存在多个不同的估计量时，究竟采用哪一个好？也就是说，对于一个估计量，有没有衡量其好坏的评价标准？本节我们给出评价估计量的三个常用准则：无偏性、有效性和一致性．

### 一、无偏性

我们知道，对于未知参数，随机抽取不同的样本会得到不同的估计值．这样，要评价一个估计量的好坏，就不能只依据一次抽样的结果，而必须根据多次抽样的结果来衡量．因此，尽管在一次抽样中得到的估计值不一定恰好等于未知参数的真值，甚至差距较大，但在大量的随机抽样中，得到的估计值的平均值应该与未知参数的真值相等．所谓无偏性就是要求估计量的均值（数学期望）等于未知参数的真值．

**定义 1**　设 $\hat{\theta}=\hat{\theta}(X_1,X_2,\cdots,X_n)$ 是未知参数 $\theta$ 的估计量，若 $E(\hat{\theta})=\theta$，则称 $\hat{\theta}$ 是 $\theta$ 的**无偏估计量**．

**例 1**　样本均值 $\bar{X}=\frac{1}{n}\sum_{i=1}^{n}X_i$ 是总体 $X$ 均值 $\mu$ 的无偏估计量；样本方差 $S^2=\frac{1}{n-1}\sum_{i=1}^{n}(X_i-\bar{X})^2$ 是总体 $X$ 方差 $\sigma^2$ 的无偏估计量．

**证明**　由第六章第一节定理可知，$E(\bar{X})=\mu$，$E(S^2)=\sigma^2$，所以样本均值是总体均值的无偏估计量，样本方差是总体方差的无偏估计量．

**例 2**　样本 $k$ 阶原点矩 $A_k=\frac{1}{n}\sum_{i=1}^{n}X_i^k$ 是总体 $k$ 阶原点矩 $E(X^k)$ 的无偏估计量．

**证明**　$E(A_k)=E(\frac{1}{n}\sum_{i=1}^{n}X_i^k)=\frac{1}{n}\sum_{i=1}^{n}E(X_i^k)=\frac{1}{n}nE(X^k)=E(X^k)$．

**例 3**　设总体 $X$ 的均值 $\mu$ 存在，$X_1, X_2$ 是来自总体 $X$ 的样本，选取 $\mu$ 的三个估计量如下，判断 $\hat{\mu}_1$，$\hat{\mu}_2$，$\hat{\mu}_3$ 是否为 $\mu$ 的无偏估量值 .

$$\hat{\mu}_1 = X_1,$$
$$\hat{\mu}_2 = \frac{1}{2}X_1 + \frac{1}{2}X_2,$$
$$\hat{\mu}_3 = \frac{1}{5}X_1 + \frac{4}{5}X_2 .$$

**解**　由于 $E(X_i) = E(X) = \mu (i = 1,2)$，有

$$E\left(\hat{\mu}_1\right) = E\left(X_1\right) = \mu,$$
$$E\left(\hat{\mu}_2\right) = \frac{1}{2}E(X_1) + \frac{1}{2}E(X_2) = \mu,$$
$$E\left(\hat{\mu}_3\right) = \frac{1}{5}E(X_1) + \frac{4}{5}E(X_2) = \mu .$$

因此，$\hat{\mu}_1, \hat{\mu}_2, \hat{\mu}_3$ 都是 $\mu$ 的无偏估计量 .

## 二、有效性

从例 3 我们可以看出，一个参数 $\theta$ 可能会有多个无偏估计量，在这些估计量中，我们自然应该选用对 $\theta$ 偏离程度较小的估计量，即方差较小的估计量更好，这就引出了评价估计量的第二个标准——有效性 .

**定义 2**　设 $\hat{\theta}_1 = \hat{\theta}_1(X_1, X_2, \cdots, X_n)$ 与 $\hat{\theta}_2 = \hat{\theta}_2(X_1, X_2, \cdots, X_n)$ 都是参数 $\theta$ 的无偏估计量，若 $D\left(\hat{\theta}_1\right) < D\left(\hat{\theta}_2\right)$，则称 $\hat{\theta}_1$ 比 $\hat{\theta}_2$ **有效** .

在 $\theta$ 的所有无偏估计量中，如果估计量 $\hat{\theta}_0$ 的方差最小，则称此估计量 $\hat{\theta}_0$ 为 $\theta$ 的**最小方差无偏估计**，即为最有效的无偏估计 .

**例 4**　在例 3 中设总体 $X$ 的方差存在为 $\sigma^2$，试比较三个无偏估计量中哪个更有效 .

**解**　因为 $X_1, X_2$ 相互独立，$D(X_i) = D(X) = \sigma^2 (i = 1,2)$，所以有

$$D\left(\hat{\mu}_1\right) = D(X_1) = \sigma^2,$$
$$D\left(\hat{\mu}_2\right) = \frac{1}{4}D(X_1) + \frac{1}{4}D(X_2) = \frac{1}{2}\sigma^2,$$
$$D\left(\hat{\mu}_3\right) = \frac{1}{25}D(X_1) + \frac{16}{25}D(X_2) = \frac{17}{25}\sigma^2 .$$

可见$D(\hat{\mu}_2) < D(\hat{\mu}_3) < D(\hat{\mu}_1)$，

所以虽然$\hat{\mu}_1, \hat{\mu}_2, \hat{\mu}_3$都是$\mu$的无偏估计量，但是$\hat{\mu}_2$比$\hat{\mu}_1, \hat{\mu}_3$更有效．

**小练** 设$X_1, X_2, X_3, X_4$是来自总体$X$的样本，$E(X)=\mu$, $D(X)=\sigma^2$，构造如下统计量：

$$\hat{\mu}_1 = \frac{X_1 + X_2}{2},\ \hat{\mu}_2 = \frac{3X_1 - X_2 + X_3 + X_4}{4},\ \hat{\mu}_3 = \frac{X_1 + 2X_2 + X_3 + X_4}{4}.$$

（1）哪些估计量是$\mu$的无偏估计?（2）哪个$\mu$的无偏估计更有效?

## 三、一致性

我们除了希望一个估计量是无偏的和有效的之外，有时还希望当样本容量无限增大时，估计量能在某种概率意义下任意接近未知参数$\theta$的真值，这就是一致性的要求．

**定义 3** 设$\hat{\theta} = \hat{\theta}(X_1, X_2, \cdots, X_n)$为未知参数$\theta$的估计量，若当$n \to \infty$时，$\hat{\theta} = \hat{\theta}(X_1, X_2, \cdots, X_n)$依概率收敛于$\theta$，即对任意的$\varepsilon > 0$有

$$\lim_{n \to \infty} P(|\hat{\theta} - \theta| \geqslant \varepsilon) = 0,$$

则称$\hat{\theta} = \hat{\theta}(X_1, X_2, \cdots, X_n)$是未知参数$\theta$的**一致估计量**．

一致性也称为**相合性**．实际上，一致性是对一个估计量的基本要求，如果估计量不满足一致性，那么不论样本容量$n$有多大，都不能将$\theta$估计得足够准确，这样的估计量显然是不可取的．

可以证明，对于正态总体$X \sim N(\mu, \sigma^2)$，$\bar{X}$, $S^2$分别作为$\mu$, $\sigma^2$的估计量，满足上述三个评价标准．

下面给出判断无偏估计量是否为一致估计量的充分条件．

**定理** 设$\hat{\theta} = \hat{\theta}(X_1, \ldots, X_n)$是参数$\theta$的无偏估计量，若$\lim\limits_{n \to \infty} D(\hat{\theta}) = 0$，则$\hat{\theta}$是$\theta$的一致估计量．

**证明** 由无偏性，有$E(\hat{\theta}) = \theta$,

对任意的$\varepsilon > 0$，有$P\{|\hat{\theta} - \theta| \geqslant \varepsilon\} = P\{|\hat{\theta} - E(\hat{\theta})| \geqslant \varepsilon\}$,

由切比雪夫不等式 $P\left\{\left|\hat{\theta}-E\left(\hat{\theta}\right)\right|\geqslant\varepsilon\right\}\leqslant\dfrac{D(X)}{\varepsilon^2}$，

故 $\lim\limits_{n\to\infty}P\left\{\left|\hat{\theta}-\theta\right|\geqslant\varepsilon\right\}=\lim\limits_{n\to\infty}P\left\{\left|\hat{\theta}-E\left(\hat{\theta}\right)\right|\geqslant\varepsilon\right\}\leqslant\lim\limits_{n\to\infty}\dfrac{D(X)}{\varepsilon^2}=0$，

即 $\hat{\theta}$ 是 $\theta$ 的一致估计量．

**例 5**　设 $X_1, \cdots, X_n$ 是总体 $U(0, \theta)$ 的一个样本 $(n\geqslant 2)$，记 $\hat{\theta}=2\bar{X}$．证明 $\hat{\theta}$ 是 $\theta$ 的无偏估计量并且是一致估计量．

**证明**　由 $X\sim U(0,\theta)$ 可知 $E(X)=\dfrac{\theta}{2}$，$D(X)=\dfrac{\theta^2}{12}$，

故 $E\left(\hat{\theta}\right)=E\left(2\bar{X}\right)=2E\left(\bar{X}\right)=\theta$，即 $\hat{\theta}$ 是 $\theta$ 的无偏估计量．

又 $D\left(\hat{\theta}\right)=D\left(2\bar{X}\right)=4D\left(\bar{X}\right)=4\cdot\dfrac{1}{n}\cdot\dfrac{\theta^2}{12}=\dfrac{\theta^2}{3n}$，

故 $\lim\limits_{n\to\infty}D\left(\hat{\theta}\right)=\lim\limits_{n\to\infty}\dfrac{\theta^2}{3n}=0$，即 $\hat{\theta}$ 是 $\theta$ 的一致估计量．

## 习题 7.2

1. 设 $\hat{\theta}_1, \hat{\theta}_2$ 是参数的两个估计量，下面正确的是（　　）

A. $D\left(\hat{\theta}_1\right)>D\left(\hat{\theta}_2\right)$，则称 $\hat{\theta}_1$ 是比 $\hat{\theta}_2$ 有效的统计量．

B. $D\left(\hat{\theta}_1\right)<D\left(\hat{\theta}_2\right)$，则称 $\hat{\theta}_1$ 是比 $\hat{\theta}_2$ 有效的统计量．

C. $\hat{\theta}_1$，$\hat{\theta}_2$ 是参数的两个无偏估计量，$D\left(\hat{\theta}_1\right)>D\left(\hat{\theta}_2\right)$，则称 $\hat{\theta}_1$ 是比 $\hat{\theta}_2$ 有效的统计量．

D. $\hat{\theta}_1$，$\hat{\theta}_2$ 是参数的两个无偏估计量，$D\left(\hat{\theta}_1\right)<D\left(\hat{\theta}_2\right)$，则称 $\hat{\theta}_1$ 是比 $\hat{\theta}_2$ 有效的统计量．

2. 设总体 $X$ 服从正态分布 $N(m, 1)$，$X_1, X_2$ 是来自总体的简单随机样本，试验证

$$\hat{m}_1=\frac{2}{3}X_1+\frac{1}{3}X_2,\quad \hat{m}_2=\frac{1}{4}X_1+\frac{3}{4}X_2,\quad \hat{m}_3=\frac{1}{2}X_1+\frac{1}{2}X_2$$

都是无偏估计量，并找出哪一个最有效．

3. $X_1, X_2, X_3$ 是来自总体的简单随机样本，下列都是总体均值的估计量，哪个为无偏估计量？哪一个更有效？

$$\hat{\mu}_1 = \frac{1}{3}\left(X_1 + X_2 + X_3\right),\ \hat{\mu}_2 = 0.3X_1 + 0.3X_2 + 0.3X_3,\ \hat{\mu}_3 = \frac{1}{2}X_1 + \frac{1}{2}X_3 .$$

4. $X_1, X_2, \cdots, X_n$ 是总体 $X \sim N\left(\mu, \sigma^2\right)$ 的简单随机样本，记

$\bar{X} = \frac{1}{n}\sum_{i=1}^{n} X_i$，$S^2 = \frac{1}{n-1}\sum_{i=1}^{n}(X_i - \bar{X})^2$，$T = \bar{X}^2 - \frac{1}{n}S^2$，证明 $T$ 是 $\mu^2$ 的无偏估计量．

5. 设 $X_1, X_2, \cdots, X_n$ 是来自参数为 $\lambda$ 的泊松分布的简单随机样本，试求 $\lambda^2$ 的无偏估计量．

6. 设 $\hat{\theta}$ 是 $\theta$ 的无偏估计，且有 $D\left(\hat{\theta}\right) > 0$，试证 $\hat{\theta}^2 = \left(\hat{\theta}\right)^2$ 不是 $\theta^2$ 的无偏估计．

7. 设 $X_1, X_2, \cdots, X_n$ 是总体 $U(1, \theta)$ 的一个样本 $(n \geqslant 2)$，求 $\theta$ 的矩估计量 $\hat{\theta}$，并证明 $\hat{\theta}$ 是 $\theta$ 的无偏一致估计量．

# 第三节　区间估计

一家食品生产企业以生产袋装食品为主，每天的产量大约为 8000 袋．按照规定，每袋的重量应为 100g．为了对产品重量进行监测，企业质检部门经常要进行抽检，以分析每袋重量是否符合要求．现从某天生产的一批食品中随机抽取 25 袋，测得每袋重量见表 7-1．

已知产品重量服从正态分布，且总体标准差为 10g．

试估计该天产品的平均重量的置信区间，置信度为 95%．

表 7-1　25 袋食品的质量　　单位：g

| | | | | |
|---|---|---|---|---|
| 112.5 | 101.0 | 103.0 | 102.0 | 100.5 |
| 102.6 | 107.5 | 95.0 | 108.8 | 115.6 |
| 100.0 | 123.5 | 102.0 | 101.6 | 102.2 |
| 116.6 | 95.4 | 97.8 | 108.6 | 105.0 |
| 136.8 | 102.8 | 101.5 | 98.4 | 93.3 |

这就是区间估计的问题．

前面我们讨论了总体参数的点估计法，即用一个样本函数 $\hat{\theta}(X_1,X_2,\cdots,X_n)$的观测值估计未知参数 $\theta$，这种方法直观、简单．但是，点估计法也有明显的缺点．在实际问题中，用点估计法得到的估计值与未知参数真值之间会有一定误差，这个误差有多大，点估计没有提到关于此问题的任何信息．为了解决这个问题，俄国统计学家奈曼（Neyman）于 1934 年提出了区间估计的方法，他估计出了未知参数 $\theta$ 的一个范围，并且给出了这个范围包含 $\theta$ 的可靠程度．本节我们首先介绍区间估计的概念与方法，然后具体讨论正态总体参数的区间估计．

## 一、置信区间的概念

**定义 1**　设 $\theta$ 是总体 $X$ 分布中的一个未知参数，$X_1, X_2, \cdots, X_n$ 是来自 $X$ 的样本，若对于给定的数 $\alpha(0<\alpha<1)$，存在两个统计量

$$\hat{\theta}_1=\hat{\theta}_1(X_1,X_2,\cdots,X_n),\ \hat{\theta}_2=\hat{\theta}_2(X_1,X_2,\cdots,X_n),$$

使得

$$P\{\hat{\theta}_1\leqslant\theta\leqslant\hat{\theta}_2\}=1-\alpha,$$

则称随机区间$(\hat{\theta}_1,\hat{\theta}_2)$为$\theta$的置信度为$1-\alpha$的**双侧置信区间**，$1-\alpha$称为**置信度**（**置信水平**），$\hat{\theta}_1$和$\hat{\theta}_2$分别称为$\theta$的**置信下限**和**置信上限**.

在实际应用中，针对不同情况，通常取$\alpha$为0.05，0.01，0.10. 我们把这种估计未知参数的方法称为**区间估计**.

在随机抽样中，若重复抽样多次，得到样本$X_1, X_2, \cdots, X_n$的多个样本值$x_1, x_2, \cdots, x_n$，每个样本值得到的置信区间$(\hat{\theta}_1,\hat{\theta}_2)$是不同的，所以$(\hat{\theta}_1,\hat{\theta}_2)$是一个随机区间. 置信区间的长度$\hat{\theta}_2-\hat{\theta}_1$反映了估计精度，$\hat{\theta}_2-\hat{\theta}_1$越小估计精度越高.

当样本值$x_1, x_2, \cdots, x_n$给定后，区间$(\hat{\theta}_1,\hat{\theta}_2)$可能包含参数真值$\theta$，也可能不包含. 置信度$1-\alpha$反映了随机区间$(\hat{\theta}_1,\hat{\theta}_2)$包含$\theta$的可靠程度. 显然，$\alpha$越小，$1-\alpha$越大，估计的可靠度越高. 我们可以这样理解，取$\alpha=0.01$意味着反复抽样1000次，可得到1000个这样的区间，理论上有$(1-\alpha)1000=990$个区间包含了参数真值$\theta$.

估计精度与置信度是一对矛盾体. 在减小$\alpha$的同时，$1-\alpha$增大，置信区间$(\hat{\theta}_1,\hat{\theta}_2)$包含$\theta$的真值的概率增大，则相应的$(\hat{\theta}_1,\hat{\theta}_2)$的长度也就越大，因而估计精度降低. 反之，估计的精度越高，置信度$1-\alpha$越小. 二者如何进行折中呢？一般原则：在保证置信度的前提下尽可能提高估计精度.

那么在给定$\alpha$后如何确定置信区间，即如何找到上述两个估计量呢？下面我们给出区间估计的一般步骤.

（1）构造一个关于样本$X_1, X_2, \cdots, X_n$与未知参数$\theta$的函数，而不含其他未知参数，设该函数为$T=T(X_1,X_2,\cdots,X_n;\theta)$，$T$的分布已知且不依赖于任何未知参数（当然也不依赖于参数$\theta$）.

（2）对于给定的置信水平$1-\alpha$，根据$T$的分布确定两个常数$a, b$，使

$$P\{a<T(X_1,X_2,\cdots,X_n;\theta)<b\}=1-\alpha.$$

（3）将$a<T(X_1,X_2,\cdots,X_n;\theta)<b$变形得到等价不等式

$$\hat{\theta}_1(X_1,X_2,\cdots\ X_n)<\theta<\hat{\theta}_2(X_1,X_2,\cdots\ X_n),$$

即$P\{\hat{\theta}_1(X_1,X_2,\cdots\ X_n)<\theta<\hat{\theta}_2(X_1,X_2,\cdots\ X_n)\}=1-\alpha$ .

记$\hat{\theta}_1=\hat{\theta}_1(X_1,X_2,\cdots X_n)$，$\hat{\theta}_2=\hat{\theta}_2(X_1,X_2,\cdots X_n)$，则$(\hat{\theta}_1,\hat{\theta}_2)$就是$\theta$的一个置信度为 1-$\alpha$ 的双侧置信区间 .

## 二、单正态总体参数的区间估计

对于正态总体$X$来说，最重要的信息为均值$\mu$和方差$\sigma^2$. 下面我们给出总体$X$的均值与方差在未知或部分未知等情形下的区间估计结果 .

**定理 1** （单正态总体均值的置信区间）设总体$X\sim N(\mu,\sigma^2)$，其中$\mu$未知，$X_1,X_2,\cdots,X_n$为取自$X$的样本，$\overline{X}$为样本均值，$S^2$为样本方差，则

（1）若$\sigma^2$已知，$\mu$的置信度为 1-$\alpha$ 的置信区间为

$$\left(\bar{X}-z_{\alpha/2}\frac{\sigma}{\sqrt{n}},\quad \bar{X}+z_{\alpha/2}\frac{\sigma}{\sqrt{n}}\right).$$

（2）若$\sigma^2$未知，$\mu$的置信度为 1-$\alpha$ 的置信区间为

$$\left(\bar{X}-t_{\alpha/2}(n-1)\frac{S}{\sqrt{n}},\ \bar{X}+t_{\alpha/2}(n-1)\frac{S}{\sqrt{n}}\right).$$

**证明** （1）因$\sigma^2$已知，$\bar{X}$是$\mu$的无偏估计量，构造函数

$$U=\frac{\bar{X}-\mu}{\sigma/\sqrt{n}} .$$

由第六章第二节中定理 1 得

$$U=\frac{\bar{X}-\mu}{\sigma/\sqrt{n}}\sim N(0,1) .$$

函数$U$含有未知参数$\mu$，其分布不依赖于任何未知参数 . 按标准正态分布的水平$\alpha$的上侧分位数的定义，有

$$P\left\{\left|\frac{\overline{X}-\mu}{\sigma/\sqrt{n}}\right|<z_{\alpha/2}\right\}=1-\alpha ,$$

即
$$P\left\{\overline{X}-z_{\alpha/2}\frac{\sigma}{\sqrt{n}}<\mu<\overline{X}+z_{\alpha/2}\frac{\sigma}{\sqrt{n}}\right\}=1-\alpha .$$

这样，就得到了在$\sigma^2$已知情况下$\mu$的置信水平为 1-$\alpha$ 的置信区间为

$$\left(\overline{X}-z_{\alpha/2}\frac{\sigma}{\sqrt{n}},\quad \overline{X}+z_{\alpha/2}\frac{\sigma}{\sqrt{n}}\right).$$

（2）因 $\sigma^2$ 未知，此时可用 $a^2$ 的无偏估计 $S^2$ 代替 $a^2$，构造函数为

$$T=\frac{\overline{X}-\mu}{S/\sqrt{n}}.$$

由第六章第二节中定理 1 得

$$T=\frac{\overline{X}-\mu}{S/\sqrt{n}}\sim t(n-1).$$

函数 $T$ 含有未知参数 $\mu$，其分布不依赖于任何未知参数．按 $t$ 分布的水平 $\alpha$ 的双侧分位数的定义，有

$$P\left\{\left|\frac{\overline{X}-\mu}{S/\sqrt{n}}\right|<t_{\alpha/2}(n-1)\right\}=1-\alpha,$$

即 $$P\left(\overline{X}-t_{\alpha/2}(n-1)\frac{S}{\sqrt{n}}<\mu<\overline{X}+t_{\alpha/2}(n-1)\frac{S}{\sqrt{n}}\right)=1-\alpha,$$

故在 $\sigma^2$ 未知情况下，$\mu$ 的置信水平为 1–$\alpha$ 的置信区间为

$$\left(\overline{X}-t_{\alpha/2}(n-1)\frac{S}{\sqrt{n}},\ \overline{X}+t_{\alpha/2}(n-1)\frac{S}{\sqrt{n}}\right).$$

**例 1** 某食品厂生产午餐肉罐头，由长期经验得知罐头的净重 $X$ 服从正态分布 $X\sim N\left(\mu,\sigma^2\right)$，从某天的产品中随机抽取 10 件，测量的净重（单位：克）如下：

318，321，325，317，316，318，322，320，321，324

（1）若 $\sigma^2=8$，求 $\mu$ 的置信水平为 0.90，0.95，0.99 的置信区间．

（2）若 $\sigma^2$ 未知，求 $\mu$ 的置信水平为 0.90 的置信区间．

**解** （1）由定理 1，$\sigma^2$ 已知，$\mu$ 的置信区间为 $\left(\overline{X}-z_{\alpha/2}\frac{\sigma}{\sqrt{n}},\quad \overline{X}+z_{\alpha/2}\frac{\sigma}{\sqrt{n}}\right)$，

$$\bar{x}=\frac{1}{10}(318+321+325+317+316+318+322+320+321+324)=320.2,$$

$$\frac{\sigma}{\sqrt{n}}=\frac{\sqrt{8}}{\sqrt{10}}=0.8944.$$

$\alpha = 0.1$ 时，查表得 $z_{a/2} = 1.645$，$\mu$ 的置信水平为 0.90 的置信区间为

( 320.2−1.645 × 0.8944，320.2+1.645 × 0.8944，) = ( 318.73，321.67 )；

$\alpha = 0.05$ 时，查表得 $z_{a/2} = 1.96$，$\mu$ 的置信水平为 0.95 的置信区间为

( 320.2−1.96 × 0.8944，320.2+1.96 × 0.8944，) = ( 318.45，321.95 )；

$\alpha = 0.01$ 时，查表得 $z_{a/2} = 2.58$，$\mu$ 的置信水平为 0.99 的置信区间为

( 320.2−2.58 × 0.8944，320.2+2.58 × 0.8944，) = ( 317.89，322.51 ) .

( 2 ) $\sigma^2$ 未知，$\mu$ 的置信区间为 $\left(\bar{X} - t_{\alpha/2}(n-1)\dfrac{S}{\sqrt{n}},\ \bar{X} + t_{\alpha/2}(n-1)\dfrac{S}{\sqrt{n}}\right)$ .

计算 $\bar{x} = 320.2$，$s^2 = \dfrac{1}{9}(\sum_{i=1}^{10} x_i^2 - 10\bar{x}^2) = 8.84$，$s = 2.97$ .

$\alpha = 0.1$ 时，查表得 $t_{0.05}(9)=1.8331$，$\mu$ 的置信水平为 0.90 的置信区间为：

$$(\bar{x} - \frac{s}{\sqrt{10}} t_{0.05}(9),\quad \bar{x} + \frac{s}{\sqrt{10}} t_{0.05}(9)) = (318.48,\ 321.92) .$$

由上述结果可见，置信水平越低，置信区间越窄，估计值的范围越小，估计精度升高，反之置信水平越高，置信区间越宽，估计值的范围大，估计精度降低 .

**小练 1**　请解答本节开始提出的问题 .

**定理 2**（单正态总体方差的置信区间）设总体 $X \sim N(\mu,\sigma^2)$，其中 $\mu,\sigma^2$ 均为未知参数，$X_1, X_2, \cdots, X_n$ 为取自 $X$ 的样本，$S^2$ 为样本方差，则 $\sigma^2$ 的置信度为 $1-\alpha$ 的置信区间为

$$\left(\frac{(n-1)S^2}{\chi^2_{\alpha/2}(n-1)},\ \frac{(n-1)S^2}{\chi^2_{1-\alpha/2}(n-1)}\right) .$$

**证明**　$\mu$ 未知，构造函数为

$$W = \frac{(n-1)S^2}{\sigma^2} ,$$

由第六章第二节中定理 1 得

$$\frac{(n-1)S^2}{\sigma^2} \sim \chi^2(n-1) .$$

由

$$P\left\{\chi^2_{1-\alpha/2}(n-1)<\frac{(n-1)S^2}{\sigma^2}<\chi^2_{\alpha/2}(n-1)\right\}=1-\alpha,$$

确定的 $\sigma^2$ 的置信水平为 1–$\alpha$ 的置信区间为

$$\left(\frac{(n-1)S^2}{\chi^2_{\alpha/2}(n-1)},\ \frac{(n-1)S^2}{\chi^2_{1-\alpha/2}(n-1)}\right).$$

**例 2** 在例 1 中求方差 $\sigma^2$ 的置信度为 0.90 的置信区间 .

**解** 由定理 2，$\mu$ 未知，$\sigma^2$ 的置信区间为

$$\left(\frac{(n-1)S^2}{\chi^2_{\alpha/2}(n-1)},\ \frac{(n-1)S^2}{\chi^2_{1-\alpha/2}(n-1)}\right).$$

$$s^2=\frac{1}{9}\left(\sum_{i=1}^{10}x_i^2-10\bar{x}^2\right)=8.84,$$

$\alpha=0.1$ 时，查表得

$$\chi^2_{0.05}(9)=16.919,\quad \chi^2_{0.95}(9)=3.325,$$

$\sigma^2$ 的置信水平为 0.90 的置信区间为

$$\left(\frac{9s^2}{\chi^2_{0.05}(9)},\quad \frac{9s^2}{\chi^2_{0.95}(9)}\right)=(4.702,\quad 23.928).$$

**小练 2** 已知某种材料的抗压强度 $X\sim N(\mu,\sigma^2)$，现随机地抽取 10 个试件抗压试验，测得数据如下：

482，493，457，471，510，446，435，418，394，469.

（1）求平均抗压强度 $\mu$ 的置信水平为 0.95 的置信区间 .

（2）已知 $\sigma=30$，求平均抗压强度 $\mu$ 的置信水平为 0.95 的置信区间 .

（3）求 $\sigma$ 的置信水平为 0.95 的置信区间 .

**例 3** 从正态总体 $N(3.4, 6^2)$ 中抽取容量为 $n$ 的样本，如果要求其样本均值位于区间 (1.4, 5.4) 内的概率不小于 0.95，问样本容量 $n$ 至少应取多大?

**解** 由 $P\left\{\bar{x}-z_{\alpha/2}\dfrac{\sigma}{\sqrt{n}}<\mu<\bar{x}+z_{\alpha/2}\dfrac{\sigma}{\sqrt{n}}\right\}\geqslant 1-\alpha$,

可得 $P\left\{\mu-z_{\alpha/2}\dfrac{\sigma}{\sqrt{n}}<\bar{x}<\mu+z_{\alpha/2}\dfrac{\sigma}{\sqrt{n}}\right\}\geqslant 1-\alpha$ .

因为 $\mu=3.4,\ \sigma=6,\ \alpha=0.05$，查表得 $z_{0.025}=1.96$，代入得

$$P\left\{3.4-1.96\times\frac{6}{\sqrt{n}}<\bar{x}<3.4+1.96\times\frac{6}{\sqrt{n}}\right\}\geqslant 0.95,$$

故由 $3.4-1.96\times\frac{6}{\sqrt{n}}\geqslant 1.4$，$3.4+1.96\times\frac{6}{\sqrt{n}}\leqslant 5.4$，解得 $n\geqslant 34.57$.

因此，样本容量 $n$ 至少应取 35.

## 三、双正态总体均值差和方差比的区间估计

在处理实际问题时，往往需要知道两个正态总体均值之间或方差之间的差异，所以要研究两个正态总体的均值差或方差比的置信区间 .

**定理 3**（双正态总体均值差的置信区间）设 $X_1, X_2, \cdots, X_{n_1}$ 为取自总体 $X\sim N\left(\mu_1,\sigma_1^2\right)$ 的样本，$Y_1, Y_2, \cdots, Y_{n_2}$ 为取自总体 $Y\sim N\left(\mu_2,\sigma_2^2\right)$ 的样本，并且两个总体相互独立，$\bar{X},S_1^2$；$\bar{Y},S_2^2$ 分别表示两样本的均值与方差，则

（1）若 $\sigma_1^2,\sigma_2^2$ 已知，$\mu_1-\mu_2$ 的置信度为 $1-\alpha$ 的置信区间为

$$\left((\bar{X}-\bar{Y})-z_{\alpha/2}\sqrt{\frac{\sigma_1^2}{n_1}+\frac{\sigma_2^2}{n_2}},\ (\bar{X}-\bar{Y})+z_{\alpha/2}\sqrt{\frac{\sigma_1^2}{n_1}+\frac{\sigma_2^2}{n_2}}\right).$$

（2）若 $\sigma_1^2=\sigma_2^2=\sigma^2$ 未知，$\mu_1-\mu_2$ 的置信度为 $1-\alpha$ 的置信区间为

$$\left((\bar{X}-\bar{Y})-t_{\alpha/2}(n_1+n_2-2)S_w\sqrt{\frac{1}{n_1}+\frac{1}{n_2}},\ (\bar{X}-\bar{Y})+t_{\alpha/2}(n_1+n_2-2)S_w\sqrt{\frac{1}{n_1}+\frac{1}{n_2}}\right).$$

其中 $S_w^2=\dfrac{\left(n_1-1\right)S_1^2+\left(n_2-1\right)S_2^2}{n_1+n_2-2}$ .

**证明**（1）由 $\bar{X},\bar{Y}$ 分别是 $\mu_1,\mu_2$ 的无偏估计，知 $E\left(\bar{X}\right)=\mu_1,E\left(\bar{Y}\right)=\mu_2$，则 $E\left(\bar{X}-\bar{Y}\right)=\mu_1-\mu_2$ .

又 $\bar{X}\sim N\left(\mu_1,\dfrac{\sigma_1}{n_1}\right)$, $\bar{Y}\sim N\left(\mu_2,\dfrac{\sigma_2}{n_2}\right)$,

因 $\bar{X},\bar{Y}$ 相互独立，故 $\bar{X}-\bar{Y}\sim N\left(\mu_1-\mu_2,\dfrac{\sigma_1^2}{n_1}+\dfrac{\sigma_2^2}{n_2}\right)$,

将其标准化，得 $\dfrac{(\bar{X}-\bar{Y})-(\mu_1+\mu_2)}{\sqrt{\sigma_1{}^2/n_1+\sigma_2{}^2/n_2}} \sim N(0,1)$ .

根据给定的置信度 1–$\alpha$，由

$$P\left\{\left|\frac{(\bar{X}-\bar{Y})-(\mu_1+\mu_2)}{\sqrt{\sigma_1{}^2/n_1+\sigma_2{}^2/n_2}}\right|< z_{\alpha/2}\right\}=1-\alpha$$

可导出 $\mu_1$–$\mu_2$ 的置信度为 1–$\alpha$ 的置信区间为

$$\left((\bar{X}-\bar{Y})-z_{\alpha/2}\sqrt{\frac{\sigma_1^2}{n_1}+\frac{\sigma_2^2}{n_2}},\ \ (\bar{X}-\bar{Y})+z_{\alpha/2}\sqrt{\frac{\sigma_1^2}{n_1}+\frac{\sigma_2^2}{n_2}}\right).$$

（2）由第六章第二节中定理 2 知，$T=\dfrac{(\bar{X}-\bar{Y})-(\mu_1-\mu_2)}{S_w\sqrt{1/n_1+1/n_2}} \sim t(n_1+n_2-2)$，

其中 $S_w^2=\dfrac{(n_1-1)S_1^2+(n_2-1)S_2^2}{n_1+n_2-2}$ .

对于给定的置信度 1–$\alpha$，根据 $t$ 分布的对称性，由

$$P\left\{|T|\leqslant t_{\alpha/2}(n_1+n_2-2)\right\}=1-\alpha$$

可导出 $\mu_1$–$\mu_2$ 的置信度为 1–$\alpha$ 的置信区间为

$$\left((\bar{X}-\bar{Y})-t_{\alpha/2}(n_1+n_2-2)S_w\sqrt{\frac{1}{n_1}+\frac{1}{n_2}},\ \ (\bar{X}-\bar{Y})+t_{\alpha/2}(n_1+n_2-2)S_w\sqrt{\frac{1}{n_1}+\frac{1}{n_2}}\right).$$

**定理 4** （双正态总体方差比的置信区间）设 $X_1, X_2, \cdots, X_{n_1}$ 为取自总体 $X \sim N(\mu_1,\sigma_1^2)$ 的样本，$Y_1, Y_2, \cdots, Y_{n_2}$ 为取自总体 $Y \sim N(\mu_2,\sigma_2^2)$ 的样本，并且两个总体相互独立，$\mu_1, \sigma_1{}^2, \mu_2, \sigma_2{}^2$ 未知，$S_1{}^2, S_2{}^2$ 分别表示两样本的方差，则 $\dfrac{\sigma_1^2}{\sigma_2^2}$ 的置信度为 1–$\alpha$ 的置信区间为

$$\left(\frac{S_1^2}{S_2^2}\frac{1}{F_{\alpha/2}(n_1-1,n_2-1)},\ \ \frac{S_1^2}{S_2^2}\frac{1}{F_{1-\alpha/2}(n_1-1,n_2-1)}\right).$$

**证明** 由第六章第二节中定理 2 知，$F=\dfrac{S_1{}^2/S_2{}^2}{\sigma_1{}^2/\sigma_2{}^2} \sim F(n_1-1,n_2-1)$，

对于给定的置信度 $1-\alpha$，由

$$P\left\{F_{1-\alpha/2}\left(n_1-1,n_2-1\right)<F<F_{\alpha/2}\left(n_1-1,n_2-1\right)\right\}=1-\alpha\ ,$$

$$P\left\{\frac{S_1^2}{S_2^2}\frac{1}{F_{\alpha/2}(n_1-1,n_2-1)}<\frac{\sigma_1^2}{\sigma_2^2}<\frac{S_1^2}{S_2^2}\frac{1}{F_{1-\alpha/2}(n_1-1,n_2-1)}\right\}=1-\alpha$$

可导出方差比 $\frac{\sigma_1^2}{\sigma_2^2}$ 的置信度为 $1-\alpha$ 的置信区间为

$$\left(\frac{S_1^2}{S_2^2}\frac{1}{F_{\alpha/2}(n_1-1,n_2-1)},\ \frac{S_1^2}{S_2^2}\frac{1}{F_{1-\alpha/2}(n_1-1,n_2-1)}\right).$$

**例 4**　某零件加工厂用两台机器生产同种型号的螺丝钉．现分别从两台机器生产的螺丝钉中抽取了容量分别为 16 与 10 的两个相互独立的样本 $X_1$, $X_2, \cdots, X_{16}$ 与 $Y_1, Y_2, \cdots, Y_{10}$，已知 $\overline{x}=3.6,\ s_1^2=0.8,\ \overline{y}=3.5,\ s_2^2=0.6$ ．

（1）若 $\sigma_1{}^2=\sigma_2{}^2$，求 $\mu_1-\mu_2$ 的置信度为 0.90 的置信区间．

（2）求方差比的置信度为 0.90 的置信区间．

**解**　（1）由定理 3 得 $\mu_1-\mu_2$ 的置信度为 $1-\alpha$ 的置信区间为

$$\left((\overline{X}-\overline{Y})-t_{\alpha/2}(n_1+n_2-2)S_w\sqrt{\frac{1}{n_1}+\frac{1}{n_2}},\ (\overline{X}-\overline{Y})+t_{\alpha/2}(n_1+n_2-2)S_w\sqrt{\frac{1}{n_1}+\frac{1}{n_2}}\right),$$

$\overline{x}-\overline{y}=0.1$，$S_w^2=\dfrac{\left(n_1-1\right)S_1^2+\left(n_2-1\right)S_2^2}{n_1+n_2-2}=\dfrac{15\times0.8+9\times0.6}{24}=0.725$ ，$S_w=0.8515$，

查表得 $t_{0.05}(24)=1.7109$，故 $\mu_1-\mu_2$ 的置信度为 0.90 的置信区间为 $(-0.4873,\ 0.6873)$.

（2）$\frac{\sigma_1^2}{\sigma_2^2}$ 的置信度为 $1-\alpha$ 的置信区间为

$$\left(\frac{S_1^2}{S_2^2}\frac{1}{F_{\alpha/2}(n_1-1,n_2-1)},\ \frac{S_1^2}{S_2^2}\frac{1}{F_{1-\alpha/2}(n_1-1,n_2-1)}\right),$$

$$F_{0.05}(15,\ 9)=3.01,\ F_{0.95}(15,\ 9)=\frac{1}{F_{0.05}(9,\ 15)}=\frac{1}{2.59}\ ,$$

代入得 $\frac{\sigma_1^2}{\sigma_2^2}$ 的置信度为 0.90 的置信区间为 $(0.4430,\ 3.4533)$.

# 习题 7.3

1. 设总体 $X \sim N(\mu,\sigma^2)$，其中 $\sigma^2$ 已知，则对于给定的样本，总体均值 $\mu$ 的置信区间 $L$ 与置信度 $1-\alpha$ 的关系是（　　）

A. 当 $1-\alpha$ 变小时，$L$ 变长　　B. 当 $1-\alpha$ 变小时，$L$ 变短

C. 当 $1-\alpha$ 变小时，$L$ 不变　　D. 以上说法都不对

2. 设 $X_1, X_2, \cdots, X_n$ 是总体 $X$ 的一个样本，$X$ 的概率密度函数为 $f(x, \theta)$，$\theta$ 为未知参数，已知存在统计量 $\theta_1 = \theta_1(X_1, X_2, \cdots, X_n)$，$\theta_2 = \theta_2(X_1, X_2, \cdots, X_n)$ 和正数 $\alpha$: $0 < \alpha < 1$，使得 $P\{\theta_1 < \theta < \theta_2\} = 1-\alpha$，则称区间 $(\theta_1, \theta_2)$ 是 $\theta$ 的____________，$1-\alpha$ 是____________，给定 $1-\alpha$，$(\theta_1, \theta_2)$ 的长度 $L = \theta_2 - \theta_1$ 是____________越好 .

3. 设 $X_1, X_2, \cdots, X_n$ 为来自总体 $N(\mu,\sigma^2)$ 的简单随机样本，样本均值 $\bar{x} = 9.5$，参数 $\mu$ 的置信度为 0.95 的双侧置信区间的置信上限为 10.8，则 $\mu$ 的置信度为 0.95 的双侧置信区间为____________.

4. 某总体的标准差 $\sigma = 3\text{cm}$，从中抽取 40 个个体，其样本平均数 $\bar{x} = 642\text{cm}$，试给出总体期望 $\mu$ 的 95% 的置信上、下限（即置信区间的上、下限）.

5. 人的身高服从正态分布，从初中女生中随机抽取 6 名，测得身高如下（单位：cm）：

149，158.5，152.5，142，157，165.

求初中女生平均身高的置信区间（$\alpha = 0.05$）.

6. 某厂生产零件重量 $X \sim N(\mu,\sigma^2)$，抽取 9 个，测得重量如下：

21.1，21.3，21.4，21.5，21.3，21.7，21.4，21.3，21.6.

在置信度 0.95 下，求 $\mu$ 与 $\sigma^2$ 的区间估计 .

7. 从一批螺钉中随机地取 16 枚，测得其长度为：（单位：cm）

2.14，2.10，2.13，2.15，2.13，2.12，2.13，2.10，

2.15，2.12，2.14，2.10，2.13，2.11，2.14，2.11.

设钉长分布为正态，在如下两种情况下，试求总体均值 $\mu$ 的 90% 置信区间：
（1）若已知 $\sigma = 0.01$.（2）若 $\sigma$ 未知 .

8. 设某工件的长度 $X$ 服从正态分布 $N(\mu,\sigma^2)$，今随机抽取 9 件测量其长度，得数据如下（单位：mm）：

142，138，150，165，156，148，132，135，160.

试求参数 $\mu$ 的置信水平为 95% 的置信区间 .

9. 设某种砖头的抗压强度 $X \sim N(\mu,\sigma^2)$，今随机抽取 18 块砖头，测得抗压强度数据（单位：$kg \cdot cm^{-2}$）如下：

69，49，92，55，97，41，84，88，99，

66，100，98，72，74，87，84，48，81.

求：（1）求 $\mu$ 的置信度为 0.95 的置信区间 .

（2）求 $\sigma^2$ 的置信度为 0.95 的置信区间 .

10. 测量误差服从正态分布 $N(0, \sigma^2)$，已知每次测量的标准差 $\sigma = 0.15$，至少需要多少次测量才能使得以概率 98% 保证误差均值的绝对值小于 0.3.

11. 设来自总体 $N(\mu_1, 16)$ 的一容量为 15 的样本，其样本均值 $\bar{x}_1 = 14.6\text{cm}$；来自总体 $N(\mu_2, 9)$ 的一容量为 20 的样本，其样本均值 $\bar{x}_2 = 13.2\text{cm}$，并且两样本是相互独立的，试求 $\mu_1 - \mu_2$ 的置信度为 90% 的置信区间 .

# 本章小结

## ◆ 本章知识要点

点估计　矩估计法　极大似然估计法　无偏性　有效性　一致性

区间估计　置信区间

## ◆ 本章常用结论

### 1. 矩估计法

用样本矩作为总体矩的估计量，而以样本矩的连续函数作为相应的总体矩的连续函数的估计量，从而得到总体未知参数的估计 .

### 2. 极大似然估计法

若已观察到样本 $(X_1, X_2, \cdots, X_n)$ 的样本值 $(x_1, x_2, \cdots, x_n)$，而取到这一样本值的概率为 $P$（离散情况），或 $(X_1, X_2, \cdots, X_n)$ 落在这一样本值 $(x_1, x_2, \cdots, x_n)$ 的邻域内的概率为 $P$（连续情况），而 $P$ 与未知参数 $\theta$ 有关，我们就取 $\theta$ 的估计值使概率 $P$ 取到最大 . 在统计问题中往往先使用极大似然估计法，在此法使用起来不方便时，再用矩估计法 .

### 3. 估计量的评价标准

无偏性：设 $\hat{\theta}$ 是未知参数 $\theta$ 的估计量，若 $E(\hat{\theta}) = \theta$，则称 $\hat{\theta}$ 是 $\theta$ 的无偏估计量 .

有效性：设 $\hat{\theta}_1$ 与 $\hat{\theta}_2$ 都是参数 $\theta$ 的无偏估计量，若 $D\left(\hat{\theta}_1\right) < D\left(\hat{\theta}_2\right)$，则称 $\hat{\theta}_1$ 比 $\hat{\theta}_2$ 有效 .

一致性：设 $\hat{\theta}$ 为未知参数 $\theta$ 的估计量，若当 $n \to \infty$ 时，$\hat{\theta}(X_1, X_2, \cdots, X_n)$ 依概率收敛于 $\theta$，即对任意的 $\varepsilon > 0$ 有

$$\lim_{n \to \infty} P\left\{\left|\hat{\theta} - 0\right| \geq \varepsilon\right\} = 0,$$

则称 $\hat{\theta} = \hat{\theta}(X_1, X_2, \cdots, X_n)$ 是未知参数 $\theta$ 的一致估计量 .

### 4. 区间估计的重要结论

**表 7–2 单正态总体参数的置信区间**

| 待估参数 | 条件 | 变量 | 分布 | 双侧置信区间 |
| --- | --- | --- | --- | --- |
| 均值 $\mu$ | $\sigma^2$ 已知 | $\dfrac{\bar{X}-\mu}{\sigma/\sqrt{n}}$ | $N(0, 1)$ | $\left(\bar{X}-z_{\alpha/2}\dfrac{\sigma}{\sqrt{n}},\ \bar{X}+z_{\alpha/2}\dfrac{\sigma}{\sqrt{n}}\right)$ |
| 均值 $\mu$ | $\sigma^2$ 未知 | $\dfrac{\bar{X}-\mu}{S/\sqrt{n}}$ | $t(n-1)$ | $\left(\bar{X}-t_{\alpha/2}(n-1)\dfrac{S}{\sqrt{n}},\ \bar{X}+t_{\alpha/2}(n-1)\dfrac{S}{\sqrt{n}}\right)$ |
| 方差 $\sigma^2$ | $\mu$ 未知 | $W=\dfrac{(n-1)S^2}{\sigma^2}$ | $\chi^2(n-1)$ | $\left(\dfrac{(n-1)S^2}{\chi^2_{\alpha/2}(n-1)},\ \dfrac{(n-1)S^2}{\chi^2_{1-\alpha/2}(n-1)}\right)$ |

**表 7–3 双正态总体参数的置信区间**

| 待估参数 | 条件 | 变量 | 分布 | 双侧置信区间 |
| --- | --- | --- | --- | --- |
| 均值差 $\mu_1-\mu_2$ | $\sigma_1^2, \sigma_2^2$ 均已知 | $\dfrac{(\bar{X}-\bar{Y})-(\mu_1+\mu_2)}{\sqrt{\sigma_1^2/n_1+\sigma_2^2/n_2}}$ | $N(0, 1)$ | $\left((\bar{X}-\bar{Y})-z_{\alpha/2}\sqrt{\dfrac{\sigma_1^2}{n_1}+\dfrac{\sigma_2^2}{n_2}},\ (\bar{X}-\bar{Y})+z_{\alpha/2}\sqrt{\dfrac{\sigma_1^2}{n_1}+\dfrac{\sigma_2^2}{n_2}}\right)$ |
| 均值差 $\mu_1-\mu_2$ | $\sigma_1^2, \sigma_2^2$ 均未知，但 $\sigma_1^2=\sigma_2^2$ | $\dfrac{(\bar{X}-\bar{Y})-(\mu_1-\mu_2)}{S_w\sqrt{1/n_1+1/n_2}}$<br>$S_w^2=\dfrac{(n_1-1)S_1^2+(n_2-1)S_2^2}{n_1+n_2-2}$ | $t(n_1+n_2-2)$ | $\left((\bar{X}-\bar{Y})-t_{\alpha/2}(n_1+n_2-2)S_w\sqrt{\dfrac{1}{n_1}+\dfrac{1}{n_2}},\ (\bar{X}-\bar{Y})+t_{\alpha/2}(n_1+n_2-2)S_w\sqrt{\dfrac{1}{n_1}+\dfrac{1}{n_2}}\right)$ |
| 方差 $\sigma_1^2/\sigma_2^2$ | $\mu_1, \mu_2$ 均未知 | $\dfrac{S_1^2/\sigma_1^2}{S_2^2/\sigma_2^2}$ | $F(n_1-1, n_2-1)$ | $\left(\dfrac{S_1^2}{S_2^2}\dfrac{1}{F_{\alpha/2}(n_1-1,n_2-1)},\ \dfrac{S_1^2}{S_2^2}\dfrac{1}{F_{1-\alpha/2}(n_1-1,n_2-1)}\right)$ |

# 总习题七

1. 设总体 $X$ 的方差为 1，根据来自 $X$ 的容量为 100 的简单随机样本，测得样本均值为 5，则 $X$ 的数学期望的置信度近似等于 0.95 的置信区间为________________.

2. 设一批零件的长度服从正态分布 $N(\mu,\sigma^2)$，其中 $\mu$，$\sigma^2$ 均未知．现从中随机抽取 16 个零件，测得样本均值 $\overline{x}=20(\mathrm{cm})$，样本标准差 $s=1(\mathrm{cm})$，则 $\mu$ 的置信度为 0.90 的置信区间是（　）

A. $\left(20-\dfrac{1}{4}t_{0.05}(16),\ 20+\dfrac{1}{4}t_{0.05}(16)\right)$　　B. $\left(20-\dfrac{1}{4}t_{0.1}(16),\ 20+\dfrac{1}{4}t_{0.1}(16)\right)$

C. $\left(20-\dfrac{1}{4}t_{0.05}(15),\ 20+\dfrac{1}{4}t_{0.05}(15)\right)$　　D. $\left(20-\dfrac{1}{4}t_{0.1}(15),\ 20+\dfrac{1}{4}t_{0.1}(15)\right)$

3. 设总体 $X\sim B(n,p)$，$0<p<1$，其中 $n$ 和 $p$ 是两个未知参数，$X_1,\cdots,X_n$ 为取自总体的简单随机样本，求 $n$ 及 $p$ 的矩估计量．

4. 设总体 $X$ 的概率密度为 $f(x;\theta)=\begin{cases}(\theta+1)x^{\theta}, & 0<x<1\\ 0, & \text{其他}\end{cases}$，其中 $\theta>-1$ 是未知参数，$X_1,\cdots,X_n$ 是来自总体的一个简单随机样本，试求参数 $\theta$ 的矩估计量和极大似然估计量．

5. 已知总体 $X$ 的概率分布为 $P=\{X=k\}=\mathrm{C}_2^k(1-\theta)^k\theta^{2-k}\ (k=0,1,2)$，求参数 $\theta$ 的矩估计量．

6. 已知总体 $X$ 有概率密度 $f(x;\theta)=\begin{cases}\sqrt{\theta}x^{\sqrt{\theta}-1}, & 0\leqslant x\leqslant 1\\ 0, & \text{其他}\end{cases}$，$\theta>0$ 为未知参数，$X_1,\cdots,X_n$ 是来自总体 $X$ 的样本．求 $\theta$ 的矩估计量 $\hat{\theta}_1$ 与极大似然估计量 $\hat{\theta}_2$．

7. 已知总体 $X$ 有概率密度 $f(x;\lambda)=\begin{cases}\lambda^2 x\mathrm{e}^{-\lambda x}, & x>0\\ 0, & \text{其他}\end{cases}$，其中参数 $\lambda\ (\lambda>0)$ 未知，$X_1,\cdots,X_n$ 是来自总体 $X$ 的样本．求 $\lambda$ 的矩估计量与极大似然估计量．

8. 设总体 $X$ 有概率密度 $f(x;\theta)=\begin{cases}\dfrac{1}{2\theta}, & 0<x<\theta\\ \dfrac{1}{2(1-\theta)}, & \theta<x<1\\ 0, & 其他\end{cases}$，其中参数 $\theta\in(0,1)$ 未知，$X_1,\cdots,X_n$ 是来自总体 $X$ 的样本．求 $\theta$ 的矩估计量．

9. 设总体 $X$ 有概率密度 $f(x;\theta)=\begin{cases}e^{-(x-\theta)}, & x>\theta\\ 0, & 其他\end{cases}$，其中参数 $\theta>0$ 未知，$X_1,\cdots,X_n$ 是来自总体 $X$ 的样本．求 $\theta$ 的矩估计量和极大似然估计量．

10. 设总体 $X$ 有概率密度 $f(x;\theta)=\begin{cases}\dfrac{1}{\theta}e^{\frac{x-\mu}{\theta}}, & x\leqslant\mu\\ 0, & 其他\end{cases}$，其中 $\theta>0$, $\theta,\mu$ 为参数，$X_1,\cdots,X_n$ 是来自总体 $X$ 的样本．

（1）如果参数 $\mu$ 已知，求未知参数 $\theta$ 的极大似然估计；

（2）如果参数 $\theta$ 已知，求未知参数 $\mu$ 的极大似然估计．

11. 设总体 $X$ 有概率密度 $f(x)=\dfrac{1}{2\sigma}e^{-\frac{|x|}{\sigma}}$，其中 $\sigma$ 为未知参数且 $\sigma>0$，$X_1,\cdots,X_n$ 是来自总体 $X$ 的样本，求参数 $\sigma$ 的矩估计．

12. 设总体 $X$ 有 $E(X)=\mu$，$X_1,X_2,X_3$ 为来自总体 $X$ 的样本，以下三个估计量中哪些为 $\mu$ 的无偏估计量？若总体 $X$ 的方差存在为 $\sigma^2$，试比较无偏估计量中哪个更有效？

$$\hat{\mu}_1=\frac{1}{2}X_1+\frac{1}{5}X_2+\frac{3}{10}X_3,\quad \hat{\mu}_2=\frac{1}{3}X_1+\frac{1}{3}X_2+\frac{1}{3}X_3,\quad \hat{\mu}_3=\frac{1}{2}X_1+\frac{1}{4}X_2+\frac{1}{6}X_3.$$

13. 设 $\hat{\theta}_1$ 和 $\hat{\theta}_2$ 是参数 $\theta$ 的两个相互独立的无偏估计量，且 $\hat{\theta}_1$ 的方差为 $\hat{\theta}_2$ 的方差的两倍．

（1）常数 $k_1$ 和 $k_2$ 满足什么条件时，$k_1\hat{\theta}_1+k_2\hat{\theta}_2$ 也是 $\theta$ 的无偏估计量；

（2）求常数 $k_1$ 和 $k_2$，使得它在所有形如$k_1\hat{\theta}_1+k_2\hat{\theta}_2$的无偏估计量中方差最小．

14. 设 $X_1, \cdots, X_n$ 是来自二项分布总体 $X\sim B(n, p)$ 的简单随机样本，若 $\bar{X}+kS^2$ 为 $np^2$ 的无偏估计量，求 $k$ 的值．

15. 有一大批糖果．现从中随机地取 12 袋，称得重量（单位：克）如下：

508　499　503　504　510　497

505　493　496　506　502　496

设袋装糖果的重量近似地服从正态分布，求：

（1）总体均值 $\mu$ 的置信水平为 0.9 的置信区间．

（2）总体方差 $\sigma^2$ 的置信水平为 0.95 的置信区间．

16. 随机地从一批零件中抽取 10 个，测得长度（单位：cm）如下：

2.14　2.10　2.13　2.15　2.13　2.10　2.13　2.11　2.14　2.11

设零件长度分布为正态分布，试求总体 $\mu$ 的 90%的置信区间：

（1）若 $\sigma=0.01(\text{cm})$；（2）若 $\sigma$ 未知．

17. 设总体 $X\sim N(\mu, \sigma^2)$，已知 $\sigma=\sigma_0$，要使 $\mu$ 的置信度为 $1-\alpha$ 的置信区间长度不大于 $l$，请问应抽取多大容量的样本？

18. 设从均值为 $\mu$，方差为 $\sigma^2>0$ 的总体中，分别抽取容量为 $n_1, n_2$ 的两个独立样本，$\bar{X}_1$ 和 $\bar{X}_2$ 分别是两个样本的样本均值．试证对于任意常数 $a, b(a+b=1)$，$Y=a\bar{X}_1+b\bar{X}_2$ 都是 $\mu$ 的无偏估计，并确定常数 $a, b$ 使 $D(Y)$ 达到最小．

19. 随机取某种炮弹 9 发做试验，得炮口速度的样本标准差 $s=11(\text{m/s})$．设炮口速度服从正态分布，求这种炮弹的炮口速度的标准差 $\sigma$ 的置信度为 0.95 的置信区间．

20. 假设人体身高服从正态分布，今抽测甲、乙两班女同学身高．甲班抽取 11 名，样本均值 1.64 米，样本标准差 0.2 米；乙班抽取 11 名，样本均值 1.62 米，样本标准差 0.4 米．求：

（1）两正态总体方差比的 99% 的置信区间；

（2）若两班女同学身高方差相同，两正态总体均值差的 99% 的置信区间．

# 第八章

# 假设检验

在第七章中，我们利用样本信息，构造合适的统计量，给出了总体当中未知参数的估计．在这一章里，我们将从另外一个角度给出总体中未知信息的推断——假设检验．顾名思义，假设检验就是先假设后检验，即事先对总体的未知信息提出一个假设，再利用样本数据信息判断原假设是否合理，从而决定应接受还是拒绝原假设．这里，未知信息可以是总体中的未知参数，也可以是有关总体分布的信息．如果总体分布已知，关于总体中未知参数的检验成为参数的假设检验；如果是对总体分布的检验，则称为非参数假设检验．本章侧重参数的假设检验．

在今天看来，统计学之所以被滥用和误用，从某种意义上讲，也有可能是过于有价值的表现．有人表示，可以毫不夸张地认为，统计学改变了整个世界的处理问题方式，尤其是针对与数据相关的部分．历史上非常著名的以某位喝茶的英国女士的假设学说为起始点：

在英国剑桥一个夏日的午后，一群大学的绅士和他们的夫人们，还有来访者正围坐在户外的桌旁，享用着下午茶．在品茶的过程中．一位女士坚称：把茶加进奶里或把奶加进茶里，不同的做法，会使茶的味道品起来不同．在场的一帮科学精英们，对这位女士的“胡言乱语”嗤之以鼻．

在一个身材矮小、戴着厚眼镜、下巴蓄着灰短尖髯先生的提议下，一群人开始了一场实验．一连串茶加奶或者奶加茶的杯子被送到那位女士面前，品一会儿，她说出加奶与加茶的顺序，一杯接连一杯……

值得注意的是，即便那位女士没有区别能力，她仍有 50% 的机会选择正确答案．一杯茶猜对或猜错的概率均等．两杯茶则会出现 3 种情况：均对、均错或对错均半，那么 4 杯、5 杯、6 杯……思考由此而展开，统计学史诗般的发展史及人物卷也逐渐拉开帷幕．

100 多年以来，统计学从无到有.《女士品茶：统计学如何变革了科学和生活》一书通过“奶与茶事件”引出了近代数理统计的开创者——费歇尔，以及他为解决类似问题而发明的实验设计法，并细数了 20 世纪参与这场科学变革的代表性人物与事迹. 同时，它带领读者回顾了“统计”这门应用范围最广的科学，了解若干重要理论的发展过程与应用，以亲近那些隐身幕后的统计学家的方式，看一看统计究竟为而今的世界带来了怎样的改变. 作者在本书开篇的序中就已提到，这不是一本关于概率和概率论的书，在书中，任何对科学数据统计分析所需要的知识均未涉及.

有人说，这是一部大数据时代不容错过的实用之书. 至于原因，简而言之，大数据时代依靠数据说话，如何解读数据与每个人的日常生活息息相关，而统计学的本质便在于解读数据. 作为一本科普作品，该书是统计学的前世今生，能够帮助人们尽可能地理解统计学是什么，它究竟是如何发展演变的.

## 第一节　假设检验的基本概念

### 一、假设检验问题的提法

**例 1**　按照标准，某袋装瓜子的重量 $X_0$ 服从均值 $\mu_0$ 为 500 克、标准差 $\sigma_0$ 为 5 克的正态分布，某日在包装车间随机抽取刚包装好的瓜子 16 袋，测得重量（单位：克）如下：

| | | | | | | | |
|---|---|---|---|---|---|---|---|
| 506 | 505.5 | 508.4 | 505.3 | 507.9 | 495.9 | 501.9 | 501.2 |
| 493.9 | 503.2 | 496.7 | 509 | 497.9 | 504.6 | 503 | 497.3 |

假设标准差保持不变，问包装机工作是否正常？

**例 2**　从 200 份概率统计试卷中随机抽取 80 个学生的成绩，数据如下：

| | | | | | | | | | | |
|---|---|---|---|---|---|---|---|---|---|---|
| 63 | 45 | 71 | 74 | 52 | 87 | 87 | 69 | 74 | 72 | 67 |
| 80 | 61 | 100 | 67 | 71 | 86 | 70 | 68 | 57 | 74 | 49 |
| 80 | 94 | 59 | 82 | 88 | 46 | 48 | 78 | 64 | 80 | 82 |
| 80 | 89 | 80 | 87 | 51 | 69 | 67 | 45 | 73 | 54 | 91 |

| | | | | | | | | | | |
|---|---|---|---|---|---|---|---|---|---|---|
| 57 | 77 | 73 | 56 | 37 | 69 | 54 | 79 | 77 | 95 | 78 |
| 60 | 75 | 54 | 69 | 69 | 70 | 65 | 86 | 41 | 76 | 83 |
| 80 | 78 | 70 | 80 | 78 | 66 | 64 | 65 | 47 | 66 | 71 |
| 74 | 91 | 64 | | | | | | | | |

问这门课程学生的成绩是否近似服从正态分布?

例 1 中总体的分布已知，关于总体中未知参数——均值的检验的问题，属于参数的假设检验．例 2 中总体的分布未知，是关于总体是否为正态分布的检验，属于非参数假设检验．

假设检验一般给出两个对立的假设，一个称为**原假设**或**零假设**（Null hypothesis），记作 $H_0$，另一个称为**备择假设**（Alternative hypothesis），记作 $H_1$. 假设检验的结果是在两个对立的假设中选择其中一个：承认 $H_0$ 就意味着否定了 $H_1$，同样承认 $H_1$ 就意味着否定了 $H_0$. 例 1 中，$H_0$：$\mu=\mu_0=500$，$H_1$：$\mu\neq\mu_0=500$．例 2 中，$H_0$：成绩是近似服从正态分布，$H_1$：成绩不服从正态分布．

原假设和备择假设的提法可能不唯一，这样会导致检验结果的不唯一，一般来说假设的提出应满足如下原则：

（1）等号放在 $H_0$ 上．形如这样的假设 $\mu=\mu_0$，$\mu\leqslant\mu_0$，$\mu\geqslant\mu_0$都放在 $H_0$ 上．

（2）对于给定的具体问题，无论结果是承认 $H_0$ 还是否定 $H_0$，都能够回答所提出的问题．

例 1 中，问题是包装机工作是否正常，也就是说，总体均值 $\mu$ 是否等于 500，如果检验的结果承认 $H_0$ 就认为包装机工作是正常的，如果结果否定 $H_0$ 就认为包装机工作是不正常的．如果问题改为是否可以认为瓜子重量的均值小于 500 克，就应该对假设作出修改，若还是按照原来的假设，检验的结果否定了 $H_0$，得到的信息是瓜子重量的均值不等于 500 克，究竟是大于还是小于就不知道了．请读者思考如何修改假设．

## 二、假设检验的基本原理——小概率原理

为了描述假设检验的过程，以下给出假设检验的基本原理——**小概率原**

理：我们认为小概率事件在一次试验中是不发生的．

这是假设检验最重要的理论依据，在后面我们会看到，也正是由于这个依据，假设检验得到的结论不一定总是正确的．

假设检验是在假定原假设 $H_0$ 成立的前提下，构造有关样本的小概率事件，带入样本值判别小概率事件是否发生．如果小概率事件发生了，由小概率原理否定原假设 $H_0$，否则承认原假设 $H_0$.

接下来以例 1 来说明假设检验的过程．

**解** 设该日包装的瓜子一袋的重量为一随机变量 $X$，$X \sim N\left(\mu, 5^2\right)$，$\mu$ 为总体中的未知参数，包装机是否正常就是要检验总体均值 $\mu$ 是否等于 500.

提出原假设 $H_0$：$\mu = \mu_0 = 500$，备择假设 $H_1$：$\mu \neq \mu_0 = 500$．

由第六章的知识知道，$\dfrac{\overline{X} - \mu}{\sigma / \sqrt{n}} \sim N(0,1)$，因此若假设 $H_0$ 成立，则 $\dfrac{\overline{X} - \mu_0}{\sigma / \sqrt{n}} \sim N(0,1)$，$\dfrac{\overline{X} - \mu_0}{\sigma / \sqrt{n}}$ 的分布已知，构造小概率事件：

$$P\left\{\left|\frac{\overline{X} - \mu_0}{\sigma / \sqrt{n}}\right| \geqslant z_{0.025}\right\} = 0.05.$$

注：$z_{0.025}$ 为标准正态分布的上 0.025 分位点．

本例中 $\mu_0 = 500$，$\sigma = \sigma_0 = 5$，样本均值 $\overline{x} = 502.36$，$\left|\dfrac{\overline{x} - \mu_0}{\sigma / \sqrt{n}}\right| = 1.89 < z_{0.025} = 1.96$ 的小概率事件没有发生，因此承认 $H_0$，即认为包装机工作正常．

**例 3** 续例 1，问是否可以认为瓜子重量的均值大于 500 克？

**解** 根据假设应满足的原则

$$H_0: \mu \leqslant \mu_0 = 500, \qquad H_1: \mu > \mu_0 = 500.$$

$$\frac{\overline{X} - \mu}{\sigma / \sqrt{n}} \sim N(0,1).$$

若假设 $H_0$ 成立，$\dfrac{\overline{X} - \mu}{\sigma / \sqrt{n}} \geqslant \dfrac{\overline{X} - \mu_0}{\sigma / \sqrt{n}}$，

构造的小概率事件：$P\left\{\dfrac{\overline{X} - \mu_0}{\sigma / \sqrt{n}} \geqslant z_\alpha\right\} \leqslant \alpha$．

注：由于$\dfrac{\overline{X}-\mu}{\sigma/\sqrt{n}}$的分布已知，因此有关$\dfrac{\overline{X}-\mu}{\sigma/\sqrt{n}}$的小概率事件比较容易构造，由标准正态分布的上$\alpha$分位点的定义知道，$P\left\{\dfrac{\overline{X}-\mu}{\sigma/\sqrt{n}}\geqslant z_\alpha\right\}=\alpha$，然而利用样本值，我们不是总能判别这个小概率事件是否发生，原因是小概率事件里含有未知参数$\alpha$，我们应该构造有关$\dfrac{\overline{X}-\mu_0}{\sigma/\sqrt{n}}$的小概率事件，它的构造以$P\left\{\dfrac{\overline{X}-\mu}{\sigma/\sqrt{n}}\geqslant z_\alpha\right\}=\alpha$为桥梁．

由$\dfrac{\overline{X}-\mu}{\sigma/\sqrt{n}}$与$\dfrac{\overline{X}-\mu_0}{\sigma/\sqrt{n}}$的大小关系可知事件$\left\{\dfrac{\overline{X}-\mu}{\sigma/\sqrt{n}}\geqslant z_\alpha\right\}$包含事件$\left\{\dfrac{\overline{X}-\mu_0}{\sigma/\sqrt{n}}\geqslant z_\alpha\right\}$，由事件的包含关系知道事件概率的大小关系，$P\left\{\dfrac{\overline{X}-\mu_0}{\sigma/\sqrt{n}}\geqslant z_\alpha\right\}\leqslant P\left\{\dfrac{\overline{X}-\mu}{\sigma/\sqrt{n}}\geqslant z_\alpha\right\}$，因此$P\left\{\dfrac{\overline{X}-\mu_0}{\sigma/\sqrt{n}}\geqslant z_\alpha\right\}\leqslant\alpha$．

对于给定的$\alpha$，带入样本值判别小概率事件$P\left\{\dfrac{\overline{X}-\mu_0}{\sigma/\sqrt{n}}\geqslant z_\alpha\right\}\leqslant\alpha$是否发生，如果发生就否定$H_0$，否则承认$H_0$.

如果这里取$\alpha=0.05$，$\dfrac{\bar{x}-\mu_0}{\sigma/\sqrt{n}}=1.89>z_{0.05}=1.64$的小概率事件发生了，因此否定$H_0$，即认为瓜子重量的均值大于500克．这个结论看起来和例1的结论是矛盾的，我们会在后面给出解释．

## 三、显著性水平和否定域

在例1中，$\dfrac{\overline{X}-\mu_0}{\sigma/\sqrt{n}}$是样本的函数，不含有未知参数，称作检验统计量．构造的小概率事件是关于检验统计量的小概率事件．否定$H_0$的区域称作**否**

定域（region of rejection），例 1 中否定域为$(-\infty,-1.96)\cup(1.96,+\infty)$，接受 $H_0$ 的区域称作**接受域**（region of acceptance），接受域和否定域的交点称作**临界点**（critical value），如本例中$z_{0.025}=1.96$，$-z_{0.025}=-1.96$称为临界点，$\alpha=0.05$ 称为**显著性水平**（significant level），如图 8-1 所示 .

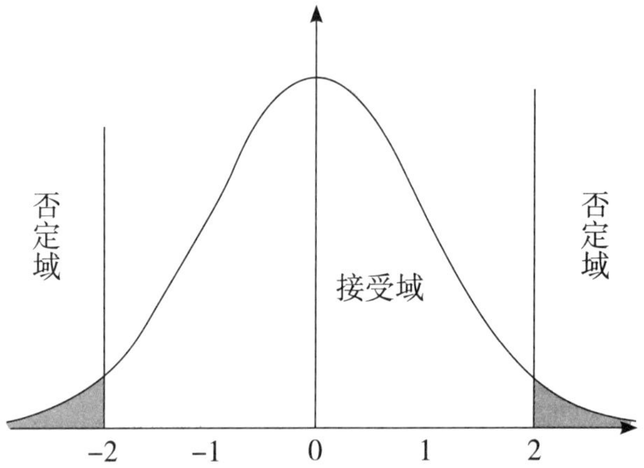


图 8-1

例 1 中是关于 $\mu=\mu_0$ 的检验，否定域在两侧，习惯上称作**双边检验**．例 3 中是关于$\mu\leqslant\mu_0$的检验，否定域在一侧，习惯上称作**单边检验**．对于单边检验，如果否定域在接受域的左侧称为**左边检验**，如果否定域在接受域的右侧称为**右边检验**.

## 四、假设检验的两类错误

假设检验的基本原理是小概率事件在一次试验中认为是不发生的．小概率事件只是发生的可能性小而已，然而事实上在一次试验中它是有可能发生的，因而假设检验得到的结论也有出错的时候．假设检验的两类错误：

**第一类错误**：原假设 $H_0$ 成立，否定了 $H_1$，也称为“弃真”的错误 .

**第二类错误**：原假设 $H_0$ 不成立，承认了 $H_1$，也称为“取伪”的错误 .

由于否定了 $H_0$ 的概率不超过 $\alpha$，因而第一类错误的概率不超过 $\alpha$，记第二类错误的概率为 $\beta$. 人们自然希望 $\alpha$ 和 $\beta$ 都尽可能的小，事实上，当样本容量一定时，$\alpha$ 和 $\beta$ 不可能同时减小．比如：考虑例 1 中双边检验的问题．$H_0$：$\mu=\mu_0$，假设 $H_0$ 成立，否定域如图 8-2 所示．$X\sim N(\mu,\sigma^2)$，不妨设实际上$\mu > \mu_0$，则$\dfrac{\overline{X}-\mu_0}{\sigma/\sqrt{n}} = \dfrac{\overline{X}-\mu}{\sigma/\sqrt{n}} + \dfrac{\mu-\mu_0}{\sigma/\sqrt{n}}$，由于$\dfrac{\overline{X}-\mu}{\sigma/\sqrt{n}} \sim N(0,1)$，因此$E\left(\dfrac{\overline{X}-\mu_0}{\sigma/\sqrt{n}}\right) = \dfrac{\mu-\mu_0}{\sigma/\sqrt{n}} > 0$，即$\dfrac{\overline{X}-\mu_0}{\sigma/\sqrt{n}}$的概率密度图形向右移动$\dfrac{\mu-\mu_0}{\sigma/\sqrt{n}}$个单位，$\alpha$和$\beta$的大小如图 8–2 所示．

从图中不难看出．样本容量一定时，$\alpha$的减小会导致$\beta$的增大，同样，$\beta$的减小会导致$\alpha$的增大．如果$\alpha$固定，增加样本容量$n$，则犯第二类错误的概率会变小．

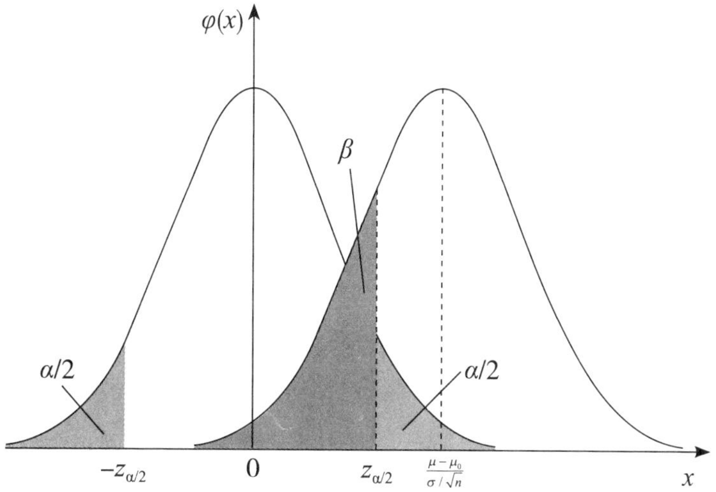


图 8–2

由于犯第二类错误的概率不容易控制，一般只是控制犯第一类错误的概率，因而显著性水平$\alpha$的取值一般都很小，常用的取值有 0.1, 0.05, 0.01, 0.005. 这种只控制犯第一类错误的概率，而不考虑犯第二类错误概率的检验称作**显著性检验**．本章的检验均指显著性检验．必须说明的是，在实际应用假设检验的时候，应该考虑犯两类错误的代价．必要时，必须控制犯第二类错误的概率．

对于例 1 和例 3 结论的说明：例 1 的结论说在显著性水平$\alpha$=0.05 时，认为瓜子重量的均值等于 500 克；而例 3 的结论说在显著性水平$\alpha$=0.05 时，认为瓜子重量的均值大于 500 克．这两个结论是矛盾的，但由于小概率事件在一次实验中有可能发生，因而假设检验得到的结论有可能不正确．我们可以重新抽样，重新做检验 .

最后给出假设检验的基本步骤：

（1）提出原假设、备择假设 .

（2）假定原假设成立，构造关于检验统计量的小概率事件 .

（3）根据样本信息，判别小概率事件是否发生 .

（4）根据小概率事件是否发生，做出结论：承认原假设或者拒绝原假设 .

## 习题 8.1

1. 在假设检验中，如何确定原假设 $H_0$ 和备责假设 $H_1$.

2. 假设检验的基本步骤有哪些？

3. 一自动包装机需要检验其工作是否正常 . 根据以往的经验，其包装的质量在正常情况下服从正态分布 $N(100, 1.5^2)$. 现抽测了 9 包，其质量（单位：kg）如下

$$99.3 \quad 98.7 \quad 100.5 \quad 99.5 \quad 99.7 \quad 101.2 \quad 100.5 \quad 102.0$$

问这天包装机工作是否正常？将这一问题化为假设检验问题 . 写出假设检验的步骤，$\alpha=0.05$.

## 第二节 一个正态总体参数的假设检验

本节讨论一个正态总体参数的假设检验．设总体 $X \sim (\mu,\sigma^2)$，$X_1, X_2, \cdots, X_n$ 为来自总体 $X$ 的样本，样本均值和样本方差分别是

$$\overline{X}=\frac{1}{n}\sum_{i=1}^{n}X_n，S^2=\frac{1}{n-1}\sum_{i=1}^{n}\left(X_i-\overline{X}\right)^2 .$$

### 一、已知方差 $\sigma^2$，关于数学期望 $\mu$ 的假设检验

如果方差 $\sigma^2$ 已知，则检验统计量为 $\frac{\overline{X}-\mu_0}{\sigma/\sqrt{n}}$，原假设的形式有三种：①$H_0$：$\mu=\mu_0$；②$H_0$：$\mu\leqslant\mu_0$；③ $H_0$：$\mu\geqslant\mu_0$ ．

对于第一种情况，小概率事件为$P\left\{\left|\frac{\overline{X}-\mu_0}{\sigma/\sqrt{n}}\right|\geqslant z_{\frac{\alpha}{2}}\right\}=\alpha$；对于第二种情况，小概率事件为$P\left\{\frac{\overline{X}-\mu_0}{\sigma/\sqrt{n}}\geqslant z_\alpha\right\}\leqslant\alpha$；对于第三种情况，小概率事件为$P\left\{\frac{\overline{X}-\mu_0}{\sigma/\sqrt{n}}\leqslant -z_\alpha\right\}\leqslant\alpha$．

构造了小概率事件之后，代入样本值判别小概率事件是否发生，从而做出承认 $H_0$ 还是否定 $H_0$ 的结论．此检验法常称作 **Z 检验**．

**例 1** 有一批零件，寿命服从正态分布 $N(\mu, 5^2)$，从这批零件中抽取 9 个，测得寿命（单位：小时）如下：

1001 996 1002 1000 991 988 994 993 990

对于显著性水平 $\alpha$=0.05，是否可以认为零件的平均寿命低于 1000 小时？

**解** $H_0$：$\mu\geqslant\mu_0$=1000，$H_1$：$\mu<\mu_0=1000$．

检验统计量：$\frac{\overline{X}-\mu_0}{\sigma/\sqrt{n}}$；小概率事件：$P\left\{\frac{\overline{X}-\mu_0}{\sigma/\sqrt{n}}\leqslant -z_\alpha\right\}\leqslant\alpha$．

查表得 $\alpha_{0.05}=1.64$，带入样本值得 $\bar{x}=995$，$\dfrac{995-1000}{5/\sqrt{9}}=-3<-1.64$，小概率事件发生了，因而在显著性水平 $\alpha=0.05$ 下，否定 $H_0$，即认为零件的平均寿命低于 1000 小时 .

## 二、未知方差 $\sigma^2$，关于数学期望 $\mu$ 的假设检验

如果方差 $\sigma^2$ 未知，原假设的形式有三种：①$H_0$：$\mu=\mu_0$；②$H_0$：$\mu\leqslant\mu_0$；③$H_0$：$\mu\geqslant\mu_0$ .

对于第一种情况，由第六章第二节定理 1，$\dfrac{\overline{X}-\mu}{S/\sqrt{n}}\sim t(n-1)$，因而若假设 $H_0$ 成立，则 $\dfrac{\overline{X}-\mu_0}{S/\sqrt{n}}\sim t(n-1)$，$\dfrac{\overline{X}-\mu_0}{S/\sqrt{n}}$ 的分布已知，构造小概率事件：

$$P\left\{\left|\frac{\overline{X}-\mu_0}{S/\sqrt{n}}\right|\geqslant t_{\frac{\alpha}{2}}(n-1)\right\}=\alpha .$$

对于第二种情况，构造小概率事件：$P\left\{\dfrac{\overline{X}-\mu_0}{S/\sqrt{n}}\geqslant t_{\alpha}(n-1)\right\}\leqslant\alpha$ .

对于第三种情况，构造小概率事件：$P\left\{\dfrac{\overline{X}-\mu_0}{S/\sqrt{n}}\leqslant -t_{\alpha}(n-1)\right\}\leqslant\alpha$ .

构造了小概率事件之后，代入样本值判别小概率事件是否发生，从而做出承认 $H_0$ 还是否定 $H_0$ 的结论 . 此检验法常称作 **t 检验** .

**例 2** 已知某市中学生男生的身高服从正态分布，抽取 25 名男学生的体检结果，得到身高（单位：厘米）数据如下：

159 166 166 164 169 177 169 176 166 170 166 172

168 172 173 169 174 181 172 169 174 170 164 172 169

对于显著性水平 $\alpha=0.05$，是否可以认为中学生男生平均身高为 172 厘米?

**解** $H_0$：$\mu=\mu_0=172$，$H_1$：$\mu\neq\mu_0=172$ .

检验统计量：$\dfrac{\overline{X}-\mu_0}{S/\sqrt{n}}$，小概率事件：$P\left\{\left|\dfrac{\overline{X}-\mu_0}{S/\sqrt{n}}\right|\geqslant t_{\frac{\alpha}{2}}(n-1)\right\}=\alpha$ .

查表得 $t_{0.025}(24)=2.0639$，带入样本值得 $\bar{x}=169.88$，$\dfrac{169.88-172}{4.69/\sqrt{25}}=2.26>t_{0.025}(24)=2.0639$，小概率事件发生了，因而在显著性水平 $\alpha$=0.05 下，否定 $H_0$，即认为中学生男生平均身高不是 172 厘米 .

**例 3**　测量误差服从正态分布，抽取 10 个误差值，结果如下：

0.007　0.011　0.013　0.006　0.008　0.005　0.01　0.012　0.01　0.008

对于显著性水平 $\alpha$=0.05，是否可以认为测量误差的平均值不超过 0.01?

**解**　$H_0$: $\mu\leqslant\mu_0=0.01$，　$H_1$: $\mu>\mu_0=0.01$ .

检验统计量：$\dfrac{\overline{X}-\mu_0}{S/\sqrt{n}}$；小概率事件：$P\left\{\dfrac{\overline{X}-\mu_0}{S/\sqrt{n}}\geqslant t_\alpha(n-1)\right\}\leqslant\alpha$ .

查表得 $t_{0.05}(9)=1.8331$，带入样本值得 $\bar{x}=0.009$，$\dfrac{0.009-0.01}{0.0026/\sqrt{10}}=-1.22<t_{0.05}(9)=1.8331$，小概率事件没有发生，因而在显著性水平 $\alpha$=0.05 下，承认 $H_0$，即认为测量误差的平均值不超过 0.01.

### 三、未知期望 $\mu$，关于方差 $\sigma^2$ 的假设检验

如果总体 $\mu$ 未知时，关于方差 $\sigma^2$ 的检验，原假设的形式有三种：①$H_0$: $\sigma^2=\sigma_0^2$；②$H_0$: $\sigma^2\leqslant\sigma_0^2$；$H_0$: $\sigma^2\geqslant\sigma_0^2$.

对于第一种情况，由第六章第二节定理 1，$\dfrac{(n-1)S^2}{\sigma^2}\sim\chi^2(n-1)$，因而若假设 $H_0$ 成立，则 $\dfrac{(n-1)S^2}{\sigma_0^2}\sim\chi^2(n-1)$，$\dfrac{(n-1)S^2}{\sigma_0^2}$ 的分布已知，构造小概率事件：$P\left\{\left(\dfrac{(n-1)S^2}{\sigma_0^2}\leqslant\chi^2_{1-\frac{\alpha}{2}}(n-1)\right)\bigcup\left(\dfrac{(n-1)S^2}{\sigma_0^2}\geqslant\chi^2_{\frac{\alpha}{2}}(n-1)\right)\right\}=\alpha$ .

对于第二种情况，构造小概率事件：$P\left\{\dfrac{(n-1)S^2}{\sigma_0^2}\geqslant\chi^2_\alpha(n-1)\right\}\leqslant\alpha$ .

对于第三种情况，构造小概率事件：$P\left\{\dfrac{(n-1)S^2}{\sigma_0^2}\leqslant\chi^2_{1-\alpha}(n-1)\right\}\leqslant\alpha$ .

构造了小概率事件之后，代入样本值判别小概率事件是否发生，从而做出承认 $H_0$ 还是否定 $H_0$ 的结论．此检验法常称作 $\chi^2$ **检验**．

**例 4** 设某地区小麦的亩产量服从正态分布，调查农户后获得小麦的亩产量（单位：千克）如下：

380 395 417 408 369 434 400 443 372 381

在显著性水平 $\alpha$=0.05 下是否可以认为该地区小麦产量的方差低于 400?

**解** $H_0$: $\sigma^2 \geqslant \sigma_0^2 = 400$, $H_1$: $\sigma^2 < \sigma_0^2 = 400$.

检验统计量为 $\dfrac{(n-1)S^2}{\sigma_0^2}$，小概率事件为 $P\left\{\dfrac{(n-1)S^2}{\sigma_0^2} \leqslant \chi_{1-\alpha}^2(n-1)\right\} \leqslant \alpha$.

查表得 $\chi_{0.95}^2(9) = 3.325$，带入样本值，$s^2 = 654.3$，$\dfrac{(n-1)s^2}{\sigma_0^2} = \dfrac{9\times 654.3}{400} = 14.722 > \chi_{0.95}^2(9) = 3.325$，小概率事件没有发生，承认 $H_0$，即认为该地区小麦产量的方差不低于 400.

## 习题 8.2

1. 某加工企业对钢材中的含碳量要求很严格．已知合格品中的含碳量服从正态分布 $N(\mu, 5^2)$，现从某进货批次中随机抽查 20 件检测，测得含碳量（单位：%）结果如下：

4.96 4.91 5.06 4.95 4.99 4.99 4.98 5.02 4.98 4.9

4.93 5.01 4.92 4.97 4.94 4.92 4.93 4.97 5.01 4.99

在显著性水平 $\alpha$=0.05 下，这批货是否合格?

2. 有一工厂生产一种灯管，已知灯管的寿命 $X$ 服从正态分布 $N(\mu, 40000)$，根据以往的生产经验，知道灯管的平均寿命不会超过 1500h. 为了提高灯管的平均寿命，工厂采用了新的工艺．为了弄清楚新工艺是否真的能提高灯管的平均寿命，他们测试了采用新工艺生产的 25 只灯管的寿命，其平均值是 1575h. 尽管样本的平均值大于 1500h，试问：可否由此判定这恰是新工艺的效应，而非偶然的原因，使得抽出的这 25 只灯管的平均寿命较长呢?

（显著性水平 $\alpha=0.05$）

3. 水泥厂用自动包装机包装水泥，每袋额定重量是 50kg，某日开工后随机抽查了 9 袋，称得重量（单位：kg）如下：

49.6　49.3　50.1　50.0　49.2　49.9　49.8　51.0　50.2

设每袋重量服从正态分布，问包装机工作是否正常？（$\alpha=0.05$）

## 第三节　两个正态总体参数的假设检验

本节中讨论两个正态总体参数的假设检验．设总体 $X\sim\left(\mu_1,\sigma_1^2\right)$，$Y\sim\left(\mu_2,\sigma_2^2\right)$，$X_1, X_2, \cdots, X_n$ 为来自总体 $X$ 的样本，$Y_1, Y_2, \cdots, Y_n$ 为来自总体 $Y$ 的样本，样本均值和样本方差如下：

$$\overline{X}=\frac{1}{n_1}\sum_{i=1}^{n_1}X_n,\overline{Y}=\frac{1}{n_2}\sum_{i=1}^{n_2}Y_n,S_1^2=\frac{1}{n_1-1}\sum_{i=1}^{n_1}\left(X_i-\overline{X}\right)^2,S_2^2=\frac{1}{n_2-1}\sum_{i=1}^{n_2}\left(Y_i-\overline{Y}\right)^2,$$

样本 $X_1, X_2, \cdots, X_n$ 和样本 $Y_1, Y_2, \cdots, Y_n$ 独立．

### 一、已知 $\sigma_1^2$, $\sigma_2^2$，关于数学期望 $\mu_1=\mu_2$ 的假设检验

方差已知，关于均值的检验，原假设有三种形式：①$H_0$: $\mu_1-\mu_2=0$；②$H_0$: $\mu_1-\mu_2\leqslant 0$；③$H_0$: $\mu_1-\mu_2\geqslant 0$．

对于第一种情况，由 6.2 定理 2 $\dfrac{\left(\overline{X}-\overline{Y}\right)-\left(\mu_1-\mu_2\right)}{\sqrt{\dfrac{\sigma_1^2}{n_1}+\dfrac{\sigma_2^2}{n_2}}}\sim N\left(0,1\right)$，因而若假设 $H_0$ 成立，则 $\dfrac{\left(\overline{X}-\overline{Y}\right)}{\sqrt{\dfrac{\sigma_1^2}{n_1}+\dfrac{\sigma_2^2}{n_2}}}\sim N\left(0,1\right)$，$\dfrac{\left(\overline{X}-\overline{Y}\right)}{\sqrt{\dfrac{\sigma_1^2}{n_1}+\dfrac{\sigma_2^2}{n_2}}}$ 的分布已知，构造小概率事件：

$$P\left\{\left|\frac{\left(\overline{X}-\overline{Y}\right)}{\sqrt{\dfrac{\sigma_1^2}{n_1}+\dfrac{\sigma_2^2}{n_2}}}\right|\geqslant z_{\frac{\alpha}{2}}\right\}=\alpha．$$

构造了小概率事件之后，代入样本值判别小概率事件是否发生，从而做出承认 $H_0$ 还是否定 $H_0$ 的结论．

对于第二种、第三种形式，作为练习读者可以自己推导构造小概率事件．

**例 1**　设甲、乙两个地区的年降水量均服从正态分布，调取这两个地区

近 10 年的降水量（单位：毫米），数据如下：

甲：438　491　421　422　309　432　520　485　486　490

乙：533　479　463　560　486　538　443　508　579　448

已知甲、乙地区年降水量的方差均为 80，在显著性水平 $\alpha=0.025$ 下，是否可以认为甲地区的平均年降水量小于乙地区的平均年降水量．

**解**　$H_0: \mu_1-\mu_2\leqslant 0$，　$H_1: \mu_1-\mu_2>0$．

检验统计量为 $\dfrac{\left(\overline{X}-\overline{Y}\right)}{\sqrt{\dfrac{\sigma_1^2}{n_1}+\dfrac{\sigma_2^2}{n_2}}}$，小概率事件：$P\left\{\dfrac{\left(\overline{X}-\overline{Y}\right)}{\sqrt{\dfrac{\sigma_1^2}{n_1}+\dfrac{\sigma_2^2}{n_2}}}\geqslant z_\alpha\right\}\leqslant\alpha$．

查表得 $\alpha_{0.025}=1.96$，带入样本值得 $\overline{x}=449.4$，$\overline{y}=503.7$，

$$\frac{\left(\overline{x}-y\right)}{\sqrt{\dfrac{\sigma_1^2}{n_1}+\dfrac{\sigma_2^2}{n_2}}}=\frac{449.4-503.7}{35.78}=-1.5176<z_{0.025}=1.96,$$

小概率事件没有发生，承认 $H_0$，即认为甲地区的平均年降水量小于乙地区的平均年降水量．

## 二、未知 $\sigma_1^2$，$\sigma_2^2$，但知 $\sigma_1^2=\sigma_2^2$，检验 $\mu_1=\mu_2$

$H_0: \mu_1-\mu_2=0$，由 6.2 定理 2 $\dfrac{\left(\overline{X}-\overline{Y}\right)-\left(\mu_1-\mu_2\right)}{S_w\left(\sqrt{\dfrac{1}{n_1}+\dfrac{1}{n_2}}\right)}\sim t\left(n_1+n_2-2\right)$，其中

$$S_w^2=\frac{\left(n_1-1\right)S_1^2+\left(n_2-1\right)S_2^2}{n_1+n_2-2}, S_w=\sqrt{S_w^2}\ .$$

因此，若假设 $H_0$ 成立，则 $\dfrac{\left(\overline{X}-\overline{Y}\right)}{S_w\left(\sqrt{\dfrac{1}{n_1}+\dfrac{1}{n_2}}\right)}\sim t\left(n_1+n_2-2\right)$，

构造小概率事件：$P\left\{\left|\frac{\left(\overline{X}-\overline{Y}\right)}{S_w\left(\sqrt{\frac{1}{n_1}+\frac{1}{n_2}}\right)}\right| \geqslant t_{\frac{\alpha}{2}}(n-1)\right\}=\alpha$.

构造了小概率事件之后，代入样本值判别小概率事件是否发生，从而做出承认 $H_0$ 还是否定 $H_0$ 的结论.

**例 2** 设成年男性的体重服从正态分布，10 年前随机测量 100 个成年男性的体重（单位：千克），得到样本均值为 68，样本标准差为 15；现在又随机测量 100 个成年男性的体重，得到样本均值为 72，样本方差为 16. 假设 10 年前后，男性体重的方差没有发生变化，是否有理由认为随着人民生活水平的提高，成年男性的平均体重在增加？显著性水平 $\alpha=0.025$.

**解** $H_0$: $\mu_1-\mu_2 \geqslant 0$, $H_1$: $\mu_1-\mu_2<0$.

小概率事件为$P\left\{\frac{\left(\overline{X}-\overline{Y}\right)}{S_w\left(\sqrt{\frac{1}{n_1}+\frac{1}{n_2}}\right)}<-t_\alpha(n-1)\right\} \leqslant \alpha$.

带入样本值得$\frac{\left(\overline{x}-\overline{y}\right)}{s_w\left(\sqrt{\frac{1}{n_1}+\frac{1}{n_2}}\right)}=\frac{68-72}{2.2}=-1.8238>-t_{0.025}(99) \approx -z_{0.025}=-1.96$,

小概率事件没有发生，承认 $H_0$，即认为随着人民生活水平的提高，成年男性的平均体重没有增加.

## 三、未知 $\mu_1$，$\mu_2$，关于方差 $\sigma_1^2/\sigma_2^2$ 的假设检验

方差已知，关于均值的检验，原假设有三种形式：① $H_0$: $\sigma_1^2=\sigma_2^2$; ② $H_0$: $\sigma_1^2 \leqslant \sigma_2^2$; ③ $H_0$: $\sigma_1^2 \geqslant \sigma_2^2$.

对于第一种情况，由第六章定理 6.3 知，$\frac{S_1^2/\sigma_1^2}{S_2^2/\sigma_2^2} \sim F(n_1-1, n_2-1)$；

因此，若假设 $H_0$ 成立，则 $\dfrac{S_1^2}{S_2^2}\sim F\left(n_1-1,n_2-1\right)$，$F$ 的分布已知．

构造小概率事件：$P\left\{\dfrac{S_1^2}{S_2^2}\geqslant F_{\frac{\alpha}{2}}\left(n_1-1,n_2-2\right)\quad \dfrac{S_1^2}{S_2^2}\leqslant F_{1-\frac{\alpha}{2}}\left(n_1-1,n_2-2\right)\right\}=\alpha$．

构造了小概率事件之后，代入样本值判别小概率事件是否发生，从而做出承认 $H_0$ 还是否定 $H_0$ 的结论．对于第二种、第三种形式，作为练习读者可以自己推导构造小概率事件．

**例 3**　设某机枪枪管的内径服从正态分布，随机测量这样的机枪枪管 30 个，得到样本均值和样本方差是 10.1 和 0.0025. 经改良枪管制作工艺以后，测量这样的机枪枪管 40 个，得到样本均值和样本方差是 10.2 和 0.002. 设工艺改良后，枪管的内径仍服从正态分布，是否可以认为工艺改良后，枪管的内径方差变小了？显著性水平 $\alpha=0.05$.

**解**　$H_0$: $\sigma_1^2\leqslant\sigma_2^2$，　$H_1$: $\sigma_1^2>\sigma_2^2$．

小概率事件：$P\left\{\dfrac{S_1^2}{S_2^2}\geqslant F_{\alpha}\left(n_1-1,n_2-2\right)\right\}\leqslant\alpha$．

查表得 $F_{0.05}\left(29,39\right)\approx1.74$，带入样本值得

$$\frac{S_1^2}{S_2^2}=\frac{0.0025}{0.002}=1.25<F_{0.05}\left(29,39\right)\approx1.74,$$

小概率事件没有发生，承认 $H_0$，即认为工艺改良后，枪管的内径方差没变小．

## 习题 8.3

1. 设甲、乙两厂生产同样的灯泡，其寿命 $X$, $Y$ 分别服从正态分布 $N\left(\mu_1,\sigma_1^2\right)$，$N\left(\mu_2,\sigma_2^2\right)$，已知它们寿命的标准差分别为 84h 和 96h，现从两厂生产的灯泡中各取 60 只，测得甲厂平均寿命为 1295h，乙厂为 1230h，能否认为两厂生产的灯泡寿命无显著差异？（$\alpha=0.05$）
2. 设有种植玉米的甲、乙两个农业试验区，分别为 10 个小区，各小区的面积相同，除甲区各小区增施磷肥外，其他实验条件均相同．两个实验区的玉米

产量（单位：kg）如下：（假设玉米产量服从正态分布，且有相同的方差）

甲区：65　60　62　57　58　63　60　57　60　58

乙区：59　56　56　58　57　57　55　60　57　55

试统计推断，增施磷肥对玉米产量是否有影响？（$\alpha=0.05$）

3. 两台机床加工同种零件，分别从两台车床加工的零件中抽取 6 个和 9 个测量其直径，并计算得$s_1^2=0.345$，$s_2^2=0.375$．假定零件直径服从正态分布，试比较两台车床加工精度有无显著差异？（$\alpha=0.10$）

## 第四节 非参数检验

前面三节介绍的是已知总体的分布形式，关于总体中未知的参数的检验．本节介绍关于分布的检验，属于非参数检验的问题．这里我们主要介绍 $\chi^2$ 拟合检验．有兴趣的读者可以进一步参考偏度、峰度检验、夏皮洛－威尔克检验（Shapiro–Wilk test）和柯尔莫哥洛夫－斯米诺夫检验（Kolmogorov–Smirnov test）．

$\chi^2$ 拟合检验的基本思想：设总体 $X$ 的取值范围为 $U$，划分子区间 $(a_i,a_{i+1}),i=1,2,\cdots,s$，使得 $(a_i,a_{i+1})\cap(a_j,a_{j+1})=\Phi(i\neq j)$ 且 $\bigcup\limits_{i=1}^{s}(a_i,a_{i+1})=U$．把样本数据分到不相交的区间内，计算样本数据落入各区间的频率 $f_i$，假设总体服从分布 $F$，则可以计算总体 $X$ 落入各区间的概率 $p_i$，如果假设正确的话，则 $\sum\limits_{i=1}^{s}w_i(f_i-p_i)^2$ 的值不应该很大．$w_i$ 为权重系数．

皮尔逊证明了：若 $w_i=\dfrac{n}{p_i}$，则 $n\to\infty$ 时，统计量 $\sum\limits_{i=1}^{s}\dfrac{n}{p_i}(f_i-p_i)^2$ 的分布趋于自由度为 $k=s-r-1$ 的 $\chi^2$ 分布．其中，$s$ 为划分区间的个数，$r$ 是理论分布 $F$ 中的待估计参数的个数．在具体计算时，

$$\sum_{i=1}^{s}\frac{n}{p_i}(f_i-p_i)^2=\sum_{i=1}^{s}\frac{n}{p_i}\left(f_i^2-2f_ip_i+p_i^2\right)=\sum_{i=1}^{s}\frac{nf_i^2}{p_i}-2\sum_{i=1}^{n}nf_i+\sum_{i=1}^{s}np_i=\sum_{i=1}^{s}\frac{n^2f_i^2}{np_i}-n\ .$$

**例** 见 8.1 例 2，显著性水平 $\alpha=0.05$.

**解** 首先估计正态分布的两个参数，由最大似然估计得

$$\hat{\mu}=70.31,\quad \widehat{\sigma^2}=181.94\ ,$$

最低分为 30，最高分为 100，由于 30 分只有一个，这里把数据分为 6 组：

| $A_i$ | 频数 $nf_i$ | 概率 $\widehat{p_i}$ | $n\widehat{p_i}$ | $n^2nf_i^2/\ n\widehat{p_i}$ |
|---|---|---|---|---|
| $x \leqslant 49$ | 8 | 0.06 | 4.8 | 13.3 |
| $49 \leqslant x \leqslant 59$ | 9 | 0.14 | 11.2 | 7.2 |
| $59 \leqslant x \leqslant 69$ | 19 | 0.26 | 20.8 | 17.4 |
| $69 \leqslant x \leqslant 79$ | 22 | 0.28 | 22.4 | 21.6 |
| $79 \leqslant x \leqslant 89$ | 17 | 0.18 | 14.4 | 20.1 |
| $89 \leqslant x \leqslant 100$ | 5 | 0.07 | 5.6 | 4.5 |
| | | | | $\sum = 84.1$ |

$$s=6,\quad \sum_{i=1}^{s}\frac{n}{p_i}\left(f_i-p_i\right)^2=f_i^2\ /\ n\widehat{p_i}-n=84.1-80=4.1\ .$$

待估计参数的个数是 2，$4.1<\chi_{0.05}(3)=7.82$，故认为在显著性水平 $\alpha=0.05$ 下，这门课学生的成绩近似服从正态分布 .

# 本章小结

## ◆ 本章知识要点

假设检验 原假设 备择假设 小概率原理 检验统计量 显著性水平 接受域 拒绝域 显著性检验 $U$ 检验 $t$ 检验 $\chi^2$ 检验

## ◆ 本章常用结论

**1. 假设检验的重要依据——小概率原理**

在一次试验中，小概率事件实际上是不可能发生的 .

**2. 关于单个正态总体的假设检验 .**

（1）已知方差 $\sigma^2$，关于数学期望 $\mu$ 的假设检验 .

$H_0$: $\mu=\mu_0$，小概率事件为$P\left\{|U|\geqslant z_{\frac{\alpha}{2}}\right\}=\alpha$;

$H_0$: $\mu\leqslant\mu_0$，小概率事件为$P\{U\geqslant z_\alpha\}\leqslant\alpha$;

$H_0$: $\mu\geqslant\mu_0$，小概率事件为$P\{U\leqslant -z_\alpha\}\leqslant\alpha$ .

（2）未知方差 $\sigma^2$，关于数学期望 $\mu$ 的假设检验 .

$H_0$: $\mu=\mu_0$，小概率事件为$P\left\{|T|\geqslant t_{\frac{\alpha}{2}}(n-1)\right\}=\alpha$;

$H_0$: $\mu\leqslant\mu_0$，小概率事件为$P\{T\geqslant t_\alpha(n-1)\}\leqslant\alpha$;

$H_0$: $\mu\geqslant\mu_0$，小概率事件为$P\{T\leqslant -t_\alpha(n-1)\}\leqslant\alpha$ .

（3）未知期望 $\mu$，关于方差 $\sigma^2$ 的假设检验 .

$H_0$: $\sigma^2=\sigma_0^2$，小概率事件为$P\left\{\chi^2\leqslant\chi^2_{1-\frac{\alpha}{2}}(n-1) \quad \chi^2\geqslant\chi^2_{\frac{\alpha}{2}}(n-1)\right\}=\alpha$;

$H_0$: $\sigma^2\leqslant\sigma_0^2$，小概率事件为$P\{\chi^2\geqslant\chi^2_\alpha(n-1)\}\leqslant\alpha$;

$H_0$: $\sigma^2\geqslant\sigma_0^2$，小概率事件为$P\{\chi^2\leqslant\chi^2_{1-\alpha}(n-1)\}\leqslant\alpha$ .

# 总习题八

1. 设大豆的重量服从正态分布 $N(0.16, 0.04^2)$，使用新品种化肥后，随机抽取 50 粒种子，测得平均重量为 0.17g，假设标准差不变，新品种化肥是否促使大豆的平均重量提高了？（显著水平 $\alpha=0.05$）

2. 要求一种元件平均使用寿命不得低于 1000h，生产者从这种元件中随机抽取 25 件，测得其寿命的平均值为 950h. 已知该种元件寿命服从标准差 $\sigma=100$(h) 的正态分布．试在显著水平 $\alpha=0.05$ 下判定这批元件是否合格？总体均值为 $\mu$，且 $\mu$ 未知．

3. 设成年人的脉搏服从正态分布 $N(72, 5^2)$，某医生测量了 10 位醉酒患者的脉搏（单位：次），数据如下：

   83　89　79　76　81　75　87　83　71　74

   显著水平 $\alpha=0.05$. 醉酒是否会导致人的脉搏次数升高？

4. 一公司声称某种类型的电池的平均寿命至少为 21.5h 有一实验室检验了该公司制造的 6 套电池，得到如下的寿命（单位：小时）：

   19　18　22　16　25

   试问：这些结果是否表明，这种类型的电池低于该公司所声称的寿命？（显著水平 $\alpha=0.05$）

5. 某地某年高考后随机抽得 15 名男生、12 名女生的数学考试成绩如下：

   男生：49　48　47　53　51　43　39　57　56　46　42　44　55　44　40

   女生：46　40　47　51　43　36　43　38　48　54　48　34

   从这 27 名学生的成绩能说明这个地区男女生的数学考试成绩不相上下吗？（显著水平 $\alpha=0.05$）

6. 甲、乙两厂生产同一种电阻，现从甲、乙两厂的产品中分别随机抽取 12 个和 10 个样品，测得它们的电阻值后，计算出样本方差分别为 $s_1^2=1.40$，$s_2^2=4.38$．假设电阻值服从正态分布，在显著水平 $\alpha=0.05$ 下，我们是否可以认为两厂生产的电阻值的方差不同．

$$(1)\ \sigma_1^2=\sigma_2^2;\ (2)\ \sigma_1^2\leqslant\sigma_2^2.$$

7. 某装置的平均温度，据制造厂家称不高于 190℃. 今从一个由 16 台装置构成的随机样本中测得工作温度的平均值和标准差分别为 195℃和 8℃. 根据这些数据能否说明平均温度比制造厂家所说的要高？设 $\alpha=0.05$，并假定工作温度近似服从正态分布 .

# 附录　常用分布表

## 附表 1　常用概率分布表

| 类 | 分布 | 数学标记 | 参数 | 分布律或概率密度 | 数学期望 | 方差 |
|---|---|---|---|---|---|---|
| 离散型 | 0—1分布 | $B(1,p)$ | $0<p<1$ | $P\{X=k\}=p^k(1-p)^{1-k}$, $k=0,1$ | $p$ | $1-p$ |
| | 二项分布 | $B(n,p)$ | $0<p<1$<br>$n\geqslant 1$ | $P\{X=k\}=C_n^k p^k(1-p)^{n-k}$<br>$k=0，1，2，\cdots$ | $np$ | $np(1-p)$ |
| | 负二项分布 | $B_0(r,p)$ | $0<p<1$<br>$r\geqslant 1$ | $C_{k-1}^{r-1}p^r(1-p)^{k-r}$<br>$k=r，r+1，\cdots$ | $\dfrac{r}{p}$ | $\dfrac{r(1-p)}{p^2}$ |
| | 几何分布 | $G(p)$ | $0<p<1$ | $P\{X=k\}=(1-p)^{k-r}$<br>$K=1，2，\cdots$ | $\dfrac{1}{p}$ | $\dfrac{1-p}{p^2}$ |
| | 超几何分布 | $H(N,M,n)$ | $N，M，n$<br>（$M\leqslant N$，<br>$n\leqslant N$） | $P\{X=k\}=\dfrac{C_M^k C_{N-M}^{n-k}}{C_N^K}$<br>$k\in Z, \max\{0, n-N+M\}\leqslant k\leqslant \min\{n, M\}$ | $\dfrac{nM}{N}$ | $\dfrac{nM}{N}(1-\dfrac{M}{N})(\dfrac{N-n}{N-1})$ |
| | 泊松分布 | $\pi(\lambda)$ | $\lambda>0$ | $P\{X=k\}=\dfrac{\lambda^k e^{-\lambda}}{k!}$<br>$k=0，1，2，\cdots$ | $\lambda$ | $\lambda$ |
| 连续型 | 均匀分布 | $U(a,b)$ | $a<b$ | $f(x)=\begin{cases}\dfrac{1}{b-a}, & a\leqslant x\leqslant b\\ 0, & 其他\end{cases}$ | $\dfrac{a+b}{2}$ | $\dfrac{(b-a)^2}{12}$ |
| | 正态分布 | $N(\mu,\sigma^2)$ | $\mu, \sigma>0$ | $f(x)=\dfrac{1}{\sqrt{2\pi}\sigma}e^{-(x-\mu)^2/(2\sigma^2)}$ | $\mu$ | $\sigma^2$ |
| | 对数正态分布 | 若 $X\sim N(\mu,\sigma^2)$ 且 $Y=e^x$ 服从该分布 | $\mu, \sigma>0$ | $f(x)=\begin{cases}\dfrac{1}{\sqrt{2\pi}\sigma}e^{-(x-\mu)^2/(2\sigma^2)}, & x\geqslant 0\\ 0, & 其他\end{cases}$ | $e^{\mu+\frac{\alpha^2}{2}}$ | $e^{2\mu+\sigma^2}(e^{\sigma^2}-1)$ |
| | Γ分布 | $\Gamma(\alpha,\beta)$ | $\alpha, \beta>0$ | $f(x)=\begin{cases}\dfrac{1}{\beta^\alpha\Gamma(\alpha)}x^{\alpha-1}e^{-x/\beta}, & x>0\\ 0, & 其他\end{cases}$ | $\alpha\beta$ | $\alpha\beta^2$ |

续表

| 类 | 分布 | 数学标记 | 参数 | 分布律或概率密度 | 数学期望 | 方差 |
|---|---|---|---|---|---|---|
| 连续型 | 指数分布 | $\Gamma(1,\theta)$<br>注：指数分布是分布的特殊情况 | $\theta>0$ | $f(x)=\begin{cases}\dfrac{1}{\theta}e^{\frac{x}{\theta}}, x>0\\ 0, \quad 其他\end{cases}$ | $\theta$ | $\theta^2$ |
| | $x^2$分布 | $x^2(n)$ | $n\geqslant 1$ | $f(x)=\begin{cases}\dfrac{1}{2^{n/2}\Gamma(n/2)}x^{\frac{n}{2}-1}e^{-\frac{x}{2}}, x>0\\ 0, \quad 其他\end{cases}$ | $n$ | $2n$ |
| | 韦布尔分布 | $W(\eta,\beta)$ | $\eta,\beta>0$ | $f(x)=\begin{cases}\dfrac{\beta}{\eta}(\dfrac{x}{\eta})^{\beta-1}e^{-(\frac{x}{\eta})^{\beta}}, x>0\\ 0, \quad 其他\end{cases}$ | $\eta\Gamma(\dfrac{1}{\beta}+1)$ | $\eta^2\left\{\Gamma\left(\dfrac{2}{\beta}+1\right)-\left[\Gamma\left(\dfrac{1}{\beta}+1\right)\right]^2\right\}$ |
| | 拉普拉斯分布 | $L_a(\mu,\lambda)$ | $\lambda>0$ | $f(x)=\dfrac{1}{2\lambda}e^{-\frac{\lvert x-\mu\rvert}{\lambda}}$ | $\mu$ | $2\lambda^2$ |
| | 瑞利分布 | | $\alpha>0$ | $f(x)=\begin{cases}\dfrac{x}{\sigma^2}e^{-\frac{x^2}{(2\sigma^2)}}, x>0\\ 0, \quad 其他\end{cases}$ | $\sqrt{\dfrac{\pi}{2}}\sigma$ | $\dfrac{4-\pi}{2}\sigma^2$ |
| | $\beta$分布 | $\beta(\alpha,\beta)$ | $\alpha,\beta>0$ | $f(x)=\begin{cases}\dfrac{\Gamma(\alpha+\beta)}{\Gamma(\alpha)\Gamma(\beta)}x^{\alpha-1}(1-x)^{\beta-1}, 0<x<1\\ 0, \quad 其他\end{cases}$ | $\dfrac{a}{a+\beta}$ | $\dfrac{a\beta}{(a+\beta)^2(a+\beta+1)}$ |
| | 柯西分布 | $C(\lambda,\alpha)$ | $\lambda>0$ | $f(x)=\dfrac{1}{\pi}\dfrac{1}{\lambda^2+(x-a)^2}$ | 不存在 | 不存在 |
| | $t$分布 | $t(n)$ | $n\geqslant 1$ | $f(x)=\dfrac{\Gamma(\frac{n+1}{2})}{\sqrt{n\pi}\Gamma(\frac{n}{2})}(1+\dfrac{x^2}{n})^{-(n+1)/2}$ | 0，$n>1$ | $\dfrac{n}{n-2}, n>2$ |
| | $F$分布 | $F(n_1,n_2)$ | | $f(x)=\begin{cases}\dfrac{\Gamma(\frac{n_1+n_2}{2})}{\Gamma(\frac{n_1}{2})\Gamma(\frac{n2}{2})}(\dfrac{n_1}{n_2})(\dfrac{n_1}{n_2}x)^{\frac{n_1}{2}-1}(1+\dfrac{n_1}{n_2}x)^{-\frac{n_1+n_2}{2}}, x>0\\ 0, \quad 其他\end{cases}$ | $\dfrac{n_2}{n_2-2}$, $n_2>2$ | $\dfrac{2n_2^2(n_1+n_2-2)}{n_1(n_2-2)^2(n_2-4)}$, $n_2>2$ |

# 附表 2　泊松分布数值表

$$P\{\ \xi = m\ \} = \frac{\lambda^m}{m!}\ e^{-\lambda}$$

| $m$ | $\lambda$ | | | | | | | | | | | | | |
|---|---|---|---|---|---|---|---|---|---|---|---|---|---|---|
| | 0.1 | 0.2 | 0.3 | 0.4 | 0.5 | 0.6 | 0.7 | 0.8 | 0.9 | 1.0 | 1.5 | 2.0 | 2.5 | 3.0 |
| 0 | 0.9048 | 0.8187 | 0.7408 | 0.6703 | 0.6065 | 0.5488 | 0.4966 | 0.4493 | 0.4066 | 0.3679 | 0.2231 | 0.1353 | 0.0821 | 0.0498 |
| 1 | 0.0905 | 0.1637 | 0.2223 | 0.2681 | 0.3033 | 0.3293 | 0.3476 | 0.3595 | 0.3659 | 0.3679 | 0.3347 | 0.2707 | 0.2052 | 0.1494 |
| 2 | 0.0045 | 0.0164 | 0.0333 | 0.0536 | 0.0758 | 0.0988 | 0.1216 | 0.1438 | 0.1647 | 0.1839 | 0.2510 | 0.2707 | 0.2565 | 0.2240 |
| 3 | 0.0002 | 0.0011 | 0.0033 | 0.0072 | 0.0126 | 0.0198 | 0.0284 | 0.0383 | 0.0494 | 0.0613 | 0.1255 | 0.1805 | 0.2138 | 0.2240 |
| 4 | | 0.0001 | 0.0003 | 0.0007 | 0.0016 | 0.0030 | 0.0050 | 0.0077 | 0.0111 | 0.0153 | 0.0471 | 0.0902 | 0.1336 | 0.1681 |
| 5 | | | | 0.0001 | 0.0002 | 0.0003 | 0.0007 | 0.0012 | 0.0020 | 0.0031 | 0.0141 | 0.0361 | 0.0668 | 0.1008 |
| 6 | | | | | | | 0.0001 | 0.0002 | 0.0003 | 0.0005 | 0.0035 | 0.0120 | 0.0278 | 0.0504 |
| 7 | | | | | | | | | | 0.0001 | 0.0008 | 0.0034 | 0.0099 | 0.0216 |
| 8 | | | | | | | | | | | 0.0002 | 0.0009 | 0.0031 | 0.0081 |
| 9 | | | | | | | | | | | | 0.0002 | 0.0009 | 0.0027 |
| 10 | | | | | | | | | | | | | 0.0002 | 0.0008 |
| 11 | | | | | | | | | | | | | 0.0001 | 0.0002 |
| 12 | | | | | | | | | | | | | | 0.0001 |
| 13 | | | | | | | | | | | | | | |
| 14 | | | | | | | | | | | | | | |
| 15 | | | | | | | | | | | | | | |
| 16 | | | | | | | | | | | | | | |
| 17 | | | | | | | | | | | | | | |
| 18 | | | | | | | | | | | | | | |
| 19 | | | | | | | | | | | | | | |
| 20 | | | | | | | | | | | | | | |
| 21 | | | | | | | | | | | | | | |
| 22 | | | | | | | | | | | | | | |
| 23 | | | | | | | | | | | | | | |
| 24 | | | | | | | | | | | | | | |
| 25 | | | | | | | | | | | | | | |
| 26 | | | | | | | | | | | | | | |
| 27 | | | | | | | | | | | | | | |
| 28 | | | | | | | | | | | | | | |
| 29 | | | | | | | | | | | | | | |
| 30 | | | | | | | | | | | | | | |
| 31 | | | | | | | | | | | | | | |

续表

| $m$ | $\lambda$ | | | | | | | | | | | | | |
|---|---|---|---|---|---|---|---|---|---|---|---|---|---|---|
| | 3.5 | 4.0 | 4.5 | 5 | 6 | 7 | 8 | 9 | 10 | 11 | 12 | 13 | 14 | 15 |
| 0 | 0.0302 | 0.0183 | 0.0111 | 0.0067 | 0.0025 | 0.0009 | 0.0003 | 0.0001 | | | | | | |
| 1 | 0.1057 | 0.0733 | 0.0500 | 0.0337 | 0.0149 | 0.0064 | 0.0027 | 0.0011 | 0.0004 | 0.0002 | 0.0001 | | | |
| 2 | 0.1850 | 0.1465 | 0.1125 | 0.0842 | 0.0446 | 0.0223 | 0.0107 | 0.0050 | 0.0023 | 0.0010 | 0.0004 | 0.0002 | 0.0001 | |
| 3 | 0.2158 | 0.1954 | 0.1687 | 0.1404 | 0.0892 | 0.0521 | 0.0286 | 0.0150 | 0.0076 | 0.0037 | 0.0018 | 0.0008 | 0.0004 | 0.0002 |
| 4 | 0.1888 | 0.1954 | 0.1898 | 0.1755 | 0.1339 | 0.0912 | 0.0573 | 0.0337 | 0.0189 | 0.0102 | 0.0053 | 0.0027 | 0.0013 | 0.0006 |
| 5 | 0.1322 | 0.1563 | 0.1708 | 0.1755 | 0.1606 | 0.1277 | 0.0916 | 0.0607 | 0.0378 | 0.0224 | 0.0127 | 0.0071 | 0.0037 | 0.0019 |
| 6 | 0.0771 | 0.1042 | 0.1281 | 0.1462 | 0.1606 | 0.1490 | 0.1221 | 0.0911 | 0.0631 | 0.0411 | 0.0255 | 0.0151 | 0.0087 | 0.0048 |
| 7 | 0.0385 | 0.0595 | 0.0824 | 0.1044 | 0.1377 | 0.1490 | 0.1396 | 0.1171 | 0.0901 | 0.0646 | 0.0437 | 0.0281 | 0.0174 | 0.0104 |
| 8 | 0.0169 | 0.0298 | 0.0463 | 0.0653 | 0.1033 | 0.1304 | 0.1396 | 0.1318 | 0.1126 | 0.0888 | 0.0655 | 0.0457 | 0.0304 | 0.0195 |
| 9 | 0.0065 | 0.0132 | 0.0232 | 0.0363 | 0.0688 | 0.1014 | 0.1241 | 0.1318 | 0.1251 | 0.1085 | 0.0874 | 0.0660 | 0.0473 | 0.0324 |
| 10 | 0.0023 | 0.0053 | 0.0104 | 0.0181 | 0.0413 | 0.0710 | 0.0993 | 0.1186 | 0.1251 | 0.1194 | 0.1048 | 0.0859 | 0.0663 | 0.0486 |
| 11 | 0.0007 | 0.0019 | 0.0043 | 0.0082 | 0.0225 | 0.0452 | 0.0722 | 0.0970 | 0.1137 | 0.1194 | 0.1144 | 0.1015 | 0.0843 | 0.0663 |
| 12 | 0.0002 | 0.0006 | 0.0015 | 0.0034 | 0.0113 | 0.0264 | 0.0481 | 0.0728 | 0.0948 | 0.1094 | 0.1144 | 0.1099 | 0.0984 | 0.0828 |
| 13 | 0.0001 | 0.0002 | 0.0006 | 0.0013 | 0.0052 | 0.0142 | 0.0296 | 0.0504 | 0.0729 | 0.0926 | 0.1056 | 0.1099 | 0.1061 | 0.0956 |
| 14 | | 0.0001 | 0.0002 | 0.0005 | 0.0023 | 0.0071 | 0.0169 | 0.0324 | 0.0521 | 0.0728 | 0.0905 | 0.1021 | 0.1061 | 0.1025 |
| 15 | | | 0.0001 | 0.0002 | 0.0009 | 0.0033 | 0.0090 | 0.0194 | 0.0347 | 0.0533 | 0.0724 | 0.0885 | 0.0989 | 0.1025 |
| 16 | | | | 0.0001 | 0.0003 | 0.0015 | 0.0045 | 0.0109 | 0.0217 | 0.0367 | 0.0543 | 0.0719 | 0.0865 | 0.0960 |
| 17 | | | | | 0.0001 | 0.0006 | 0.0021 | 0.0058 | 0.0128 | 0.0237 | 0.0383 | 0.0551 | 0.0713 | 0.0847 |
| 18 | | | | | | 0.0002 | 0.0010 | 0.0029 | 0.0071 | 0.0145 | 0.0255 | 0.0397 | 0.0554 | 0.0706 |
| 19 | | | | | | 0.0001 | 0.0004 | 0.0014 | 0.0037 | 0.0084 | 0.0161 | 0.0272 | 0.0408 | 0.0557 |
| 20 | | | | | | | 0.0002 | 0.0006 | 0.0019 | 0.0046 | 0.0097 | 0.0177 | 0.0286 | 0.0418 |
| 21 | | | | | | | 0.0001 | 0.0003 | 0.0009 | 0.0024 | 0.0055 | 0.0109 | 0.0191 | 0.0299 |
| 22 | | | | | | | | 0.0001 | 0.0004 | 0.0013 | 0.0030 | 0.0065 | 0.0122 | 0.0204 |
| 23 | | | | | | | | | 0.0002 | 0.0006 | 0.0016 | 0.0036 | 0.0074 | 0.0133 |
| 24 | | | | | | | | | 0.0001 | 0.0003 | 0.0008 | 0.0020 | 0.0043 | 0.0083 |
| 25 | | | | | | | | | | 0.0001 | 0.0004 | 0.0011 | 0.0024 | 0.0050 |
| 26 | | | | | | | | | | | 0.0002 | 0.0005 | 0.0013 | 0.0029 |
| 27 | | | | | | | | | | | 0.0001 | 0.0002 | 0.0007 | 0.0017 |
| 28 | | | | | | | | | | | | 0.0001 | 0.0003 | 0.0009 |
| 29 | | | | | | | | | | | | | 0.0002 | 0.0004 |
| 30 | | | | | | | | | | | | | 0.0001 | 0.0002 |
| 31 | | | | | | | | | | | | | | 0.0001 |

续表

| $\lambda=20$ | | $\lambda=30$ | | $\lambda=40$ | | $\lambda=50$ | |
|---|---|---|---|---|---|---|---|
| $m$ | $p$ | $m$ | $p$ | $m$ | $p$ | $m$ | $p$ |
| 5 | 0.0001 | | | | | | |
| 6 | 0.0002 | | | | | | |
| 7 | 0.0006 | | | | | | |
| 8 | 0.0013 | | | | | | |
| 9 | 0.0029 | | | | | | |
| 10 | 0.0058 | | | | | | |
| 11 | 0.0106 | | | | | | |
| 12 | 0.0176 | 12 | 0.0001 | | | | |
| 13 | 0.0271 | 13 | 0.0002 | | | | |
| 14 | 0.0382 | 14 | 0.0005 | | | | |
| 15 | 0.0517 | 15 | 0.0010 | | | | |
| 16 | 0.0646 | 16 | 0.0019 | | | | |
| 17 | 0.0760 | 17 | 0.0034 | | | | |
| 18 | 0.0844 | 18 | 0.0057 | 18 | 0.0001 | | |
| 19 | 0.0889 | 19 | 0.0089 | 19 | 0.0001 | | |
| 20 | 0.0889 | 20 | 0.0134 | 20 | 0.0002 | | |
| 21 | 0.0846 | 21 | 0.0192 | 21 | 0.0004 | | |
| 22 | 0.0769 | 22 | 0.0261 | 22 | 0.0007 | | |
| 23 | 0.0669 | 23 | 0.0341 | 23 | 0.0012 | | |
| 24 | 0.0557 | 24 | 0.0426 | 24 | 0.0019 | | |
| 25 | 0.0446 | 25 | 0.0511 | 25 | 0.0031 | | |
| 26 | 0.0343 | 26 | 0.0590 | 26 | 0.0047 | 26 | 0.0001 |
| 27 | 0.0254 | 27 | 0.0655 | 27 | 0.0070 | 27 | 0.0001 |
| 28 | 0.0183 | 28 | 0.0702 | 28 | 0.0100 | 28 | 0.0002 |
| 29 | 0.0125 | 29 | 0.0727 | 29 | 0.0139 | 29 | 0.0004 |
| 30 | 0.0083 | 30 | 0.0727 | 30 | 0.0185 | 30 | 0.0007 |
| 31 | 0.0054 | 31 | 0.0703 | 31 | 0.0238 | 31 | 0.0011 |
| 32 | 0.0034 | 32 | 0.0659 | 32 | 0.0298 | 32 | 0.0017 |
| 33 | 0.0021 | 33 | 0.0599 | 33 | 0.0361 | 33 | 0.0026 |
| 34 | 0.0012 | 34 | 0.0529 | 34 | 0.0425 | 34 | 0.0038 |
| 35 | 0.0007 | 35 | 0.0453 | 35 | 0.0485 | 35 | 0.0054 |
| 36 | 0.0004 | 36 | 0.0378 | 36 | 0.0539 | 36 | 0.0075 |
| 37 | 0.0002 | 37 | 0.0306 | 37 | 0.0583 | 37 | 0.0102 |
| 38 | 0.0001 | 38 | 0.0242 | 38 | 0.0614 | 38 | 0.0134 |
| 39 | 0.0001 | 39 | 0.0186 | 39 | 0.0629 | 39 | 0.0172 |
| | | 40 | 0.0139 | 40 | 0.0629 | 40 | 0.0215 |

| λ=20 | | λ=30 | | λ=40 | | λ=50 | |
|---|---|---|---|---|---|---|---|
| *m* | *p* | *m* | *p* | *m* | *p* | *m* | *p* |
| | | 41 | 0.0102 | 41 | 0.0614 | 41 | 0.0262 |
| | | 42 | 0.0073 | 42 | 0.0585 | 42 | 0.0312 |
| | | 43 | 0.0051 | 43 | 0.0544 | 43 | 0.0363 |
| | | 44 | 0.0035 | 44 | 0.0495 | 44 | 0.0412 |
| | | 45 | 0.0023 | 45 | 0.0440 | 45 | 0.0458 |
| | | 46 | 0.0015 | 46 | 0.0382 | 46 | 0.0498 |
| | | 47 | 0.0010 | 47 | 0.0325 | 47 | 0.0530 |
| | | 48 | 0.0006 | 48 | 0.0271 | 48 | 0.0552 |
| | | 49 | 0.0004 | 49 | 0.0221 | 49 | 0.0564 |
| | | 50 | 0.0002 | 50 | 0.0177 | 50 | 0.0564 |
| | | 51 | 0.0001 | 51 | 0.0139 | 51 | 0.0552 |
| | | 52 | 0.0001 | 52 | 0.0107 | 52 | 0.0531 |
| | | | | 53 | 0.0081 | 53 | 0.0501 |
| | | | | 54 | 0.0060 | 54 | 0.0464 |
| | | | | 55 | 0.0043 | 55 | 0.0422 |
| | | | | 56 | 0.0031 | 56 | 0.0377 |
| | | | | 57 | 0.0022 | 57 | 0.0330 |
| | | | | 58 | 0.0015 | 58 | 0.0285 |
| | | | | 59 | 0.0010 | 59 | 0.0241 |
| | | | | 60 | 0.0007 | 60 | 0.0201 |
| | | | | 61 | 0.0005 | 61 | 0.0165 |
| | | | | 62 | 0.0003 | 62 | 0.0133 |
| | | | | 63 | 0.0002 | 63 | 0.0106 |
| | | | | 64 | 0.0001 | 64 | 0.0082 |
| | | | | 65 | 0.0001 | 65 | 0.0063 |
| | | | | | | 66 | 0.0048 |
| | | | | | | 67 | 0.0036 |
| | | | | | | 68 | 0.0026 |
| | | | | | | 69 | 0.0019 |
| | | | | | | 70 | 0.0014 |
| | | | | | | 71 | 0.0010 |
| | | | | | | 72 | 0.0007 |
| | | | | | | 73 | 0.0005 |
| | | | | | | 74 | 0.0003 |
| | | | | | | 75 | 0.0002 |
| | | | | | | 76 | 0.0001 |
| | | | | | | 77 | 0.0001 |
| | | | | | | 78 | 0.0001 |

## 附表 3 二项分布的数值表

$$P\{X \leqslant x\} = \sum_{k=0}^{x} \binom{n}{k} p^k (1-p)^{n-k}$$

| $n$ | $x$ | $p$ | | | | | | | | | | | | |
|---|---|---|---|---|---|---|---|---|---|---|---|---|---|---|
| | | 0.001 | 0.002 | 0.003 | 0.005 | 0.01 | 0.02 | 0.03 | 0.05 | 0.10 | 0.15 | 0.20 | 0.25 | 0.30 |
| 2 | 0 | 0.9980 | 0.9960 | 0.9940 | 0.9900 | 0.9801 | 0.9604 | 0.9409 | 0.9025 | 0.8100 | 0.7225 | 0.6400 | 0.5625 | 0.4900 |
| 2 | 1 | 1.0000 | 1.0000 | 1.0000 | 1.0000 | 0.9999 | 0.9996 | 0.9991 | 0.9975 | 0.9900 | 0.9775 | 0.9600 | 0.9375 | 0.9100 |
| 3 | 0 | 0.9970 | 0.9940 | 0.9910 | 0.9851 | 0.9703 | 0.9412 | 0.9127 | 0.8574 | 0.7290 | 0.6141 | 0.5120 | 0.4219 | 0.3430 |
| 3 | 1 | 1.0000 | 1.0000 | 1.0000 | 0.9999 | 0.9997 | 0.9988 | 0.9974 | 0.9928 | 0.9720 | 0.9393 | 0.8960 | 0.8438 | 0.7840 |
| 3 | 2 | | | | 1.0000 | 1.0000 | 1.0000 | 1.0000 | 0.9999 | 0.9990 | 0.9966 | 0.9920 | 0.9844 | 0.9730 |
| 4 | 0 | 0.9960 | 0.9920 | 0.9881 | 0.9801 | 0.9606 | 0.9224 | 0.8853 | 0.8145 | 0.6561 | 0.5220 | 0.4096 | 0.3164 | 0.2401 |
| 4 | 1 | 1.0000 | 1.0000 | 0.9999 | 0.9999 | 0.9994 | 0.9977 | 0.9948 | 0.9860 | 0.9477 | 0.8905 | 0.8192 | 0.7383 | 0.6517 |
| 4 | 2 | | | 1.0000 | 1.0000 | 1.0000 | 1.0000 | 0.9999 | 0.9995 | 0.9963 | 0.9880 | 0.9728 | 0.9492 | 0.9163 |
| 4 | 3 | | | | | | | 1.0000 | 1.0000 | 0.9999 | 0.9995 | 0.9984 | 0.9961 | 0.9919 |
| 5 | 0 | 0.9950 | 0.9900 | 0.9851 | 0.9752 | 0.9510 | 0.9039 | 0.8587 | 0.7738 | 0.5905 | 0.4437 | 0.3277 | 0.2373 | 0.1681 |
| 5 | 1 | 1.0000 | 1.0000 | 0.9999 | 0.9998 | 0.9990 | 0.9962 | 0.9915 | 0.9774 | 0.9185 | 0.8352 | 0.7373 | 0.6328 | 0.5282 |
| 5 | 2 | | | 1.0000 | 1.0000 | 1.0000 | 0.9999 | 0.9997 | 0.9988 | 0.9914 | 0.9734 | 0.9421 | 0.8965 | 0.8369 |
| 5 | 3 | | | | | | 1.0000 | 1.0000 | 1.0000 | 0.9995 | 0.9978 | 0.9933 | 0.9844 | 0.9692 |
| 5 | 4 | | | | | | | | | 1.0000 | 0.9999 | 0.9997 | 0.9990 | 0.9976 |
| 6 | 0 | 0.9940 | 0.9881 | 0.9821 | 0.9704 | 0.9415 | 0.8858 | 0.8330 | 0.7351 | 0.5314 | 0.3771 | 0.2621 | 0.1780 | 0.1176 |
| 6 | 1 | 1.0000 | 0.9999 | 0.9999 | 0.9996 | 0.9985 | 0.9943 | 0.9875 | 0.9672 | 0.8857 | 0.7765 | 0.6554 | 0.5339 | 0.4202 |
| 6 | 2 | | 1.0000 | 1.0000 | 1.0000 | 1.0000 | 0.9998 | 0.9995 | 0.9978 | 0.9842 | 0.9527 | 0.9011 | 0.8306 | 0.7443 |
| 6 | 3 | | | | | | 1.0000 | 1.0000 | 0.9999 | 0.9987 | 0.9941 | 0.9830 | 0.9624 | 0.9295 |
| 6 | 4 | | | | | | | | 1.0000 | 0.9999 | 0.9996 | 0.9984 | 0.9954 | 0.9891 |
| 6 | 5 | | | | | | | | | 1.0000 | 1.0000 | 0.9999 | 0.9998 | 0.9993 |
| 7 | 0 | 0.9930 | 0.9861 | 0.9792 | 0.9655 | 0.9321 | 0.8681 | 0.8080 | 0.6983 | 0.4783 | 0.3206 | 0.2097 | 0.1335 | 0.0824 |
| 7 | 1 | 1.0000 | 0.9999 | 0.9998 | 0.9995 | 0.9980 | 0.9921 | 0.9829 | 0.9556 | 0.8503 | 0.7166 | 0.5767 | 0.4449 | 0.3294 |
| 7 | 2 | | 1.0000 | 1.0000 | 1.0000 | 1.0000 | 0.9997 | 0.9991 | 0.9962 | 0.9743 | 0.9262 | 0.8520 | 0.7564 | 0.6471 |
| 7 | 3 | | | | | | 1.0000 | 1.0000 | 0.9998 | 0.9973 | 0.9879 | 0.9667 | 0.9294 | 0.8740 |
| 7 | 4 | | | | | | | | 1.0000 | 0.9998 | 0.9988 | 0.9953 | 0.9871 | 0.9712 |
| 7 | 5 | | | | | | | | | 1.0000 | 0.9999 | 0.9996 | 0.9987 | 0.9962 |
| 7 | 6 | | | | | | | | | | 1.0000 | 1.0000 | 0.9999 | 0.9998 |
| 8 | 0 | 0.9920 | 0.9841 | 0.9763 | 0.9607 | 0.9227 | 0.8508 | 0.7837 | 0.6634 | 0.4305 | 0.2725 | 0.1678 | 0.1001 | 0.0576 |
| 8 | 1 | 1.0000 | 0.9999 | 0.9998 | 0.9993 | 0.9973 | 0.9897 | 0.9777 | 0.9428 | 0.8131 | 0.6572 | 0.5033 | 0.3671 | 0.2553 |
| 8 | 2 | | 1.0000 | 1.0000 | 1.0000 | 0.9999 | 0.9996 | 0.9987 | 0.9942 | 0.9619 | 0.8948 | 0.7969 | 0.6785 | 0.5518 |
| 8 | 3 | | | | | 1.0000 | 1.0000 | 0.9999 | 0.9996 | 0.9950 | 0.9786 | 0.9437 | 0.8862 | 0.8059 |
| 8 | 4 | | | | | | | 1.0000 | 1.0000 | 0.9996 | 0.9971 | 0.9896 | 0.9727 | 0.9420 |
| 8 | 5 | | | | | | | | | 1.0000 | 0.9998 | 0.9988 | 0.9958 | 0.9887 |

续表

| $n$ | $x$ | $p$ | | | | | | | | | | | | |
|---|---|---|---|---|---|---|---|---|---|---|---|---|---|---|
| | | 0.001 | 0.002 | 0.003 | 0.005 | 0.01 | 0.02 | 0.03 | 0.05 | 0.10 | 0.15 | 0.20 | 0.25 | 0.30 |
| 8 | 6 | | | | | | | | | | 1.0000 | 0.9999 | 0.9996 | 0.9987 |
| 8 | 7 | | | | | | | | | | | 1.0000 | 1.0000 | 0.9999 |
| 9 | 0 | 0.9910 | 0.9821 | 0.9733 | 0.9559 | 0.9135 | 0.8337 | 0.7602 | 0.6302 | 0.3874 | 0.2316 | 0.1342 | 0.0751 | 0.0404 |
| 9 | 1 | 1.0000 | 0.9999 | 0.9997 | 0.9991 | 0.9966 | 0.9869 | 0.9718 | 0.9288 | 0.7748 | 0.5995 | 0.4362 | 0.3003 | 0.1960 |
| 9 | 2 | | 1.0000 | 1.0000 | 1.0000 | 0.9999 | 0.9994 | 0.9980 | 0.9916 | 0.9470 | 0.8591 | 0.7382 | 0.6007 | 0.4628 |
| 9 | 3 | | | | | 1.0000 | 1.0000 | 0.9999 | 0.9994 | 0.9917 | 0.9661 | 0.9144 | 0.8343 | 0.7297 |
| 9 | 4 | | | | | | | 1.0000 | 1.0000 | 0.9991 | 0.9944 | 0.9804 | 0.9511 | 0.9012 |
| 9 | 5 | | | | | | | | | 0.9999 | 0.9994 | 0.9969 | 0.9900 | 0.9747 |
| 9 | 6 | | | | | | | | | 1.0000 | 1.0000 | 0.9997 | 0.9987 | 0.9957 |
| 9 | 7 | | | | | | | | | | | 1.0000 | 0.9999 | 0.9996 |
| 9 | 8 | | | | | | | | | | | | 1.0000 | 1.0000 |
| 10 | 0 | 0.9900 | 0.9802 | 0.9704 | 0.9511 | 0.9044 | 0.8171 | 0.7374 | 0.5987 | 0.3487 | 0.1969 | 0.1074 | 0.0563 | 0.0282 |
| 10 | 1 | 1.0000 | 0.9998 | 0.9996 | 0.9989 | 0.9957 | 0.9838 | 0.9655 | 0.9139 | 0.7361 | 0.5443 | 0.3758 | 0.2440 | 0.1493 |
| 10 | 2 | | 1.0000 | 1.0000 | 1.0000 | 0.9999 | 0.9991 | 0.9972 | 0.9885 | 0.9298 | 0.8202 | 0.6778 | 0.5256 | 0.3828 |
| 10 | 3 | | | | | 1.0000 | 1.0000 | 0.9999 | 0.9990 | 0.9872 | 0.9500 | 0.8791 | 0.7759 | 0.6496 |
| 10 | 4 | | | | | | | 1.0000 | 0.9999 | 0.9984 | 0.9901 | 0.9672 | 0.9219 | 0.8497 |
| 10 | 5 | | | | | | | | 1.0000 | 0.9999 | 0.9986 | 0.9936 | 0.9803 | 0.9527 |
| 10 | 6 | | | | | | | | | 1.0000 | 0.9999 | 0.9991 | 0.9965 | 0.9894 |
| 10 | 7 | | | | | | | | | | 1.0000 | 0.9999 | 0.9996 | 0.9984 |
| 10 | 8 | | | | | | | | | | | 1.0000 | 1.0000 | 0.9999 |
| 10 | 9 | | | | | | | | | | | | | 1.0000 |
| 11 | 0 | 0.9891 | 0.9782 | 0.9675 | 0.9464 | 0.8953 | 0.8007 | 0.7153 | 0.5688 | 0.3138 | 0.1673 | 0.0859 | 0.0422 | 0.0198 |
| 11 | 1 | 0.9999 | 0.9998 | 0.9995 | 0.9987 | 0.9948 | 0.9805 | 0.9587 | 0.8981 | 0.6974 | 0.4922 | 0.3221 | 0.1971 | 0.1130 |
| 11 | 2 | 1.0000 | 1.0000 | 1.0000 | 1.0000 | 0.9998 | 0.9988 | 0.9963 | 0.9848 | 0.9104 | 0.7788 | 0.6174 | 0.4552 | 0.3127 |
| 11 | 3 | | | | | 1.0000 | 1.0000 | 0.9998 | 0.9984 | 0.9815 | 0.9306 | 0.8389 | 0.7133 | 0.5696 |
| 11 | 4 | | | | | | | 1.0000 | 0.9999 | 0.9972 | 0.9841 | 0.9496 | 0.8854 | 0.7897 |
| 11 | 5 | | | | | | | | 1.0000 | 0.9997 | 0.9973 | 0.9883 | 0.9657 | 0.9218 |
| 11 | 6 | | | | | | | | | 1.0000 | 0.9997 | 0.9980 | 0.9924 | 0.9784 |
| 11 | 7 | | | | | | | | | | 1.0000 | 0.9998 | 0.9988 | 0.9957 |
| 11 | 8 | | | | | | | | | | | 1.0000 | 0.9999 | 0.9994 |
| 11 | 9 | | | | | | | | | | | | 1.0000 | 1.0000 |
| 12 | 0 | 0.9881 | 0.9763 | 0.9646 | 0.9416 | 0.8864 | 0.7847 | 0.6938 | 0.5404 | 0.2824 | 0.1422 | 0.0687 | 0.0317 | 0.0138 |
| 12 | 1 | 0.9999 | 0.9997 | 0.9994 | 0.9984 | 0.9938 | 0.9769 | 0.9514 | 0.8816 | 0.6590 | 0.4435 | 0.2749 | 0.1584 | 0.0850 |
| 12 | 2 | 1.0000 | 1.0000 | 1.0000 | 1.0000 | 0.9998 | 0.9985 | 0.9952 | 0.9804 | 0.8891 | 0.7358 | 0.5583 | 0.3907 | 0.2528 |
| 12 | 3 | | | | | 1.0000 | 0.9999 | 0.9997 | 0.9978 | 0.9744 | 0.9078 | 0.7946 | 0.6488 | 0.4925 |
| 12 | 4 | | | | | | 1.0000 | 1.0000 | 0.9998 | 0.9957 | 0.9761 | 0.9274 | 0.8424 | 0.7237 |
| 12 | 5 | | | | | | | | 1.0000 | 0.9995 | 0.9954 | 0.9806 | 0.9456 | 0.8822 |
| 12 | 6 | | | | | | | | | 0.9999 | 0.9993 | 0.9961 | 0.9857 | 0.9614 |
| 12 | 7 | | | | | | | | | 1.0000 | 0.9999 | 0.9994 | 0.9972 | 0.9905 |

续表

| n | x | p | | | | | | | | | | | | |
|---|---|---|---|---|---|---|---|---|---|---|---|---|---|---|
| | | 0.001 | 0.002 | 0.003 | 0.005 | 0.01 | 0.02 | 0.03 | 0.05 | 0.10 | 0.15 | 0.20 | 0.25 | 0.30 |
| 12 | 8 | | | | | | | | | | 1.0000 | 0.9999 | 0.9996 | 0.9983 |
| 12 | 9 | | | | | | | | | | | 1.0000 | 1.0000 | 0.9998 |
| 12 | 10 | | | | | | | | | | | | | 1.0000 |
| 13 | 0 | 0.9871 | 0.9743 | 0.9617 | 0.9369 | 0.8775 | 0.7690 | 0.6730 | 0.5133 | 0.2542 | 0.1209 | 0.0550 | 0.0238 | 0.0097 |
| 13 | 1 | 0.9999 | 0.9997 | 0.9993 | 0.9981 | 0.9928 | 0.9730 | 0.9436 | 0.8646 | 0.6213 | 0.3983 | 0.2336 | 0.1267 | 0.0637 |
| 13 | 2 | 1.0000 | 1.0000 | 1.0000 | 1.0000 | 0.9997 | 0.9980 | 0.9938 | 0.9755 | 0.8661 | 0.6920 | 0.5017 | 0.3326 | 0.2025 |
| 13 | 3 | | | | | 1.0000 | 0.9999 | 0.9995 | 0.9969 | 0.9658 | 0.8820 | 0.7473 | 0.5843 | 0.4206 |
| 13 | 4 | | | | | | 1.0000 | 1.0000 | 0.9997 | 0.9935 | 0.9658 | 0.9009 | 0.7940 | 0.6543 |
| 13 | 5 | | | | | | | | 1.0000 | 0.9991 | 0.9925 | 0.9700 | 0.9198 | 0.8346 |
| 13 | 6 | | | | | | | | | 0.9999 | 0.9987 | 0.9930 | 0.9757 | 0.9376 |
| 13 | 7 | | | | | | | | | 1.0000 | 0.9998 | 0.9988 | 0.9944 | 0.9818 |
| 13 | 8 | | | | | | | | | | 1.0000 | 0.9998 | 0.9990 | 0.9960 |
| 13 | 9 | | | | | | | | | | | 1.0000 | 0.9999 | 0.9993 |
| 13 | 10 | | | | | | | | | | | | 1.0000 | 0.9999 |
| 13 | 11 | | | | | | | | | | | | | 1.0000 |
| 14 | 0 | 0.9861 | 0.9724 | 0.9588 | 0.9322 | 0.8687 | 0.7536 | 0.6528 | 0.4877 | 0.2288 | 0.1028 | 0.0440 | 0.0178 | 0.0068 |
| 14 | 1 | 0.9999 | 0.9996 | 0.9992 | 0.9978 | 0.9916 | 0.9690 | 0.9355 | 0.8470 | 0.5846 | 0.3567 | 0.1979 | 0.1010 | 0.0475 |
| 14 | 2 | 1.0000 | 1.0000 | 1.0000 | 1.0000 | 0.9997 | 0.9975 | 0.9923 | 0.9699 | 0.8416 | 0.6479 | 0.4481 | 0.2811 | 0.1608 |
| 14 | 3 | | | | | 1.0000 | 0.9999 | 0.9994 | 0.9958 | 0.9559 | 0.8535 | 0.6982 | 0.5213 | 0.3552 |
| 14 | 4 | | | | | | 1.0000 | 1.0000 | 0.9996 | 0.9908 | 0.9533 | 0.8702 | 0.7415 | 0.5842 |
| 14 | 5 | | | | | | | | 1.0000 | 0.9985 | 0.9885 | 0.9561 | 0.8883 | 0.7805 |
| 14 | 6 | | | | | | | | | 0.9998 | 0.9978 | 0.9884 | 0.9617 | 0.9067 |
| 14 | 7 | | | | | | | | | 1.0000 | 0.9997 | 0.9976 | 0.9897 | 0.9685 |
| 14 | 8 | | | | | | | | | | 1.0000 | 0.9996 | 0.9978 | 0.9917 |
| 14 | 9 | | | | | | | | | | | 1.0000 | 0.9997 | 0.9983 |
| 14 | 10 | | | | | | | | | | | | 1.0000 | 0.9998 |
| 14 | 11 | | | | | | | | | | | | | 1.0000 |
| 15 | 0 | 0.9851 | 0.9704 | 0.9559 | 0.9276 | 0.8601 | 0.7386 | 0.6333 | 0.4633 | 0.2059 | 0.0874 | 0.0352 | 0.0134 | 0.0047 |
| 15 | 1 | 0.9999 | 0.9996 | 0.9991 | 0.9975 | 0.9904 | 0.9647 | 0.9270 | 0.8290 | 0.5490 | 0.3186 | 0.1671 | 0.0802 | 0.0353 |
| 15 | 2 | 1.0000 | 1.0000 | 1.0000 | 0.9999 | 0.9996 | 0.9970 | 0.9906 | 0.9638 | 0.8159 | 0.6042 | 0.3980 | 0.2361 | 0.1268 |
| 15 | 3 | | | | 1.0000 | 1.0000 | 0.9998 | 0.9992 | 0.9945 | 0.9444 | 0.8227 | 0.6482 | 0.4613 | 0.2969 |
| 15 | 4 | | | | | | 1.0000 | 0.9999 | 0.9994 | 0.9873 | 0.9383 | 0.8358 | 0.6865 | 0.5155 |
| 15 | 5 | | | | | | | 1.0000 | 0.9999 | 0.9978 | 0.9832 | 0.9389 | 0.8516 | 0.7216 |
| 15 | 6 | | | | | | | | 1.0000 | 0.9997 | 0.9964 | 0.9819 | 0.9434 | 0.8689 |
| 15 | 7 | | | | | | | | | 1.0000 | 0.9994 | 0.9958 | 0.9827 | 0.9500 |
| 15 | 8 | | | | | | | | | | 0.9999 | 0.9992 | 0.9958 | 0.9848 |
| 15 | 9 | | | | | | | | | | 1.0000 | 0.9999 | 0.9992 | 0.9963 |
| 15 | 10 | | | | | | | | | | | 1.0000 | 0.9999 | 0.9993 |
| 15 | 11 | | | | | | | | | | | | 1.0000 | 0.9999 |

续表

| n | x | p | | | | | | | | | | | | |
|---|---|---|---|---|---|---|---|---|---|---|---|---|---|---|
| | | 0.001 | 0.002 | 0.003 | 0.005 | 0.01 | 0.02 | 0.03 | 0.05 | 0.10 | 0.15 | 0.20 | 0.25 | 0.30 |
| 15 | 12 | | | | | | | | | | | | | 1.0000 |
| 16 | 0 | 0.9841 | 0.9685 | 0.9531 | 0.9229 | 0.8515 | 0.7238 | 0.6143 | 0.4401 | 0.1853 | 0.0743 | 0.0281 | 0.0100 | 0.0033 |
| 16 | 1 | 0.9999 | 0.9995 | 0.9989 | 0.9971 | 0.9891 | 0.9601 | 0.9182 | 0.8108 | 0.5147 | 0.2839 | 0.1407 | 0.0635 | 0.0261 |
| 16 | 2 | 1.0000 | 1.0000 | 1.0000 | 0.9999 | 0.9995 | 0.9963 | 0.9887 | 0.9571 | 0.7892 | 0.5614 | 0.3518 | 0.1971 | 0.0994 |
| 16 | 3 | | | | 1.0000 | 1.0000 | 0.9998 | 0.9989 | 0.9930 | 0.9316 | 0.7899 | 0.5981 | 0.4050 | 0.2459 |
| 16 | 4 | | | | | | 1.0000 | 0.9999 | 0.9991 | 0.9830 | 0.9209 | 0.7982 | 0.6302 | 0.4499 |
| 16 | 5 | | | | | | | 1.0000 | 0.9999 | 0.9967 | 0.9765 | 0.9183 | 0.8103 | 0.6598 |
| 16 | 6 | | | | | | | | 1.0000 | 0.9995 | 0.9944 | 0.9733 | 0.9204 | 0.8247 |
| 16 | 7 | | | | | | | | | 0.9999 | 0.9989 | 0.9930 | 0.9729 | 0.9256 |
| 16 | 8 | | | | | | | | | 1.0000 | 0.9998 | 0.9985 | 0.9925 | 0.9743 |
| 16 | 9 | | | | | | | | | | 1.0000 | 0.9998 | 0.9984 | 0.9929 |
| 16 | 10 | | | | | | | | | | | 1.0000 | 0.9997 | 0.9984 |
| 16 | 11 | | | | | | | | | | | | 1.0000 | 0.9997 |
| 16 | 12 | | | | | | | | | | | | | 1.0000 |
| 17 | 0 | 0.9831 | 0.9665 | 0.9502 | 0.9183 | 0.8429 | 0.7093 | 0.5958 | 0.4181 | 0.1668 | 0.0631 | 0.0225 | 0.0075 | 0.0023 |
| 17 | 1 | 0.9999 | 0.9995 | 0.9988 | 0.9968 | 0.9877 | 0.9554 | 0.9091 | 0.7922 | 0.4818 | 0.2525 | 0.1182 | 0.0501 | 0.0193 |
| 17 | 2 | 1.0000 | 1.0000 | 1.0000 | 0.9999 | 0.9994 | 0.9956 | 0.9866 | 0.9497 | 0.7618 | 0.5198 | 0.3096 | 0.1637 | 0.0774 |
| 17 | 3 | | | | 1.0000 | 1.0000 | 0.9997 | 0.9986 | 0.9912 | 0.9174 | 0.7556 | 0.5489 | 0.3530 | 0.2019 |
| 17 | 4 | | | | | | 1.0000 | 0.9999 | 0.9988 | 0.9779 | 0.9013 | 0.7582 | 0.5739 | 0.3887 |
| 17 | 5 | | | | | | | 1.0000 | 0.9999 | 0.9953 | 0.9681 | 0.8943 | 0.7653 | 0.5968 |
| 17 | 6 | | | | | | | | 1.0000 | 0.9992 | 0.9917 | 0.9623 | 0.8929 | 0.7752 |
| 17 | 7 | | | | | | | | | 0.9999 | 0.9983 | 0.9891 | 0.9598 | 0.8954 |
| 17 | 8 | | | | | | | | | 1.0000 | 0.9997 | 0.9974 | 0.9876 | 0.9597 |
| 17 | 9 | | | | | | | | | | 1.0000 | 0.9995 | 0.9969 | 0.9873 |
| 17 | 10 | | | | | | | | | | 1 0000 | 0.9999 | 0.9994 | 0.9968 |
| 17 | 11 | | | | | | | | | | | 1.0000 | 0.9999 | 0.9993 |
| 17 | 12 | | | | | | | | | | | | 1.0000 | 0.9999 |
| 17 | 13 | | | | | | | | | | | | | 1.0000 |
| 18 | 0 | 0.9822 | 0.9646 | 0.9474 | 0.9137 | 0.8345 | 0.6951 | 0.5780 | 0.3972 | 0.1501 | 0.0536 | 0.0180 | 0.0056 | 0.0016 |
| 18 | 1 | 0.9998 | 0.9994 | 0.9987 | 0.9964 | 0.9862 | 0.9505 | 0.8997 | 0.7735 | 0.4503 | 0.2241 | 0.0991 | 0.0395 | 0.0142 |
| 20 | 0 | 0.9802 | 0.9608 | 0.9417 | 0.9046 | 0.8179 | 0.6676 | 0.5438 | 0.3585 | 0.1216 | 0.0388 | 0.0115 | 0.0032 | 0.0008 |
| 20 | 1 | 0.9998 | 0.9993 | 0.9984 | 0.9955 | 0.9831 | 0.9401 | 0.8802 | 0.7358 | 0.3917 | 0.1756 | 0.0692 | 0.0243 | 0.0076 |
| 20 | 2 | 1.0000 | 1.0000 | 1.0000 | 0.9999 | 0.9990 | 0.9929 | 0.9790 | 0.9245 | 0.6769 | 0.4049 | 0.2061 | 0.0913 | 0.0355 |
| 20 | 3 | | | | 1.0000 | 1.0000 | 0.9994 | 0.9973 | 0.9841 | 0.8670 | 0.6477 | 0.4114 | 0.2252 | 0.1071 |
| 20 | 4 | | | | | | 1.0000 | 0.9997 | 0.9974 | 0.9568 | 0.8298 | 0.6296 | 0.4148 | 0.2375 |
| 20 | 5 | | | | | | | 1.0000 | 0.9997 | 0.9887 | 0.9327 | 0.8042 | 0.6172 | 0.4164 |
| 20 | 6 | | | | | | | | 1.0000 | 0.9976 | 0.9781 | 0.9133 | 0.7858 | 0.6080 |
| 20 | 7 | | | | | | | | | 0.9996 | 0.9941 | 0.9679 | 0.8982 | 0.7723 |
| 20 | 8 | | | | | | | | | 0.9999 | 0.9987 | 0.9900 | 0.9591 | 0.8867 |

续表

| n | x | p | | | | | | | | | | | | |
|---|---|---|---|---|---|---|---|---|---|---|---|---|---|---|
| | | 0.001 | 0.002 | 0.003 | 0.005 | 0.01 | 0.02 | 0.03 | 0.05 | 0.10 | 0.15 | 0.20 | 0.25 | 0.30 |
| 20 | 9 | | | | | | | | | 1.0000 | 0.9998 | 0.9974 | 0.9861 | 0.9520 |
| 20 | 10 | | | | | | | | | | 1.0000 | 0.9994 | 0.9961 | 0.9829 |
| 20 | 11 | | | | | | | | | | | 0.9999 | 0.9991 | 0.9949 |
| 20 | 12 | | | | | | | | | | | 1.0000 | 0.9998 | 0.9987 |
| 20 | 13 | | | | | | | | | | | | 1.0000 | 0.9997 |
| 20 | 14 | | | | | | | | | | | | | 1.0000 |
| 25 | 0 | 0.9753 | 0.9512 | 0.9276 | 0.8822 | 0.7778 | 0.6035 | 0.4670 | 0.2774 | 0.0718 | 0.0172 | 0.0038 | 0.0008 | 0.0001 |
| 25 | 1 | 0.9997 | 0.9988 | 0.9974 | 0.9931 | 0.9742 | 0.9114 | 0.8280 | 0.6424 | 0.2712 | 0.0931 | 0.0274 | 0.0070 | 0.0016 |
| 25 | 2 | 1.0000 | 1.0000 | 0.9999 | 0.9997 | 0.9980 | 0.9868 | 0.9620 | 0.8729 | 0.5371 | 0.2537 | 0.0982 | 0.0321 | 0.0090 |
| 25 | 3 | | | 1.0000 | 1.0000 | 0.9999 | 0.9986 | 0.9938 | 0.9659 | 0.7636 | 0.4711 | 0.2340 | 0.0962 | 0.0332 |
| 25 | 4 | | | | | 1.0000 | 0.9999 | 0.9992 | 0.9928 | 0.9020 | 0.6821 | 0.4207 | 0.2137 | 0.0905 |
| 25 | 5 | | | | | | 1.0000 | 0.9999 | 0.9988 | 0.9666 | 0.8385 | 0.6167 | 0.3783 | 0.1935 |
| 25 | 6 | | | | | | | 1.0000 | 0.9998 | 0.9905 | 0.9305 | 0.7800 | 0.5611 | 0.3407 |
| 25 | 7 | | | | | | | | 1.0000 | 0.9977 | 0.9745 | 0.8909 | 0.7265 | 0.5118 |

查表方法：本表对于 $n$，$p$，$x$ 给出二项分布函数 $P(x;\ n,\ p)$ 的数值 .

例：对于 $n=11$，$p=0.02$ 和 $x=0$，$P(x;\ n,\ p)=0.8007$.

## 附表 4　标准正态分布表

$$\Phi(z)=\frac{1}{2\pi}\int_{-\infty}^{x}\mathrm{e}^{-\frac{t^2}{2}\mathrm{d}t}=P\{Z\leqslant z\}$$

| $x$ | 0 | 1 | 2 | 3 | 4 | 5 | 6 | 7 | 8 | 9 |
|---|---|---|---|---|---|---|---|---|---|---|
| 0.0 | 0.500 0 | 0.504 0 | 0.508 0 | 0.512 0 | 0.516 0 | 0.519 9 | 0.523 9 | 0.527 9 | 0.531 9 | 0.535 9 |
| 0.1 | 0.539 8 | 0.543 8 | 0.547 8 | 0.551 7 | 0.555 7 | 0.559 6 | 0.563 6 | 0.567 5 | 0.571 4 | 0.575 3 |
| 0.2 | 0.579 3 | 0.583 2 | 0.587 1 | 0.591 0 | 0.594 8 | 0.598 7 | 0.602 6 | 0.606 4 | 0.610 3 | 0.614 1 |
| 0.3 | 0.617 9 | 0.621 7 | 0.625 5 | 0.629 3 | 0.633 1 | 0.636 8 | 0.640 4 | 0.644 3 | 0.648 0 | 0.651 7 |
| 0.4 | 0.655 4 | 0.659 1 | 0.662 8 | 0.666 4 | 0.670 0 | 0.673 6 | 0.677 2 | 0.680 8 | 0.684 4 | 0.687 9 |
| 0.5 | 0.691 5 | 0.695 0 | 0.698 5 | 0.701 9 | 0.705 4 | 0.708 8 | 0.712 3 | 0.715 7 | 0.719 0 | 0.722 4 |
| 0.6 | 0.725 7 | 0.729 1 | 0.732 4 | 0.735 7 | 0.738 9 | 0.742 2 | 0.745 4 | 0.748 6 | 0.751 7 | 0.754 9 |
| 0.7 | 0.758 0 | 0.761 1 | 0.764 2 | 0.767 3 | 0.770 3 | 0.773 4 | 0.776 4 | 0.779 4 | 0.782 3 | 0.785 2 |
| 0.8 | 0.788 1 | 0.791 0 | 0.793 9 | 0.796 7 | 0.799 5 | 0.802 3 | 0.805 1 | 0.807 8 | 0.810 6 | 0.813 3 |
| 0.9 | 0.815 9 | 0.818 6 | 0.821 2 | 0.823 8 | 0.826 4 | 0.828 9 | 0.835 5 | 0.834 0 | 0.836 5 | 0.838 9 |
| 1.0 | 0.841 3 | 0.843 8 | 0.846 1 | 0.848 5 | 0.850 8 | 0.853 1 | 0.855 4 | 0.857 7 | 0.859 9 | 0.862 1 |
| 1.1 | 0.864 3 | 0.866 5 | 0.868 6 | 0.870 8 | 0.872 9 | 0.874 9 | 0.877 0 | 0.879 0 | 0.881 0 | 0.883 0 |
| 1.2 | 0.884 9 | 0.886 9 | 0.888 8 | 0.890 7 | 0.892 5 | 0.894 4 | 0.896 2 | 0.898 0 | 0.899 7 | 0.901 5 |
| 1.3 | 0.903 2 | 0.904 9 | 0.906 6 | 0.908 2 | 0.909 9 | 0.911 5 | 0.913 1 | 0.914 7 | 0.916 2 | 0.917 7 |
| 1.4 | 0.919 2 | 0.920 7 | 0.922 2 | 0.923 6 | 0.925 1 | 0.926 5 | 0.927 9 | 0.929 2 | 0.930 6 | 0.931 9 |
| 1.5 | 0.933 2 | 0.934 5 | 0.935 7 | 0.937 0 | 0.938 2 | 0.939 4 | 0.940 6 | 0.941 8 | 0.943 0 | 0.944 1 |
| 1.6 | 0.945 2 | 0.946 3 | 0.947 4 | 0.948 4 | 0.949 5 | 0.950 5 | 0.951 5 | 0.952 5 | 0.953 5 | 0.953 5 |
| 1.7 | 0.955 4 | 0.956 4 | 0.957 3 | 0.958 2 | 0.959 1 | 0.959 9 | 0.960 8 | 0.961 6 | 0.962 5 | 0.963 3 |
| 1.8 | 0.964 1 | 0.964 8 | 0.965 6 | 0.966 4 | 0.967 2 | 0.967 8 | 0.968 6 | 0.969 3 | 0.970 0 | 0.970 6 |
| 1.9 | 0.971 3 | 0.971 9 | 0.972 6 | 0.973 2 | 0.973 8 | 0.974 4 | 0.975 0 | 0.975 6 | 0.976 2 | 0.976 7 |
| 2.0 | 0.977 2 | 0.977 8 | 0.978 3 | 0.978 8 | 0.979 3 | 0.979 8 | 0.980 3 | 0.980 8 | 0.981 2 | 0.981 7 |
| 2.1 | 0.982 1 | 0.982 6 | 0.983 0 | 0.983 4 | 0.983 8 | 0.984 2 | 0.984 6 | 0.985 0 | 0.985 4 | 0.985 7 |
| 2.2 | 0.986 1 | 0.986 4 | 0.986 8 | 0.987 1 | 0.987 4 | 0.987 8 | 0.988 1 | 0.988 4 | 0.988 7 | 0.989 0 |
| 2.3 | 0.989 3 | 0.989 6 | 0.989 8 | 0.990 1 | 0.990 4 | 0.990 6 | 0.990 9 | 0.991 1 | 0.991 3 | 0.991 6 |
| 2.4 | 0.991 8 | 0.992 0 | 0.992 2 | 0.992 5 | 0.992 7 | 0.992 9 | 0.993 1 | 0.993 2 | 0.993 4 | 0.993 6 |
| 2.5 | 0.993 8 | 0.994 0 | 0.994 1 | 0.994 3 | 0.994 5 | 0.994 6 | 0.994 8 | 0.994 9 | 0.995 1 | 0.995 2 |
| 2.6 | 0.995 3 | 0.995 5 | 0.995 6 | 0.995 7 | 0.995 9 | 0.996 0 | 0.996 1 | 0.996 2 | 0.996 3 | 0.996 4 |
| 2.7 | 0.996 5 | 0.996 6 | 0.996 7 | 0.996 8 | 0.996 9 | 0.997 0 | 0.997 1 | 0.997 2 | 0.997 3 | 0.997 4 |
| 2.8 | 0.997 4 | 0.997 5 | 0.997 6 | 0.997 7 | 0.997 7 | 0.997 8 | 0.997 9 | 0.997 9 | 0.998 0 | 0.998 1 |
| 2.9 | 0.998 1 | 0.998 2 | 0.998 2 | 0.998 3 | 0.998 4 | 0.998 4 | 0.998 5 | 0.998 5 | 0.998 6 | 0.998 6 |
| 3 | 0.998 7 | 0.999 0 | 0.999 3 | 0.999 5 | 0.999 7 | 0.999 8 | 0.999 8 | 0.999 9 | 0.999 9 | 1.000 0 |

注：本表最后一行自左至右依次是 $\Phi(3.0), \cdots, \Phi(3.9)$ 的值 .

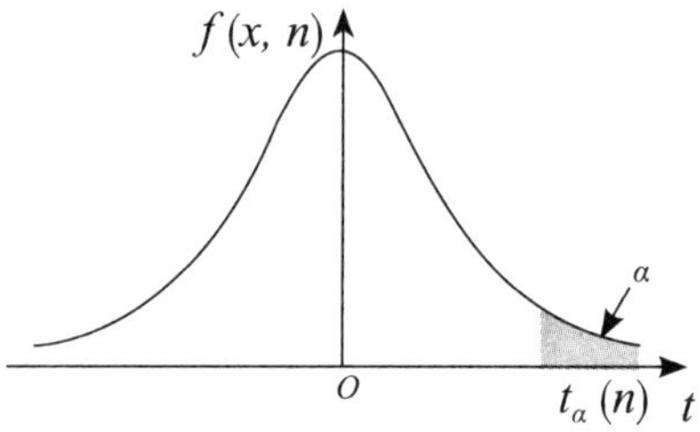


附图 1

## 附表 5 $t$ 分布临界值表

$$P\{T > t_\alpha(n)\} = \alpha$$

| α | n | | | | | | |
|---|---|---|---|---|---|---|---|
| | 0.25 | 0.20 | 0.10 | 0.05 | 0.025 | 0.01 | 0.005 |
| 1 | 1.0000 | 1.3764 | 3.0777 | 6.3138 | 12.7062 | 63.6567 | 63.657 |
| 2 | 0.8165 | 1.0607 | 1.8856 | 2.9200 | 4.3027 | 9.9248 | 9.925 |
| 3 | 0.7649 | 0.9785 | 1.6377 | 2.3534 | 3.1824 | 5.8409 | 5.841 |
| 4 | 0.7407 | 0.9410 | 1.5332 | 2.1318 | 2.7764 | 4.6041 | 4.604 |
| 5 | 0.7267 | 0.9195 | 1.4759 | 2.0150 | 2.5706 | 4.0321 | 4.032 |
| | | | | | | | |
| 6 | 0.7176 | 0.9057 | 1.4398 | 1.9432 | 2.4469 | 3.7074 | 3.707 |
| 7 | 0.7111 | 0.8960 | 1.4149 | 1.8946 | 2.3646 | 3.4995 | 3.499 |
| 8 | 0.7064 | 0.8889 | 1.3968 | 1.8595 | 2.3060 | 3.3554 | 3.355 |
| 9 | 0.7027 | 0.8834 | 1.3830 | 1.8331 | 2.2622 | 3.2498 | 3.250 |
| 10 | 0.6998 | 0.8791 | 1.3722 | 1.8125 | 2.2281 | 3.1693 | 3.169 |
| | | | | | | | |
| 11 | 0.6974 | 0.8755 | 1.3634 | 1.7959 | 2.2010 | 3.1058 | 3.106 |
| 12 | 0.6955 | 0.8726 | 1.3562 | 1.7823 | 2.1788 | 3.0545 | 3.055 |
| 13 | 0.6938 | 0.8702 | 1.3502 | 1.7709 | 2.1604 | 3.0123 | 3.012 |
| 14 | 0.6924 | 0.8681 | 1.3450 | 1.7613 | 2.1448 | 2.9768 | 2.977 |
| 15 | 0.6912 | 0.8662 | 1.3406 | 1.7531 | 2.1314 | 2.9467 | 2.947 |
| | | | | | | | |
| 16 | 0.6901 | 0.8647 | 1.3368 | 1.7459 | 2.1199 | 2.9208 | 2.921 |
| 17 | 0.6892 | 0.8633 | 1.3334 | 1.7396 | 2.1098 | 2.8982 | 2.898 |
| 18 | 0.6884 | 0.8620 | 1.3304 | 1.7341 | 2.1009 | 2.8784 | 2.878 |
| 19 | 0.6876 | 0.8610 | 1.3277 | 1.7291 | 2.0930 | 2.8609 | 2.861 |
| 20 | 0.6870 | 0.8600 | 1.3253 | 1.7247 | 2.0860 | 2.8453 | 2.845 |
| | | | | | | | |

续表

| α | *n* | | | | | | |
|---|---|---|---|---|---|---|---|
| | 0.25 | 0.20 | 0.10 | 0.05 | 0.025 | 0.01 | 0.005 |
| 21 | 0.6864 | 0.8591 | 1.3232 | 1.7207 | 2.0796 | 2.8314 | 2.831 |
| 22 | 0.6858 | 0.8583 | 1.3212 | 1.7171 | 2.0739 | 2.8188 | 2.819 |
| 23 | 0.6853 | 0.8575 | 1.3195 | 1.7139 | 2.0687 | 2.8073 | 2.807 |
| 24 | 0.6848 | 0.8569 | 1.3178 | 1.7109 | 2.0639 | 2.7969 | 2.797 |
| 25 | 0.6844 | 0.8562 | 1.3163 | 1.7081 | 2.0595 | 2.7874 | 2.787 |
| | | | | | | | |
| 26 | 0.6840 | 0.8557 | 1.3150 | 1.7056 | 2.0555 | 2.7787 | 2.779 |
| 27 | 0.6837 | 0.8551 | 1.3137 | 1.7033 | 2.0518 | 2.7707 | 2.771 |
| 28 | 0.6834 | 0.8546 | 1.3125 | 1.7011 | 2.0484 | 2.7633 | 2.763 |
| 29 | 0.6830 | 0.8542 | 1.3114 | 1.6991 | 2.0452 | 2.7564 | 2.756 |
| 30 | 0.6828 | 0.8538 | 1.3104 | 1.6973 | 2.0423 | 2.7500 | 2.750 |
| | | | | | | | |
| 31 | 0.6825 | 0.8534 | 1.3095 | 1.6955 | 2.0395 | 2.7440 | 2.745 |
| 32 | 0.6822 | 0.8530 | 1.3086 | 1.6939 | 2.0369 | 2.7385 | 2.741 |
| 33 | 0.6820 | 0.8526 | 1.3077 | 1.6924 | 2.0345 | 2.7333 | 2.736 |
| 34 | 0.6818 | 0.8523 | 1.3070 | 1.6909 | 2.0322 | 2.7284 | 2.732 |
| 35 | 0.6816 | 0.8520 | 1.3062 | 1.6896 | 2.0301 | 2.7238 | 2.727 |
| | | | | | | | |
| 36 | 0.6814 | 0.8517 | 1.3055 | 1.6883 | 2.0281 | 2.7195 | 2.722 |
| 37 | 0.6812 | 0.8514 | 1.3049 | 1.6871 | 2.0262 | 2.7154 | 2.718 |
| 38 | 0.6810 | 0.8512 | 1.3042 | 1.6860 | 2.0244 | 2.7116 | 2.713 |
| 39 | 0.6808 | 0.8509 | 1.3036 | 1.6849 | 2.0227 | 2.7079 | 2.709 |
| 40 | 0.6807 | 0.8507 | 1.3031 | 1.6839 | 2.0211 | 2.7045 | 2.704 |
| | | | | | | | |
| 41 | 0.6805 | 0.8505 | 1.3025 | 1.6829 | 2.0195 | 2.7012 | 2.702 |
| 42 | 0.6804 | 0.8503 | 1.3020 | 1.6820 | 2.0181 | 2.6981 | 2.700 |
| 43 | 0.6802 | 0.8501 | 1.3016 | 1.6811 | 2.0167 | 2.6951 | 2.697 |
| 44 | 0.6801 | 0.8499 | 1.3011 | 1.6802 | 2.0154 | 2.6923 | 2.695 |
| 45 | 0.6800 | 0.8497 | 1.3006 | 1.6794 | 2.0141 | 2.6896 | 2.693 |

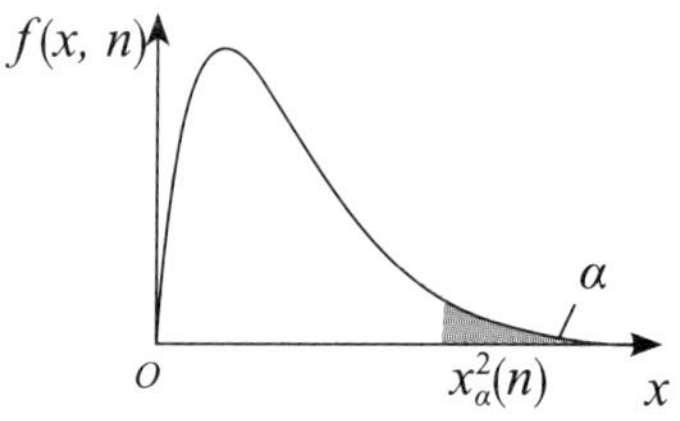

附图 2

## 附表 6 $x^2$ 分布临界值表

$$P\left\{\chi^2 > \chi_\alpha^2(n)\right\} = \alpha$$

| $n$ | α | | | | | | | | | | | |
|---|---|---|---|---|---|---|---|---|---|---|---|---|
| | 0.995 | 0.990 | 0.975 | 0.95 | 0.90 | 0.75 | 0.25 | 0.10 | 0.05 | 0.025 | 0.01 | 0.005 |
| 1 | – | – | 0.001 | 0.004 | 0.016 | 0.102 | 1.323 | 2.706 | 3.841 | 5.024 | 6.635 | 7.879 |
| 2 | 0.010 | 0.020 | 0.051 | 0.103 | 0.211 | 0.575 | 2.773 | 4.605 | 5.991 | 7.378 | 9.210 | 10.597 |
| 3 | 0.072 | 0.115 | 0.216 | 0.352 | 0.584 | 1.213 | 4.108 | 6.251 | 7.815 | 9.348 | 11.345 | 12.838 |
| 4 | 0.207 | 0.297 | 0.484 | 0.711 | 1.064 | 1.923 | 5.385 | 7.779 | 9.488 | 11.143 | 13.277 | 14.860 |
| 5 | 0.412 | 0.554 | 0.831 | 1.145 | 1.610 | 2.675 | 6.626 | 9.236 | 11.070 | 12.833 | 15.086 | 16.750 |
| | | | | | | | | | | | | |
| 6 | 0.676 | 0.872 | 1.237 | 1.635 | 2.204 | 3.455 | 7.841 | 10.645 | 12.592 | 14.449 | 16.812 | 18.548 |
| 7 | 0.989 | 1.239 | 1.690 | 2.167 | 2.833 | 4.255 | 9.037 | 12.017 | 14.067 | 16.013 | 18.475 | 20.278 |
| 8 | 1.344 | 1.646 | 2.180 | 2.733 | 3.490 | 5.071 | 10.219 | 13.362 | 15.507 | 17.535 | 20.090 | 21.955 |
| 9 | 1.735 | 2.088 | 2.700 | 3.325 | 4.168 | 5.899 | 11.389 | 14.684 | 16.919 | 19.023 | 21.666 | 23.589 |
| 10 | 2.156 | 2.558 | 3.247 | 3.940 | 4.865 | 6.737 | 12.549 | 15.987 | 18.307 | 20.483 | 23.209 | 25.188 |
| | | | | | | | | | | | | |
| 11 | 2.603 | 3.053 | 3.816 | 4.575 | 5.578 | 7.584 | 13.701 | 17.275 | 19.675 | 21.920 | 24.725 | 26.757 |
| 12 | 3.074 | 3.571 | 4.404 | 5.226 | 6.304 | 8.438 | 14.845 | 18.549 | 21.026 | 23.337 | 26.217 | 28.300 |
| 13 | 3.565 | 4.107 | 5.009 | 5.892 | 7.042 | 9.299 | 15.984 | 19.812 | 22.362 | 24.336 | 27.688 | 29.819 |
| 14 | 4.075 | 4.660 | 5.629 | 6.571 | 7.790 | 10.165 | 17.117 | 21.064 | 23.685 | 26.119 | 29.141 | 31.319 |
| 15 | 4.601 | 5.229 | 6.262 | 7.261 | 8.547 | 11.037 | 18.245 | 22.307 | 24.996 | 27.488 | 30.578 | 32.801 |
| | | | | | | | | | | | | |
| 16 | 5.142 | 5.812 | 6.908 | 7.962 | 9.312 | 11.912 | 19.369 | 23.542 | 26.296 | 28.845 | 32.000 | 34.267 |
| 17 | 5.697 | 6.408 | 7.564 | 8.672 | 10.085 | 12.792 | 20.489 | 24.769 | 27.587 | 30.191 | 33.409 | 35.718 |
| 18 | 6.265 | 7.015 | 8.231 | 9.390 | 10.865 | 13.675 | 21.605 | 25.989 | 28.869 | 31.526 | 34.805 | 37.156 |
| 19 | 6.844 | 7.633 | 8.907 | 10.117 | 11.651 | 14.562 | 22.718 | 27.204 | 30.144 | 32.852 | 36.191 | 38.582 |
| 20 | 7.434 | 8.260 | 9.591 | 10.851 | 12.443 | 15.452 | 23.828 | 28.412 | 31.410 | 34.170 | 37.566 | 39.997 |
| | | | | | | | | | | | | |
| 21 | 8.034 | 8.897 | 10.283 | 11.591 | 13.240 | 16.344 | 24.935 | 29.615 | 32.671 | 35.479 | 38.932 | 41.401 |

续表

| $n$ | $\alpha$ | | | | | | | | | | | |
|---|---|---|---|---|---|---|---|---|---|---|---|---|
| | 0.995 | 0.990 | 0.975 | 0.95 | 0.90 | 0.75 | 0.25 | 0.10 | 0.05 | 0.025 | 0.01 | 0.005 |
| 22 | 8.643 | 9.542 | 10.982 | 12.338 | 14.041 | 17.240 | 26.039 | 30.813 | 33.924 | 36.781 | 40.289 | 42.796 |
| 23 | 9.260 | 10.196 | 11.689 | 13.091 | 14.848 | 18.137 | 27.141 | 32.007 | 35.172 | 38.076 | 41.638 | 44.181 |
| 24 | 9.886 | 10.856 | 12.401 | 13.848 | 15.659 | 19.037 | 28.241 | 33.196 | 36.415 | 39.364 | 42.980 | 45.559 |
| 25 | 10.520 | 11.524 | 13.120 | 14.611 | 16.473 | 19.939 | 29.339 | 34.382 | 37.652 | 40.646 | 44.314 | 46.928 |
| | | | | | | | | | | | | |
| 26 | 11.160 | 12.198 | 13.844 | 15.379 | 17.292 | 20.843 | 30.435 | 35.563 | 38.885 | 41.923 | 45.642 | 48.290 |
| 27 | 11.808 | 12.879 | 14.573 | 16.151 | 18.114 | 21.749 | 31.528 | 36.741 | 40.113 | 43.194 | 46.963 | 49.645 |
| 28 | 12.461 | 13.565 | 15.308 | 16.928 | 18.939 | 22.657 | 32.620 | 37.916 | 41.337 | 44.461 | 48.278 | 50.993 |
| 29 | 13.121 | 14.256 | 16.047 | 17.708 | 19.768 | 23.567 | 33.711 | 39.087 | 42.557 | 45.772 | 49.588 | 52.336 |
| 30 | 13.787 | 14.953 | 16.791 | 18.493 | 20.599 | 24.478 | 34.800 | 40.256 | 43.773 | 46.979 | 50.892 | 53.672 |
| | | | | | | | | | | | | |
| 31 | 14.458 | 15.655 | 17.539 | 19.281 | 21.434 | 25.390 | 35.887 | 41.422 | 44.985 | 48.232 | 52.191 | 55.003 |
| 32 | 15.134 | 16.362 | 18.291 | 20.072 | 22.271 | 26.304 | 36.973 | 42.585 | 46.194 | 49.480 | 53.486 | 56.328 |
| 33 | 15.815 | 17.074 | 19.047 | 20.867 | 23.110 | 27.219 | 38.058 | 43.745 | 47.400 | 50.725 | 54.776 | 57.648 |
| 34 | 16.501 | 17.789 | 19.806 | 21.664 | 23.952 | 28.136 | 39.141 | 44.903 | 48.602 | 51.966 | 56.061 | 58.964 |
| 35 | 17.192 | 18.509 | 20.569 | 22.465 | 24.797 | 29.054 | 40.223 | 46.059 | 49.802 | 53.203 | 57.342 | 60.275 |
| | | | | | | | | | | | | |
| 36 | 17.887 | 19.233 | 21.336 | 23.269 | 25.643 | 29.973 | 41.304 | 47.212 | 50.998 | 54.437 | 58.619 | 61.581 |
| 37 | 18.586 | 19.960 | 22.106 | 24.075 | 26.492 | 30.893 | 42.383 | 48.363 | 52.192 | 55.668 | 59.893 | 62.883 |
| 38 | 19.289 | 20.691 | 22.878 | 24.884 | 27.343 | 31.815 | 43.462 | 49.513 | 53.384 | 56.896 | 61.162 | 64.181 |
| 39 | 19.996 | 21.426 | 23.654 | 25.695 | 28.196 | 32.737 | 44.539 | 50.660 | 54.572 | 58.120 | 62.428 | 65.476 |
| 40 | 20.707 | 22.164 | 24.433 | 26.509 | 29.051 | 33.660 | 45.616 | 51.805 | 55.758 | 59.342 | 63.691 | 66.766 |
| | | | | | | | | | | | | |
| 41 | 21.421 | 22.906 | 25.215 | 27.326 | 29.907 | 34.585 | 46.692 | 52.949 | 56.942 | 60.561 | 64.950 | 68.053 |
| 42 | 22.138 | 23.650 | 25.999 | 28.144 | 30.765 | 35.510 | 47.766 | 54.090 | 58.124 | 61.777 | 66.206 | 69.336 |
| 43 | 22.859 | 24.398 | 26.785 | 28.965 | 31.625 | 36.436 | 48.840 | 55.230 | 59.304 | 62.990 | 67.459 | 70.616 |
| 44 | 23.584 | 25.148 | 27.575 | 29.787 | 32.487 | 37.363 | 49.913 | 56.369 | 60.481 | 64.201 | 68.710 | 71.893 |
| 45 | 24.311 | 25.901 | 28.366 | 30.612 | 33.350 | 38.291 | 50.985 | 57.505 | 61.656 | 65.410 | 69.957 | 73.166 |

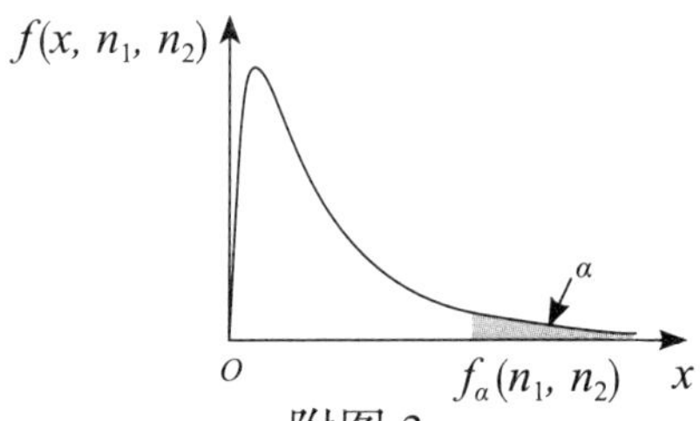

附图 3

## 附表 7　F 分布临界值表

$$P\{F > F_\alpha(n_1, n_2)\} = \alpha$$

$\alpha = 0.005$

| $n_1$ | $n_2$ | | | | | | | | | | |
|---|---|---|---|---|---|---|---|---|---|---|---|
| | 1 | 2 | 3 | 4 | 5 | 6 | 8 | 10 | 12 | 24 | ∞ |
| 1 | 16211 | 20000 | 21615 | 22500 | 23056 | 23437 | 23925 | 24224 | 24426 | 24940 | 25465 |
| 2 | 198.5 | 199.0 | 199.2 | 199.2 | 199.3 | 199.3 | 199.4 | 199.4 | 199.4 | 199.5 | 199.5 |
| 3 | 55.55 | 49.80 | 47.47 | 46.19 | 45.39 | 44.84 | 44.13 | 43.69 | 43.39 | 42.62 | 41.83 |
| 4 | 31.33 | 26.28 | 24.26 | 23.15 | 22.46 | 21.97 | 21.35 | 20.97 | 20.70 | 20.03 | 19.32 |
| 5 | 22.78 | 18.31 | 16.53 | 15.56 | 14.94 | 14.51 | 13.96 | 13.62 | 13.38 | 12.78 | 12.14 |
| 6 | 18.63 | 14.45 | 12.92 | 12.03 | 11.46 | 11.07 | 10.57 | 10.25 | 10.03 | 9.47 | 8.88 |
| 7 | 16.24 | 12.40 | 10.88 | 10.05 | 9.52 | 9.16 | 8.68 | 8.38 | 8.18 | 7.65 | 7.08 |
| 8 | 14.69 | 11.04 | 9.60 | 8.81 | 8.30 | 7.95 | 7.50 | 7.21 | 7.01 | 6.50 | 5.95 |
| 9 | 13.61 | 10.11 | 8.72 | 7.96 | 7.47 | 7.13 | 6.69 | 6.42 | 6.23 | 5.73 | 5.19 |
| 10 | 12.83 | 9.43 | 8.08 | 7.34 | 6.87 | 6.54 | 6.12 | 5.85 | 5.66 | 5.17 | 4.64 |
| 11 | 12.23 | 8.91 | 7.60 | 6.88 | 6.42 | 6.10 | 5.68 | 5.42 | 5.24 | 4.76 | 4.23 |
| 12 | 11.75 | 8.51 | 7.23 | 6.52 | 6.07 | 5.76 | 5.35 | 5.09 | 4.91 | 4.43 | 3.90 |
| 13 | 11.37 | 8.19 | 6.93 | 6.23 | 5.79 | 5.48 | 5.08 | 4.82 | 4.64 | 4.17 | 3.65 |
| 14 | 11.06 | 7.92 | 6.68 | 6.00 | 5.56 | 5.26 | 4.86 | 4.60 | 4.43 | 3.96 | 3.44 |
| 15 | 10.80 | 7.70 | 6.48 | 5.80 | 5.37 | 5.07 | 4.67 | 4.42 | 4.25 | 3.79 | 3.26 |
| 16 | 10.58 | 7.51 | 6.30 | 5.64 | 5.21 | 4.91 | 4.52 | 4.27 | 4.10 | 3.64 | 3.11 |
| 17 | 10.38 | 7.35 | 6.16 | 5.50 | 5.07 | 4.78 | 4.39 | 4.14 | 3.97 | 3.51 | 2.98 |
| 18 | 10.22 | 7.21 | 6.03 | 5.37 | 4.96 | 4.66 | 4.28 | 4.03 | 3.86 | 3.40 | 2.87 |
| 19 | 10.07 | 7.09 | 5.92 | 5.27 | 4.85 | 4.56 | 4.18 | 3.93 | 3.76 | 3.31 | 2.78 |
| 20 | 9.94 | 6.99 | 5.82 | 5.17 | 4.76 | 4.47 | 4.09 | 3.85 | 3.68 | 3.22 | 2.69 |
| 21 | 9.83 | 6.89 | 5.73 | 5.09 | 4.68 | 4.39 | 4.01 | 3.77 | 3.60 | 3.15 | 2.61 |
| 22 | 9.73 | 6.81 | 5.65 | 5.02 | 4.61 | 4.32 | 3.94 | 3.70 | 3.54 | 3.08 | 2.55 |
| 23 | 9.63 | 6.73 | 5.58 | 4.95 | 4.54 | 4.26 | 3.88 | 3.64 | 3.47 | 3.02 | 2.48 |
| 24 | 9.55 | 6.66 | 5.52 | 4.89 | 4.49 | 4.20 | 3.83 | 3.59 | 3.42 | 2.97 | 2.43 |
| 25 | 9.48 | 6.60 | 5.46 | 4.84 | 4.43 | 4.15 | 3.78 | 3.54 | 3.37 | 2.92 | 2.38 |
| 26 | 9.41 | 6.54 | 5.41 | 4.79 | 4.38 | 4.10 | 3.73 | 3.49 | 3.33 | 2.87 | 2.33 |
| 27 | 9.34 | 6.49 | 5.36 | 4.74 | 4.34 | 4.06 | 3.69 | 3.45 | 3.28 | 2.83 | 2.29 |
| 28 | 9.28 | 6.44 | 5.32 | 4.70 | 4.30 | 4.02 | 3.65 | 3.41 | 3.25 | 2.79 | 2.25 |
| 29 | 9.23 | 6.40 | 5.28 | 4.66 | 4.26 | 3.98 | 3.61 | 3.38 | 3.21 | 2.76 | 2.21 |
| 30 | 9.18 | 6.35 | 5.24 | 4.62 | 4.23 | 3.95 | 3.58 | 3.34 | 3.18 | 2.73 | 2.18 |
| 40 | 8.83 | 6.07 | 4.98 | 4.37 | 3.99 | 3.71 | 3.35 | 3.12 | 2.95 | 2.50 | 1.93 |
| 60 | 8.49 | 5.79 | 4.73 | 4.14 | 3.76 | 3.49 | 3.13 | 2.90 | 2.74 | 2.29 | 1.69 |
| 120 | 8.18 | 5.54 | 4.50 | 3.92 | 3.55 | 3.28 | 2.93 | 2.71 | 2.54 | 2.09 | 1.43 |
| ∞ | 7.88 | 5.30 | 4.28 | 3.72 | 3.35 | 3.09 | 2.74 | 2.52 | 2.36 | 1.90 | 1.00 |

$\alpha = 0.01$　　续表

| $n_1$ | $n_2$ | | | | | | | | | | |
|---|---|---|---|---|---|---|---|---|---|---|---|
| | 1 | 2 | 3 | 4 | 5 | 6 | 8 | 10 | 12 | 24 | ∞ |
| 1 | 4052 | 4999 | 5403 | 5625 | 5764 | 5859 | 5981 | 6056 | 6106 | 6234 | 6366 |
| 2 | 98.49 | 99.01 | 99.17 | 99.25 | 99.30 | 99.33 | 99.36 | 99.40 | 99.42 | 99.46 | 99.50 |
| 3 | 34.12 | 30.81 | 29.46 | 28.71 | 28.24 | 27.91 | 27.49 | 27.23 | 27.05 | 26.60 | 26.12 |
| 4 | 21.20 | 18.00 | 16.69 | 15.98 | 15.52 | 15.21 | 14.80 | 14.55 | 14.37 | 13.93 | 13.46 |
| 5 | 16.26 | 13.27 | 12.06 | 11.39 | 10.97 | 10.67 | 10.29 | 10.05 | 9.89 | 9.47 | 9.02 |
| 6 | 13.74 | 10.92 | 9.78 | 9.15 | 8.75 | 8.47 | 8.10 | 7.87 | 7.72 | 7.31 | 6.88 |
| 7 | 12.25 | 9.55 | 8.45 | 7.85 | 7.46 | 7.19 | 6.84 | 6.62 | 6.47 | 6.07 | 5.65 |
| 8 | 11.26 | 8.65 | 7.59 | 7.01 | 6.63 | 6.37 | 6.03 | 5.81 | 5.67 | 5.28 | 4.86 |
| 9 | 10.56 | 8.02 | 6.99 | 6.42 | 6.06 | 5.80 | 5.47 | 5.26 | 5.11 | 4.73 | 4.31 |
| 10 | 10.04 | 7.56 | 6.55 | 5.99 | 5.64 | 5.39 | 5.06 | 4.85 | 4.71 | 4.33 | 3.91 |
| 11 | 9.65 | 7.20 | 6.22 | 5.67 | 5.32 | 5.07 | 4.74 | 4.54 | 4.40 | 4.02 | 3.60 |
| 12 | 9.33 | 6.93 | 5.95 | 5.41 | 5.06 | 4.82 | 4.50 | 4.30 | 4.16 | 3.78 | 3.36 |
| 13 | 9.07 | 6.70 | 5.74 | 5.20 | 4.86 | 4.62 | 4.30 | 4.10 | 3.96 | 3.59 | 3.16 |
| 14 | 8.86 | 6.51 | 5.56 | 5.03 | 4.69 | 4.46 | 4.14 | 3.94 | 3.80 | 3.43 | 3.00 |
| 15 | 8.68 | 6.36 | 5.42 | 4.89 | 4.56 | 4.32 | 4.00 | 3.80 | 3.67 | 3.29 | 2.87 |
| 16 | 8.53 | 6.23 | 5.29 | 4.77 | 4.44 | 4.20 | 3.89 | 3.69 | 3.55 | 3.18 | 2.75 |
| 17 | 8.40 | 6.11 | 5.18 | 4.67 | 4.34 | 4.10 | 3.79 | 3.59 | 3.45 | 3.08 | 2.65 |
| 18 | 8.28 | 6.01 | 5.09 | 4.58 | 4.25 | 4.01 | 3.71 | 3.51 | 3.37 | 3.00 | 2.57 |
| 19 | 8.18 | 5.93 | 5.01 | 4.50 | 4.17 | 3.94 | 3.63 | 3.43 | 3.30 | 2.92 | 2.49 |
| 20 | 8.10 | 5.85 | 4.94 | 4.43 | 4.10 | 3.87 | 3.56 | 3.37 | 3.23 | 2.86 | 2.42 |
| 21 | 8.02 | 5.78 | 4.87 | 4.37 | 4.04 | 3.81 | 3.51 | 3.31 | 3.17 | 2.80 | 2.36 |
| 22 | 7.94 | 5.72 | 4.82 | 4.31 | 3.99 | 3.76 | 3.45 | 3.26 | 3.12 | 2.75 | 2.31 |
| 23 | 7.88 | 5.66 | 4.76 | 4.26 | 3.94 | 3.71 | 3.41 | 3.21 | 3.07 | 2.70 | 2.26 |
| 24 | 7.82 | 5.61 | 4.72 | 4.22 | 3.90 | 3.67 | 3.36 | 3.17 | 3.03 | 2.66 | 2.21 |
| 25 | 7.77 | 5.57 | 4.68 | 4.18 | 3.86 | 3.63 | 3.32 | 3.13 | 2.99 | 2.62 | 2.17 |
| 26 | 7.72 | 5.53 | 4.64 | 4.14 | 3.82 | 3.59 | 3.29 | 3.09 | 2.96 | 2.58 | 2.13 |
| 27 | 7.68 | 5.49 | 4.60 | 4.11 | 3.78 | 3.56 | 3.26 | 3.06 | 2.93 | 2.55 | 2.10 |
| 28 | 7.64 | 5.45 | 4.57 | 4.07 | 3.75 | 3.53 | 3.23 | 3.03 | 2.90 | 2.52 | 2.06 |
| 29 | 7.60 | 5.42 | 4.54 | 4.04 | 3.73 | 3.50 | 3.20 | 3.00 | 2.87 | 2.49 | 2.03 |
| 30 | 7.56 | 5.39 | 4.51 | 4.02 | 3.70 | 3.47 | 3.17 | 2.98 | 2.84 | 2.47 | 2.01 |
| 40 | 7.31 | 5.18 | 4.31 | 3.83 | 3.51 | 3.29 | 2.99 | 2.80 | 2.66 | 2.29 | 1.80 |
| 60 | 7.08 | 4.98 | 4.13 | 3.65 | 3.34 | 3.12 | 2.82 | 2.63 | 2.50 | 2.12 | 1.60 |
| 120 | 6.85 | 4.79 | 3.95 | 3.48 | 3.17 | 2.96 | 2.66 | 2.47 | 2.34 | 1.95 | 1.38 |
| ∞ | 6.64 | 4.60 | 3.78 | 3.32 | 3.02 | 2.80 | 2.51 | 2.32 | 2.18 | 1.79 | 1.00 |

$\alpha = 0.025$　　　　续表

| $n_1$ | $n_2$ | | | | | | | | | | |
|---|---|---|---|---|---|---|---|---|---|---|---|
| | 1 | 2 | 3 | 4 | 5 | 6 | 8 | 10 | 12 | 24 | ∞ |
| 1 | 647.8 | 799.5 | 864.2 | 899.6 | 921.8 | 937.1 | 956.7 | 968.6 | 976.7 | 997.2 | 1018 |
| 2 | 38.51 | 39.00 | 39.17 | 39.25 | 39.30 | 39.33 | 39.37 | 39.40 | 39.41 | 39.46 | 39.50 |
| 3 | 17.44 | 16.04 | 15.44 | 15.10 | 14.88 | 14.73 | 14.54 | 14.42 | 14.34 | 14.12 | 13.90 |
| 4 | 12.22 | 10.65 | 9.98 | 9.60 | 9.36 | 9.20 | 8.98 | 8.84 | 8.75 | 8.51 | 8.26 |
| 5 | 10.01 | 8.43 | 7.76 | 7.39 | 7.15 | 6.98 | 6.76 | 6.62 | 6.52 | 6.28 | 6.02 |
| 6 | 8.81 | 7.26 | 6.60 | 6.23 | 5.99 | 5.82 | 5.60 | 5.46 | 5.37 | 5.12 | 4.85 |
| 7 | 8.07 | 6.54 | 5.89 | 5.52 | 5.29 | 5.12 | 4.90 | 4.76 | 4.67 | 4.42 | 4.14 |
| 8 | 7.57 | 6.06 | 5.42 | 5.05 | 4.82 | 4.65 | 4.43 | 4.30 | 4.20 | 3.95 | 3.67 |
| 9 | 7.21 | 5.71 | 5.08 | 4.72 | 4.48 | 4.32 | 4.10 | 3.96 | 3.87 | 3.61 | 3.33 |
| 10 | 6.94 | 5.46 | 4.83 | 4.47 | 4.24 | 4.07 | 3.85 | 3.72 | 3.62 | 3.37 | 3.08 |
| 11 | 6.72 | 5.26 | 4.63 | 4.28 | 4.04 | 3.88 | 3.66 | 3.53 | 3.43 | 3.17 | 2.88 |
| 12 | 6.55 | 5.10 | 4.47 | 4.12 | 3.89 | 3.73 | 3.51 | 3.37 | 3.28 | 3.02 | 2.72 |
| 13 | 6.41 | 4.97 | 4.35 | 4.00 | 3.77 | 3.60 | 3.39 | 3.25 | 3.15 | 2.89 | 2.60 |
| 14 | 6.30 | 4.86 | 4.24 | 3.89 | 3.66 | 3.50 | 3.29 | 3.15 | 3.05 | 2.79 | 2.49 |
| 15 | 6.20 | 4.77 | 4.15 | 3.80 | 3.58 | 3.41 | 3.20 | 3.06 | 2.96 | 2.70 | 2.40 |
| 16 | 6.12 | 4.69 | 4.08 | 3.73 | 3.50 | 3.34 | 3.12 | 2.99 | 2.89 | 2.63 | 2.32 |
| 17 | 6.04 | 4.62 | 4.01 | 3.66 | 3.44 | 3.28 | 3.06 | 2.92 | 2.82 | 2.56 | 2.25 |
| 18 | 5.98 | 4.56 | 3.95 | 3.61 | 3.38 | 3.22 | 3.01 | 2.87 | 2.77 | 2.50 | 2.19 |
| 19 | 5.92 | 4.51 | 3.90 | 3.56 | 3.33 | 3.17 | 2.96 | 2.82 | 2.72 | 2.45 | 2.13 |
| 20 | 5.87 | 4.46 | 3.86 | 3.51 | 3.29 | 3.13 | 2.91 | 2.77 | 2.68 | 2.41 | 2.09 |
| 21 | 5.83 | 4.42 | 3.82 | 3.48 | 3.25 | 3.09 | 2.87 | 2.73 | 2.64 | 2.37 | 2.04 |
| 22 | 5.79 | 4.38 | 3.78 | 3.44 | 3.22 | 3.05 | 2.84 | 2.70 | 2.60 | 2.33 | 2.00 |
| 23 | 5.75 | 4.35 | 3.75 | 3.41 | 3.18 | 3.02 | 2.81 | 2.67 | 2.57 | 2.30 | 1.97 |
| 24 | 5.72 | 4.32 | 3.72 | 3.38 | 3.15 | 2.99 | 2.78 | 2.64 | 2.54 | 2.27 | 1.94 |
| 25 | 5.69 | 4.29 | 3.69 | 3.35 | 3.13 | 2.97 | 2.75 | 2.61 | 2.51 | 2.24 | 1.91 |
| 26 | 5.66 | 4.27 | 3.67 | 3.33 | 3.10 | 2.94 | 2.73 | 2.59 | 2.49 | 2.22 | 1.88 |
| 27 | 5.63 | 4.24 | 3.65 | 3.31 | 3.08 | 2.92 | 2.71 | 2.57 | 2.47 | 2.19 | 1.85 |
| 28 | 5.61 | 4.22 | 3.63 | 3.29 | 3.06 | 2.90 | 2.69 | 2.55 | 2.45 | 2.17 | 1.83 |
| 29 | 5.59 | 4.20 | 3.61 | 3.27 | 3.04 | 2.88 | 2.67 | 2.53 | 2.43 | 2.15 | 1.81 |
| 30 | 5.57 | 4.18 | 3.59 | 3.25 | 3.03 | 2.87 | 2.65 | 2.51 | 2.41 | 2.14 | 1.79 |
| 40 | 5.42 | 4.05 | 3.46 | 3.13 | 2.90 | 2.74 | 2.53 | 2.39 | 2.29 | 2.01 | 1.64 |
| 60 | 5.29 | 3.93 | 3.34 | 3.01 | 2.79 | 2.63 | 2.41 | 2.27 | 2.17 | 1.88 | 1.48 |
| 120 | 5.15 | 3.80 | 3.23 | 2.89 | 2.67 | 2.52 | 2.30 | 2.16 | 2.05 | 1.76 | 1.31 |
| ∞ | 5.02 | 3.69 | 3.12 | 2.79 | 2.57 | 2.41 | 2.19 | 2.05 | 1.94 | 1.64 | 1.00 |

$\alpha = 0.05$ 续表

| $n_1$ | $n_2$ | | | | | | | | | | |
|---|---|---|---|---|---|---|---|---|---|---|---|
| | 1 | 2 | 3 | 4 | 5 | 6 | 8 | 10 | 12 | 24 | ∞ |
| 1 | 161.4 | 199.5 | 215.7 | 224.6 | 230.2 | 234.0 | 238.9 | 241.9 | 243.9 | 249.0 | 254.3 |
| 2 | 18.51 | 19.00 | 19.16 | 19.25 | 19.30 | 19.33 | 19.37 | 19.40 | 19.41 | 19.45 | 19.50 |
| 3 | 10.13 | 9.55 | 9.28 | 9.12 | 9.01 | 8.94 | 8.84 | 8.79 | 8.74 | 8.64 | 8.53 |
| 4 | 7.71 | 6.94 | 6.59 | 6.39 | 6.26 | 6.16 | 6.04 | 5.96 | 5.91 | 5.77 | 5.63 |
| 5 | 6.61 | 5.79 | 5.41 | 5.19 | 5.05 | 4.95 | 4.82 | 4.74 | 4.68 | 4.53 | 4.36 |
| 6 | 5.99 | 5.14 | 4.76 | 4.53 | 4.39 | 4.28 | 4.15 | 4.06 | 4.00 | 3.84 | 3.67 |
| 7 | 5.59 | 4.74 | 4.35 | 4.12 | 3.97 | 3.87 | 3.73 | 3.64 | 3.57 | 3.41 | 3.23 |
| 8 | 5.32 | 4.46 | 4.07 | 3.84 | 3.69 | 3.58 | 3.44 | 3.35 | 3.28 | 3.12 | 2.93 |
| 9 | 5.12 | 4.26 | 3.86 | 3.63 | 3.48 | 3.37 | 3.23 | 3.14 | 3.07 | 2.90 | 2.71 |
| 10 | 4.96 | 4.10 | 3.71 | 3.48 | 3.33 | 3.22 | 3.07 | 2.98 | 2.91 | 2.74 | 2.54 |
| 11 | 4.84 | 3.98 | 3.59 | 3.36 | 3.20 | 3.09 | 2.95 | 2.85 | 2.79 | 2.61 | 2.40 |
| 12 | 4.75 | 3.88 | 3.49 | 3.26 | 3.11 | 3.00 | 2.85 | 2.75 | 2.69 | 2.50 | 2.30 |
| 13 | 4.67 | 3.80 | 3.41 | 3.18 | 3.02 | 2.92 | 2.77 | 2.67 | 2.60 | 2.42 | 2.21 |
| 14 | 4.60 | 3.74 | 3.34 | 3.11 | 2.96 | 2.85 | 2.70 | 2.60 | 2.53 | 2.35 | 2.13 |
| 15 | 4.54 | 3.68 | 3.29 | 3.06 | 2.90 | 2.79 | 2.64 | 2.54 | 2.48 | 2.29 | 2.07 |
| 16 | 4.49 | 3.63 | 3.24 | 3.01 | 2.85 | 2.74 | 2.59 | 2.49 | 2.42 | 2.24 | 2.01 |
| 17 | 4.45 | 3.59 | 3.20 | 2.96 | 2.81 | 2.70 | 2.55 | 2.45 | 2.38 | 2.19 | 1.96 |
| 18 | 4.41 | 3.55 | 3.16 | 2.93 | 2.77 | 2.66 | 2.51 | 2.41 | 2.34 | 2.15 | 1.92 |
| 19 | 4.38 | 3.52 | 3.13 | 2.90 | 2.74 | 2.63 | 2.48 | 2.38 | 2.31 | 2.11 | 1.88 |
| 20 | 4.35 | 3.49 | 3.10 | 2.87 | 2.71 | 2.60 | 2.45 | 2.35 | 2.28 | 2.08 | 1.84 |
| 21 | 4.32 | 3.47 | 3.07 | 2.84 | 2.68 | 2.57 | 2.42 | 2.32 | 2.25 | 2.05 | 1.81 |
| 22 | 4.30 | 3.44 | 3.05 | 2.82 | 2.66 | 2.55 | 2.40 | 2.30 | 2.23 | 2.03 | 1.78 |
| 23 | 4.28 | 3.42 | 3.03 | 2.80 | 2.64 | 2.53 | 2.38 | 2.27 | 2.20 | 2.00 | 1.76 |
| 24 | 4.26 | 3.40 | 3.01 | 2.78 | 2.62 | 2.51 | 2.36 | 2.25 | 2.18 | 1.98 | 1.73 |
| 25 | 4.24 | 3.38 | 2.99 | 2.76 | 2.60 | 2.49 | 2.34 | 2.24 | 2.16 | 1.96 | 1.71 |
| 26 | 4.22 | 3.37 | 2.98 | 2.74 | 2.59 | 2.47 | 2.32 | 2.22 | 2.15 | 1.95 | 1.69 |
| 27 | 4.21 | 3.35 | 2.96 | 2.73 | 2.57 | 2.46 | 2.30 | 2.20 | 2.13 | 1.93 | 1.67 |
| 28 | 4.20 | 3.34 | 2.95 | 2.71 | 2.56 | 2.44 | 2.29 | 2.19 | 2.12 | 1.91 | 1.65 |
| 29 | 4.18 | 3.33 | 2.93 | 2.70 | 2.54 | 2.43 | 2.28 | 2.18 | 2.10 | 1.90 | 1.64 |
| 30 | 4.17 | 3.32 | 2.92 | 2.69 | 2.53 | 2.42 | 2.27 | 2.16 | 2.09 | 1.89 | 1.62 |
| 40 | 4.08 | 3.23 | 2.84 | 2.61 | 2.45 | 2.34 | 2.18 | 2.08 | 2.00 | 1.79 | 1.51 |
| 60 | 4.00 | 3.15 | 2.76 | 2.52 | 2.37 | 2.25 | 2.10 | 1.99 | 1.92 | 1.70 | 1.39 |
| 120 | 3.92 | 3.07 | 2.68 | 2.45 | 2.29 | 2.17 | 2.02 | 1.91 | 1.83 | 1.61 | 1.25 |
| ∞ | 3.84 | 2.99 | 2.60 | 2.37 | 2.21 | 2.09 | 1.94 | 1.83 | 1.75 | 1.52 | 1.00 |

$\alpha = 0.10$ 续表

| $n_1$ | $n_2$ | | | | | | | | | | |
|---|---|---|---|---|---|---|---|---|---|---|---|
| | 1 | 2 | 3 | 4 | 5 | 6 | 8 | 10 | 12 | 24 | ∞ |
| 1 | 39.86 | 49.50 | 53.59 | 55.83 | 57.24 | 58.20 | 59.44 | 60.19 | 60.71 | 62.00 | 63.33 |
| 2 | 8.53 | 9.00 | 9.16 | 9.24 | 9.29 | 9.33 | 9.37 | 9.39 | 9.41 | 9.45 | 9.49 |
| 3 | 5.54 | 5.46 | 5.36 | 5.32 | 5.31 | 5.28 | 5.25 | 5.23 | 5.22 | 5.18 | 5.13 |
| 4 | 4.54 | 4.32 | 4.19 | 4.11 | 4.05 | 4.01 | 3.95 | 3.92 | 3.90 | 3.83 | 3.76 |
| 5 | 4.06 | 3.78 | 3.62 | 3.52 | 3.45 | 3.40 | 3.34 | 3.30 | 3.27 | 3.19 | 3.10 |
| 6 | 3.78 | 3.46 | 3.29 | 3.18 | 3.11 | 3.05 | 2.98 | 2.94 | 2.90 | 2.82 | 2.72 |
| 7 | 3.59 | 3.26 | 3.07 | 2.96 | 2.88 | 2.83 | 2.75 | 2.70 | 2.67 | 2.58 | 2.47 |
| 8 | 3.46 | 3.11 | 2.92 | 2.81 | 2.73 | 2.67 | 2.59 | 2.54 | 2.50 | 2.40 | 2.29 |
| 9 | 3.36 | 3.01 | 2.81 | 2.69 | 2.61 | 2.55 | 2.47 | 2.42 | 2.38 | 2.28 | 2.16 |
| 10 | 3.29 | 2.92 | 2.73 | 2.61 | 2.52 | 2.46 | 2.38 | 2.32 | 2.28 | 2.18 | 2.06 |
| 11 | 3.23 | 2.86 | 2.66 | 2.54 | 2.45 | 2.39 | 2.30 | 2.25 | 2.21 | 2.10 | 1.97 |
| 12 | 3.18 | 2.81 | 2.61 | 2.48 | 2.39 | 2.33 | 2.24 | 2.19 | 2.15 | 2.04 | 1.90 |
| 13 | 3.14 | 2.76 | 2.56 | 2.43 | 2.35 | 2.28 | 2.20 | 2.14 | 2.10 | 1.98 | 1.85 |
| 14 | 3.10 | 2.73 | 2.52 | 2.39 | 2.31 | 2.24 | 2.15 | 2.10 | 2.05 | 1.94 | 1.80 |
| 15 | 3.07 | 2.70 | 2.49 | 2.36 | 2.27 | 2.21 | 2.12 | 2.06 | 2.02 | 1.90 | 1.76 |
| 16 | 3.05 | 2.67 | 2.46 | 2.33 | 2.24 | 2.18 | 2.09 | 2.03 | 1.99 | 1.87 | 1.72 |
| 17 | 3.03 | 2.64 | 2.44 | 2.31 | 2.22 | 2.15 | 2.06 | 2.00 | 1.96 | 1.84 | 1.69 |
| 18 | 3.01 | 2.62 | 2.42 | 2.29 | 2.20 | 2.13 | 2.04 | 1.98 | 1.93 | 1.81 | 1.66 |
| 19 | 2.99 | 2.61 | 2.40 | 2.27 | 2.18 | 2.11 | 2.02 | 1.96 | 1.91 | 1.79 | 1.63 |
| 20 | 2.97 | 2.59 | 2.38 | 2.25 | 2.16 | 2.09 | 2.00 | 1.94 | 1.89 | 1.77 | 1.61 |
| 21 | 2.96 | 2.57 | 2.36 | 2.23 | 2.14 | 2.08 | 1.98 | 1.92 | 1.87 | 1.75 | 1.59 |
| 22 | 2.95 | 2.56 | 2.35 | 2.22 | 2.13 | 2.06 | 1.97 | 1.90 | 1.86 | 1.73 | 1.57 |
| 23 | 2.94 | 2.55 | 2.34 | 2.21 | 2.11 | 2.05 | 1.95 | 1.89 | 1.84 | 1.72 | 1.55 |
| 24 | 2.93 | 2.54 | 2.33 | 2.19 | 2.10 | 2.04 | 1.94 | 1.88 | 1.83 | 1.70 | 1.53 |
| 25 | 2.92 | 2.53 | 2.32 | 2.18 | 2.09 | 2.02 | 1.93 | 1.87 | 1.82 | 1.69 | 1.52 |
| 26 | 2.91 | 2.52 | 2.31 | 2.17 | 2.08 | 2.01 | 1.92 | 1.86 | 1.81 | 1.68 | 1.50 |
| 27 | 2.90 | 2.51 | 2.30 | 2.17 | 2.07 | 2.00 | 1.91 | 1.85 | 1.80 | 1.67 | 1.49 |
| 28 | 2.89 | 2.50 | 2.29 | 2.16 | 2.06 | 2.00 | 1.90 | 1.84 | 1.79 | 1.66 | 1.48 |
| 29 | 2.89 | 2.50 | 2.28 | 2.15 | 2.06 | 1.99 | 1.89 | 1.83 | 1.78 | 1.65 | 1.47 |
| 30 | 2.88 | 2.49 | 2.28 | 2.14 | 2.05 | 1.98 | 1.88 | 1.82 | 1.77 | 1.64 | 1.46 |
| 40 | 2.84 | 2.44 | 2.23 | 2.09 | 2.00 | 1.93 | 1.83 | 1.76 | 1.71 | 1.57 | 1.38 |
| 60 | 2.79 | 2.39 | 2.18 | 2.04 | 1.95 | 1.87 | 1.77 | 1.71 | 1.66 | 1.51 | 1.29 |
| 120 | 2.75 | 2.35 | 2.13 | 1.99 | 1.90 | 1.82 | 1.72 | 1.65 | 1.60 | 1.45 | 1.19 |
| ∞ | 2.71 | 2.30 | 2.08 | 1.94 | 1.85 | 1.17 | 1.67 | 1.60 | 1.55 | 1.38 | 1.00 |

# 习题答案

## 第一章　随机事件及其概率

### 习题 1.1

1. D

2.（1）$\Omega=\{10+k\mid k=0,1,2,\cdots\}$.

（2）$\Omega=\{12,13,14,15,23,24,25,34,35,45\}$.

（3）$\Omega=\{(x,y)\mid x^2+y^2<1\}$.

3. 事件 $A$，$B$ 互不相容，是说事件 $A$，$B$ 不同时发生，即 $AB=\varnothing$；事件 $A$，$B$ 互为对立事件，是说事件 $A$，$B$ 有且仅有一个发生，即 $AB=\varnothing$ 且 $A+B=\Omega$. 因此，对立事件与互不相容事件的区别与联系如下：

（1）若两事件对立，则必定互不相容，但两事件互不相容未必对立；

（2）互不相容可用于多个事件，而互为对立事件仅适用于两个事件；

（3）两个事件互不相容只是说明两个事件不能同时发生，即至多发生其中一个事件，但可以都不发生，而两事件对立说明两事件有且仅有一个发生 .

例如：掷一颗骰子，观察其出现的点数，事件 $A$ 表示"偶数点"，$B$ 表示"奇数点"，$C$ 表示"点数小于 5"，$D$ 表示"点数小于 5 的偶数"，则显然 $B$，$D$ 互不相容，但不是对立事件，而 $B$ 与 $A$ 即互不相容又是对立事件 .

4. $(A\cup B)-B=(A\cup B)\cap\overline{B}=(A\cap\overline{B})\cup(B\cap\overline{B})=A\cap\overline{B}=A-B$ .

## 习题 1.2

1. C　　2. 0.2

3. $\frac{5}{8}$

## 习题 1.3

1.D

2.（1）$\frac{1}{2}$　（2）$\frac{2}{3}$　（3）$\frac{5}{6}$

3.（1）$\frac{5}{14}$　（2）$\frac{15}{28}$　（3）$\frac{9}{14}$

4. $\frac{3}{8}$

## 习题 1.4

1. A　　2. 0.25　　3. 0.0083

4. 0.956　　5. 0.97

## 习题 1.5

1. C　　2. D　　3. 0.612

4. 0.8　　5. $p_1(p_4+p_2p_3-p_2p_3p_4)$

## 总习题一

### 一、填空题

1. $AB\bar{C}\cup A\bar{B}C\cup \bar{A}BC$

2. $\Omega=\{(1,2),(1,3),(2,1),(2,3),(3,1),(3,2)\}$

3. $\frac{3}{8}$　　4. $\frac{2}{3}$　　5. 0.2　　6. 0.3

7. $\frac{11}{24}$　　8. $\frac{1}{3}$　$\frac{2}{3}$

## 二、选择题

1. A　2. A　3. C　4. B　5. D

6. A　7. C　8. C　9. D　10. B

## 三、计算题

1.（1）成立；（2）不成立；（3）不成立；（4）成立 .

2.（1）0.2；（2）0.3；（3）0.7；（4）0.3.

3. 0.56

4. $\frac{3}{8}$　$\frac{9}{16}$　$\frac{1}{16}$

5.（1）0.0588；（2）0.0594；（3）0.9994.

6.（1）$1-(\frac{11}{12})^6$；（2）$C_6^4(\frac{1}{12})^4(\frac{11}{12})^2$；（3）$12C_6^4(\frac{1}{12})^4(\frac{11}{12})^2$ .

7. 0.25

8. 0.68

9. $\frac{3}{10}$

10. $\frac{3}{200}$

11. $\frac{17}{36}$

12. 0.64

13.（1）0.0185；（2）0.5676.

14. $\frac{40}{49}$

15.（1）0.035；（2）0.514.

16.（1）0.612；（2）0.997.

17. 不独立

18. 0.285

19.（1）0.0582；（2）0.0104.

20.（1）至少应配置 6 门炮才能达到要求；（2）0.785.

21. 2 台秤

# 第二章　随机变量及其分布

## 习题 2.1

1. B

2. D

3．$\Omega=\{(1,2,3),(1,2,4),(1,2,5),(1,3,4),(1,3,5),(1,4,5),(2,3,4),(2,3,5),(2,4,5),(3,4,5)\}$

4. $(-\varepsilon,+\varepsilon)$

## 习题 2.2

1.

| $X$ | 5 | 6 | 7 | 8 | 9 | 10 |
|---|---|---|---|---|---|---|
| $p_k$ | $\frac{1}{252}$ | $\frac{5}{252}$ | $\frac{15}{252}$ | $\frac{35}{252}$ | $\frac{70}{252}$ | $\frac{126}{252}$ |

2.

| $X$ | 0 | 1 |
|---|---|---|

| | | |
|---|---|---|
| $P_k$ | $\frac{1}{3}$ | $\frac{2}{3}$ |

3.（1）

| $X$ | 1 | 2 | 3 |
|---|---|---|---|
| $P_k$ | $\frac{3}{28}$ | $\frac{15}{28}$ | $\frac{10}{28}$ |

（2）

| $X$ | 0 | 1 | 2 | 3 |
|---|---|---|---|---|
| $P_k$ | 0.008 | 0.096 | 0.384 | 0.512 |

4.

| $X$ | 1 | 2 | 3 | 4 | 5 |
|---|---|---|---|---|---|
| $P_k$ | 0.8 | 0.16 | 0.032 | 0.0064 | 0.0016 |

5.

| $X$ | 0 | 1 | 2 | 3 | 4 | 5 |
|---|---|---|---|---|---|---|
| $P_k$ | 0.2215 | 0.4114 | 0.2743 | 0.0815 | 0.0107 | 0.0005 |

6. $P\{X=k\}=0.8(0.2)^{k-1}$

7. $P\{X=2\}=\mathrm{C}_{12}^{2}(\frac{1}{3})^{2}(\frac{2}{3})^{10}$

8.（1）$P\{X=4\}=\mathrm{e}^{-4}\frac{4^4}{4!}$；　　（2）$P\{X\leqslant 3\}=\sum\limits_{k=0}^{3}\mathrm{e}^{-4}\frac{4^k}{k!}$；

（3）$P\{X\geqslant 6\}=\sum\limits_{k=6}^{+\infty}\mathrm{e}^{-4}\frac{4^k}{k!}$；　　（4）$P\{X=0\}=\mathrm{e}^{-4}$．

9. 由$P\{X\leqslant m\}\geqslant 0.99$得$\sum\limits_{k=0}^{m}\mathrm{e}^{-3}\frac{3^k}{k!}\geqslant 0.99\Rightarrow m=8$．

## 习题 2.3

1. $P\{X>0.5\}=1$；$P\{1<X<3\}=0.5$；$P\{X\leqslant 2\}=0.75$．

2. $X_{甲}$与$X_{乙}$的分布律分别为

| $X_甲$ | 20 | 40 |
|---|---|---|
| $P_k$ | 1/2 | 1/2 |

| $X_乙$ | 10 | 30 |
|---|---|---|
| $P_k$ | 1/2 | 1/2 |

$$F_{X_甲}(x)=\begin{cases}0, & x<20\\ \dfrac{1}{2}, & 20\leqslant x<40\\ 1, & x\geqslant 40\end{cases},\quad F_{X_乙}(x)=\begin{cases}0, & x<10\\ \dfrac{1}{2}, & 10\leqslant x<30\\ 1, & x\geqslant 30\end{cases}.$$

3.（1）$A=\dfrac{2}{3(3^{100}-1)}$；（2）$A$=2.

4. 由 $\begin{cases}F(-\infty)=\lim\limits_{x\to-\infty}(A+B\arctan x)=A-\dfrac{\pi}{2}B=0\\ F(+\infty)=\lim\limits_{x\to+\infty}(A+B\arctan x)=A+\dfrac{\pi}{2}B=1\end{cases}$，得 $\begin{cases}A=\dfrac{1}{2}\\ B=\dfrac{1}{\pi}\end{cases}$.

5. $A$=1, $B$=−1.

6.（1）$A$=1；（2）0.5.

7. 不能．提示：$F(x)$ 不满足单调递增．

## 习题 2.4

1.（1）$A$=1.

（2）$f(x)=F'(x)=\begin{cases}2x, & 0<x<1\\ 0, & 其他\end{cases}$.

（3）$P\{X\leqslant 2\}=F(2)=1$.

2.（1）$A=\dfrac{1}{\pi}$.

（2）$P\left\{\dfrac{1}{2}\leqslant X\leqslant 2\right\}=\int_{\frac{1}{2}}^{2}f(x)\mathrm{d}x=\int_{\frac{1}{2}}^{1}\dfrac{1}{\pi\sqrt{1-x^2}}\mathrm{d}x=\dfrac{1}{\pi}\arcsin x\Big|_{\frac{1}{2}}^{1}=\dfrac{1}{3}$.

（3）$F(x)=\begin{cases}0, & x<-1\\ \dfrac{1}{2}+\dfrac{1}{\pi}\arcsin x, & -1\leqslant x<1\\ 1\ , & x\geqslant 1\end{cases}$.

3.（1）$P\{Y=k\}=\mathrm{C}_5^k p^k(1-p)^{5-k}=\mathrm{C}_5^k(\mathrm{e}^{-2})^k(1-\mathrm{e}^{-2})^{5-k}\ (k=0,1,2,3,4,5)$.

（2）$P\{Y \geqslant 1\} = 1 - P\{Y = 0\} = 1 - C_5^0(e^{-2})^0(1-e^{-2})^5 = 0.5167$.

4.（1）$a = 7.6$；（2）$a = 5.16$.

5. $P\{10 < X \leqslant 13\}$=0.4932；$P\{|X-10| \geqslant 2\} = 0.3174$.

6. $P\{X \geqslant 250\} = P\{\frac{X-185}{28} > \frac{250-185}{28}\} = 1 - \Phi(2.32) = 1 - 0.9898 = 0.0102$

7. 0.9976

8.（1）已知$\begin{cases} \mu + \sigma = 448 \\ \mu - \sigma = 352 \end{cases}$，解得$\begin{cases} \mu = 400 \\ \sigma = 48 \end{cases}$.

（2）$P\{\mu \leqslant X < \mu + \sigma\} = P\{0 \leqslant \frac{X-\mu}{\sigma} < 1\}$

$= \Phi(1) - \Phi(0) = 0.8413 - 0.5 = 0.3413$.

由于 0.3413 × 1000=341.3，故应有 341 名学生得 B 级 .

## 习题 2.5

1.

| $3X$ | $-6$ | $-3$ | 6 | 9 |
|---|---|---|---|---|
| $P_k$ | $\frac{1}{7}$ | $\frac{1}{7}$ | $\frac{3}{7}$ | $\frac{2}{7}$ |

| $X^2$ | 1 | 4 | 9 |
|---|---|---|---|
| $P_k$ | $\frac{1}{7}$ | $\frac{4}{7}$ | $\frac{2}{7}$ |

2.$Y$=$-2X$+1 的分布律为

| $Y$ | $-1$ | 1 | 3 | 5 |
|---|---|---|---|---|
| $P_k$ | 0.1 | 0.35 | 0.3 | 0.25 |

$Z = X^2$ 的分布律为

| $Z$ | 0 | 1 | 4 |
|---|---|---|---|
| $P_k$ | 0.35 | 0.4 | 0.25 |

3. $f_Y(y)=F_Y'(y)$

$$=\begin{cases}\frac{1}{2}f_X(\frac{1-y}{2})+\frac{1}{2}f_X(-\frac{1-y}{2}), & y<1\\ 0, & y\geqslant 1\end{cases}$$

$$=\begin{cases}\frac{1}{\sqrt{2\pi}}e^{-\frac{(y-1)^2}{8}}, & y<1\\ 0, & y\geqslant 1\end{cases}.$$

4. $Y=\ln X$ 的密度函数为

$$f_Y(y)=f_X(e^y)\cdot(e^y)'=\frac{2}{\pi}\frac{e^y}{e^{2y}+1}, -\infty<y<+\infty .$$

## 总习题二

1. （1）$\frac{1}{5}$；（2）$\frac{2}{5}$；（3）$\frac{3}{5}$ .

2. $c=\frac{37}{16}$； $P\{X<1|X\neq 0\}=\frac{8}{25}$ .

3. $X$ 的分布律为

| $X$ | 3 | 4 | 5 |
|---|---|---|---|
| $p_k$ | 0.1 | 0.3 | 0.6 |

4. 0.6

5. （1）$P\{X=k\}=p(1-p)^k=0.1\times 0.9^k$ ， $k=0,1,2,\cdots$ ；

（2）$0.9^5$；（3）$n$=5.

6.

| $X$ | 0 | 1 |
|---|---|---|
| $p_k$ | 0.4 | 0.6 |

7.

| $X$ | 0 | 1 | 2 | 3 |
|---|---|---|---|---|
| $p_k$ | $\frac{7}{24}$ | $\frac{21}{40}$ | $\frac{7}{40}$ | $\frac{1}{120}$ |

8．$P\{X=k\}=0.3^{k-1}\times 0.7,\quad k=0,1,2,\cdots$

9．$\dfrac{19}{27}$

10．$e^{-8}$

11．$\dfrac{X+3}{\sqrt{2}}$．解析：因为 $f(x)=\dfrac{1}{2\sqrt{\pi}}e^{-\frac{(x+3)^2}{4}}=\dfrac{1}{\sqrt{2\pi}\sqrt{2}}e^{-\frac{(x-(-3))^2}{2(\sqrt{2})^2}}$，所以 $X\sim N(-3,2)$，则 $\dfrac{X-(-3)}{\sqrt{2}}=\dfrac{X+3}{\sqrt{2}}\sim N(0,1)$，即 $Y=\dfrac{X+3}{\sqrt{2}}\sim N(0,1)$．

12．$P\{X\leqslant 0.5\}=0.25$；$P\{X=0.5\}=0$；$F(x)=\int_{-\infty}^{x}f(t)\mathrm{d}t=\begin{cases}0, & x<0\\ x^2, & 0\leqslant x<1\\ 1, & x\geqslant 1\end{cases}$．

13．（1）当 $x_1<1<x_2<5$ 时，$P\{x_1<X<x_2\}=\dfrac{1}{4}(x_2-1)$；

（2）当 $1<x_1<5<x_2$ 时，$P\{x_1<X<x_2\}=\dfrac{1}{4}(5-x_1)$．

14．0.268

15．（1）$c=3$；（2）$d\leqslant 0.41$.

16．0.87

17．$h>183.98\text{cm}$

18．（1）应选第二条；（2）应选第一条．

19．$P\{Y=k\}=C_n^k(e^{-2})^k(1-e^{-2})^{5-k}\quad k=0,1,2,3,4,5$；0.5167.

20．$1-e^{-1}$

21．$F(x)=\begin{cases}0, & x\leqslant 0\\ \dfrac{x^2}{2}, & 0<x\leqslant 1\\ -1+2x-\dfrac{1}{2}x^2, & 1<x\leqslant 2\\ 1, & x>2\end{cases}$．

22．（1）$3e^{-2}$；（2）$e^{-2}-4e^{-3}$.

23．$1-e^{-\lambda}$

24. 0.58

25. $\dfrac{3}{5}$

26. 此人能被录取

27. (1) $F_X(t)=\begin{cases}1-e^{-0.1t}, & t>0\\ 0, & t\leqslant 0\end{cases}$，即 $T$ 服从参数为 $\lambda=0.1$ 的指数分布；

(2) $1-e^{-0.3}$；

(3) $e^{-0.3}-e^{-0.5}$.

28. (1) 0.32；(2) 0.93.

29.

| $Y$ | 0 | 1 | 4 | 9 |
|---|---|---|---|---|
| $P_k$ | 1/5 | 7/30 | 1/5 | 11/30 |

30. $f_Y(y)=\begin{cases}0, & y<3\\ \dfrac{(y-3)^3}{8}e^{-\frac{(y-3)^2}{8}}, & y\geqslant 3\end{cases}$.

31. $f_Y(y)=f_X(h(y))|h'(y)|=\begin{cases}e^{-\ln y}\cdot\dfrac{1}{y}, & y\geqslant 1\\ 0, & y\leqslant 1\end{cases}=\begin{cases}\dfrac{1}{y^2}, & y\geqslant 1\\ 0, & y<1\end{cases}$.

32. $f_Y(y)=F_Y'(y)=\begin{cases}\dfrac{1}{\sqrt{y-1}}-1, & 1\leqslant y<2\\ 0, & 其他\end{cases}$.

# 第三章　多维随机变量及其分布

## 习题 3.1

1. 二维离散型随机变量 $(X, Y)$ 的联合分布律为

| $Y$ | $X$ | | | |
|---|---|---|---|---|
| | 0 | 1 | 2 | 3 |
| 0 | 0 | $\frac{3}{70}$ | $\frac{9}{70}$ | $\frac{3}{70}$ |
| 1 | $\frac{2}{70}$ | $\frac{18}{70}$ | $\frac{18}{70}$ | $\frac{2}{70}$ |
| 2 | $\frac{3}{70}$ | $\frac{9}{70}$ | $\frac{3}{70}$ | 0 |

2.

| $Y$ | $X$ | | | | |
|---|---|---|---|---|---|
| | 0 | 1 | 2 | 3 | $P_{\cdot j}$ |
| 1 | 0 | $\frac{3}{8}$ | $\frac{3}{8}$ | 0 | $\frac{3}{4}$ |
| 2 | $\frac{1}{8}$ | 0 | 0 | $\frac{1}{8}$ | $\frac{1}{4}$ |
| $P_{i\cdot}$ | $\frac{1}{8}$ | $\frac{3}{8}$ | $\frac{3}{8}$ | $\frac{1}{8}$ | |

## 习题 3.2

1. B

2. $F(x_2,y_2)-F(x_2,y_1)+F(x_1,y_1)-F(x_1,y_2)$

3. 0

4. $F_X(x)$

5.（1）$c=4$；（2）0.5；（3）$f_X(x)=\begin{cases}2x, & 0\leqslant x\leqslant 1\\ 0, & \text{其他}\end{cases}$.

## 习题 3.3

1.（1）

| $X=k$ | 0 | 1 | 2 |
|---|---|---|---|
| $P\{X=k\mid Y=1\}$ | $\frac{3}{11}$ | $\frac{8}{11}$ | 0 |

（2）

| $Y=k$ | 0 | 1 | 2 |
|---|---|---|---|
| $P\{Y=k\|X=2\}$ | $\frac{4}{7}$ | 0 | $\frac{3}{7}$ |

2.（1）$f_X(x)=\begin{cases}3x^2, & 0<x<1\\0, & 其他\end{cases}$，$f_Y(y)=\begin{cases}\frac{3}{2}(1-y^2), & 0<y<1\\0, & 其他\end{cases}$.

（2）$f_{X|Y}(x|y)=\begin{cases}\frac{2x}{1-y^2}, & y<x<1\\0, & 其他\end{cases}$；$f_{Y|X}(y|x)=\begin{cases}\frac{1}{x}, & 0<y<x\\0, & 其他\end{cases}$.

## 习题 3.4

1. $\alpha+\beta=\frac{1}{9}$　$\frac{4}{45}$　$\frac{4}{45}$

2.（1）$f_X(x)=\begin{cases}2xe^{-x^2}, & x\geqslant 0\\0, & 其他\end{cases}$，$f_Y(y)=\begin{cases}2ye^{-y^2}, & y\geqslant 0\\0, & 其他\end{cases}$.

（2）相互独立．

## 习题 3.5

1. $\frac{1}{2\pi}e^{-\frac{x^2+y^2}{2}}$；　$\frac{1}{\sqrt{2\pi}\sqrt{2}}e^{-\frac{x^2}{4}}$.

2.（1）$A=\frac{4}{7}$；（2）$X$ 与 $Y$ 不独立；

（3）$$f_Z(z)=\int_{-\infty}^{+\infty}f(x,z-x)\mathrm{d}x=\begin{cases}\frac{2}{21}\left(6z+3z^2+z^3\right), & 0\leqslant z<1\\\frac{2}{21}\left(8+6z-3z^2-z^3\right), & 1\leqslant z<2\\0, & 其他\end{cases}.$$

# 总习题三

## 一、填空题

1. $F(x, y)$

2. $F_X(x)$

3. $\frac{1}{8}$

4. 1

5. 0

## 二、计算题

1.

| Y | X | |
|---|---|---|
| | 1 | 2 |
| 1 | 0 | $\frac{1}{3}$ |
| 2 | $\frac{1}{3}$ | $\frac{1}{3}$ |

2.

| Y | X | | | |
|---|---|---|---|---|
| | 0 | 1 | 2 | 3 |
| 0 | $\frac{1}{27}$ | $\frac{1}{9}$ | $\frac{1}{9}$ | $\frac{1}{27}$ |
| 1 | $\frac{1}{9}$ | $\frac{2}{9}$ | $\frac{1}{9}$ | 0 |
| 2 | $\frac{1}{9}$ | $\frac{1}{9}$ | 0 | 0 |
| 3 | $\frac{1}{27}$ | 0 | 0 | 0 |

3.（1）$k = 12$；

（2）$F(x, y) = \begin{cases} (1-e^{-3x})(1-e^{-4y}), & x > 0,\ y > 0 \\ 0, & 其他 \end{cases}$；

（3）$(e^{-3}-1)(e^{-8}-1)$.

4. $\dfrac{65}{72}$

5.（1）$f(x,y)=\begin{cases}\dfrac{1}{(b-a)(d-c)}, & a<x<b,c<y<d\\ 0, & 其他\end{cases}$，

$f_X(x)=\begin{cases}\dfrac{1}{b-a}, & a<x<b\\ 0, & 其他\end{cases}$，

$f_Y(y)=\begin{cases}\dfrac{1}{d-c}, & c<y<d\\ 0, & 其他\end{cases}$；

（2）相互独立．

6.

| $Y$ | $X$ | | | |
|---|---|---|---|---|
| | $-2$ | $-1$ | $0$ | $\frac{1}{2}$ |
| $-\frac{1}{2}$ | $\frac{1}{8}$ | $\frac{1}{6}$ | $\frac{1}{24}$ | $\frac{1}{6}$ |
| $1$ | $\frac{1}{16}$ | $\frac{1}{12}$ | $\frac{1}{48}$ | $\frac{1}{12}$ |
| $3$ | $\frac{1}{16}$ | $\frac{1}{12}$ | $\frac{1}{48}$ | $\frac{1}{12}$ |

7. $Z=X+Y$ 的分布律为 $P\{Z=i\}=p_k q_{i-k}$，$i=0,1,2,\cdots$

$Z$ 的全部取值为 2，3，4.

$P\{Z=2\}=\dfrac{1}{4}$；$P\{Z=3\}=\dfrac{1}{4}$；$P\{Z=4\}=\dfrac{1}{4}$．

| $Z$ | 2 | 3 | 4 |
|---|---|---|---|
| $P$ | $\frac{1}{4}$ | $\frac{1}{2}$ | $\frac{1}{4}$ |

8. $f_Z(z)=\begin{cases}\mathrm{e}^{-\frac{z}{3}}(1-\mathrm{e}^{-\frac{z}{6}}), & z>0\\ 0, & z\leqslant 0\end{cases}$.

# 第四章　随机变量的数字特征

## 习题 4.1

1. 2，4.

2. $P\{X=k\}=\dfrac{\lambda^k}{k!}e^{-\lambda}, \lambda>0, k=0, 1, 2,\cdots$　　4

3. $\dfrac{3}{4}$

4.

| $X$ | 0 | 1 | 2 |
|---|---|---|---|
| $p$ | $\frac{1}{10}$ | $\frac{6}{10}$ | $\frac{3}{10}$ |

$EX=\dfrac{6}{5}$ .

5.（1）$a$=0.2；（2）$P\{X>\dfrac{1}{2}\}=0.8$，$P\{-1\leqslant X\leqslant\dfrac{3}{2}\}=0.7$；（3）$EX=0.9$.

6. $EX=0.8$，$E(-X+1)=0.2$，$E(X^2)=2.2$，$E(X^2-2)=0.2$.

7. $a=2$，$k=3$.

8. $E(\sin X)=\dfrac{2}{\pi}$，$E(X^2)=\dfrac{\pi^2}{3}$，$E[(X-EX)^2]=\dfrac{\pi^2}{12}$ .

9. $E(W)=\dfrac{ka^2}{3}$

10.

| $Y$ | 1500 | 2000 | 2500 | 3000 |
|---|---|---|---|---|
| $P$ | 0.0952 | 0.0861 | 0.0779 | 0.7408 |

$EY=2732.15$.

11. 4

12. 0.6

13. $\dfrac{3}{2}$

14. $EX=\frac{2}{3}$， $EY=\frac{4}{3}$， $E\left(XY+1\right)=\frac{17}{9}$ .

## 习题 4.2

1. 5

2. 1

3. 3

4. 27

5. 2　2

6. $B(10, 0.4)$　18.4

7. 20　0.4

8. $B\left(1000, \frac{1}{4}\right)$　250　$\frac{375}{2}$

9. $\frac{1}{2}$　$-1$　4

10. $\frac{4}{3}$

11. 5

12. $\frac{13}{16}$

13. 7

14. 0　$\frac{1}{2}$

15. $EX=\frac{1}{3}$， $DX=\frac{97}{72}$ .

16. 0， $\frac{1}{6}$ .

17. $a=12$， $b=-12$， $c=3$.

18. 2　$\frac{4}{3}$

## 习题 4.3

1. $\frac{1}{4}$

2. $\frac{23}{6}$

3. 0

4. 0.1425.

5. 6，0.

6.

| | | | |
|---|---|---|---|
| $EX=\frac{4}{3}$ | $EX^2=2$ | $EX^3=\frac{16}{5}$ | $EX^4=\frac{16}{3}$ |
| $E(X-EX)=0$ | $E(X-EX)^2=\frac{2}{9}$ | $E(X-EX)^3=\frac{-8}{135}$ | $E(X-EX)^4=\frac{16}{135}$ |

## 总习题四

### 一、选择题

1. B

2. C

3. C

4. B

5. C

6. A

7. D

8. B

### 二、填空题

1. 3

2. 6

3. 0.15　0.25

4. $\frac{1}{e}$

5. 1　$\frac{1}{2}$

6. $-1$

7. $-1.6$　4.88

8. $3\pm2\sqrt{3}$　$3\mp2\sqrt{3}$

## 三、计算题

1. $DX=\frac{2}{3}$，$DY=\frac{2}{9}$ .

2. $A=1$，$B=-1$，$C=\frac{1}{2}$ .

3. （1）0.001；（2）9.61.

4.（1）

| $X$ | 0 | 1 | 2 | 3 |
|---|---|---|---|---|
| $P_k$ | $\frac{1}{2}$ | $\frac{1}{4}$ | $\frac{1}{8}$ | $\frac{1}{8}$ |

；（2）$EX=\frac{7}{8}$ .

5. 1

6. （1）1，$-1$；

（2）$P\{-1<X<1\}=1-e^{-2}$；

（3）$f(x)=\begin{cases}2e^{-2x}, & x>0\\ 0, & x\leqslant 0\end{cases}$；

（4）$EX=\frac{1}{2}$，$DX=\frac{1}{4}$ .

7. $EY=\frac{1}{3}$，$DY=\frac{8}{9}$ .

8. $EX=\frac{7}{4}$，$EY=-\frac{1}{2}$，$E(XY)=-\frac{3}{4}$，$\mathrm{Cov}(X,Y)=\frac{1}{8}$；

9. $\frac{3}{2}$

10.

| $X$ | $Y$ | |
|---|---|---|
| | 0 | 1 |
| −1 | 0 | $\frac{1}{2}$ |
| 1 | $\frac{1}{4}$ | $\frac{1}{4}$ |

$\rho_{XY}=-\frac{\sqrt{3}}{3}$ .

11.

| $X$ | $Y$ | |
|---|---|---|
| | 0 | 1 |
| 0 | $\frac{2}{3}$ | $\frac{1}{12}$ |
| 1 | $\frac{1}{6}$ | $\frac{1}{12}$ |

$\rho_{XY}=\frac{\sqrt{15}}{15}$ .

12. $E(XY)=2$，$D(XY)=36$.

13. $\mathrm{Cov}(X, Y+1)=-1$，$E(Y^2+XY)=\frac{15}{2}$，$D(X-2Y)=21$.

14. $\frac{3\sqrt{\pi}}{4}$

15.（1）$f_X(x)=\begin{cases}2x, & 0<x<1\\ 0, & \text{其他}\end{cases}$ ；（2）$DZ=\frac{1}{18}$ .

16. $\begin{cases}a=\frac{1}{3}\\ b=\frac{1}{6}\end{cases}$ 或 $\begin{cases}a=\frac{1}{6}\\ b=\frac{1}{3}\end{cases}$ .

# 第五章　大数定律与中心极限定理

## 习题 5.1

1. $\frac{1}{4}$

2. $\frac{2}{3}$

3. $\geqslant \frac{8}{9}$

## 习题 5.2

0.0228

## 总习题五

1. $\frac{7}{8}$

2. A

3. $\frac{1}{12}$

4. 98

5. 0.6826

6. 0.9713

# 第六章　样本及抽样分布

## 习题 6.1

1. (1), (2), (4), (6), (7) 为统计量; (3), (5), (8) 不是统计量 .

2. 79.1, 88.54, 6336.5, 79.69

3. 0.8293

4. $n = 385$

## 习题 6.2

小练 1 $C_1=\frac{1}{2}, C_2=\frac{1}{4}$ .

小练 2 $T \sim t(9)$.

小练 3 C

小练 4 $a=\frac{1}{4}$ $n=4$ $b=\frac{1}{2}$ $p+q=12$

1. C

2. C

3. A

4. $F$ 分布 （10，5）

5. $a=\frac{1}{9}$ $n=6$ $F(6,6)$ $t(6)$

6. 1.645 1.96

7. $a=\frac{1}{8}, b=\frac{1}{12}, c=\frac{1}{16}$，自由度为 3.

8.（1）$F(1, 7)$；（2）$t(7)$；（3）$F(3, 7)$.

9. $\frac{1}{4}$ 4 8

10. 0.025

11. $t(9)$

12. 0.5431

## 总复习题六

1. D

2. B

3. C

4. $\chi^2(10)$ $t(9)$ $F(15,5)$

5. 25 $\frac{1}{9}$ $\frac{9}{25}$ 3

6. $E(\bar{X})=\lambda$， $D(\bar{X})=\frac{\lambda}{n}$ .

7. 0.8904

8. $a=\frac{1}{20}$ $b=\frac{1}{100}$ $n=2$

9. $F(1, 1)$

10.（1）$t(2)$;（2）$t(1)$.

11. $a=\frac{\sqrt{6}}{2}$

12.$t(15)$

13.（1）$F(6, n-6)$;（2）$t(2)$;（3）$t(n-1)$.

14. 0.6744

15. 0.27

16.（1）0.99;（2）$\frac{2}{15}\sigma^4$ .

17.（1）$\chi^2(2n-2)$;（2）$F(1,2n-2)$ .

18. 5.43

19. $\lambda=0.30$

# 第七章　参数统计

## 习题 7.1

**小练 1**　$\hat{\theta}=3\bar{X}$ .

**小练 2**　矩估计量为$\hat{\theta}=\frac{1}{2}(3-\bar{X})$，矩估计值为$\frac{1}{2}$ .

**小练 3**　极大似然估计值为$\hat{\lambda}=-\frac{n}{\ln(x_1x_2\cdots x_n)}$.

**小练 4** 极大似然估计值为$\dfrac{1}{2}$.

1.（1）$2\bar{X}$；（2）$D\left(\hat{\theta}\right)=\dfrac{\theta^2}{5n}$；（3）$\hat{\theta}=9$.

2. $\hat{a}=\bar{X}-\sqrt{3B_2}$, $\hat{b}=\bar{X}+\sqrt{3B_2}$.

3. $\dfrac{2}{3}$ $\dfrac{2}{3}$.

4. $\hat{\lambda}_1=\hat{\lambda}_2=2\bar{X}$.

5. $\bar{X}$, $\bar{X}$.

6. $\dfrac{\bar{X}}{n}$, $\dfrac{\bar{X}}{n}$.

7. $\hat{\theta}=\dfrac{2n}{\dfrac{1}{X_1}+\dfrac{1}{X_2}+\cdots+\dfrac{1}{X_n}}$.

8.（1）$f\left(x;\beta\right)=\begin{cases}\beta x^{-\beta-1}, & x>1\\ 0, & \text{其他}\end{cases}$；（2）$\hat{\beta}=\dfrac{\bar{X}}{\bar{X}-1}$；（3）$\hat{\beta}=\dfrac{n}{\sum\limits_{i=1}^{n}\ln x_i}$.

## 习题 7.2

**小练** （1）$\hat{\mu}_1,\hat{\mu}_2$；（2）$\hat{\mu}_1$.

1. D

2. $\hat{m}_3$.

3. $\hat{\mu}_1$, $\hat{\mu}_3$; $\hat{\mu}_1$.

4. 略

5. $\hat{\lambda}^2=\dfrac{1}{n}\sum\limits_{i=1}^{n}\left(X_i^2-X_i\right)$.

6. 略

7. 矩估计量为$\hat{\theta}=2\bar{X}-1$，证明略.

## 习题 7.3

**小练 1** (101.44，109.28)

**小练 2** （1）（432.3046，482.6936）；（2）（438.9058，476.0942）；

（3）（24.2239，64.1378）.

1. B

2. 置信区间　置信度　越小

3.（8.2，10.8）

4. 641.07　642.93

5.（145.58，162.42）

6.（21.2776，21.5224）；（0.0148，0.1193）.

7.（1）（2.121，2.129）；（2）（2.1173，2.1327）.

8.（138.49，156.17）

9.（1）（67.52，86.26）；（2）（199.88，797.81）.

10. $n \approx 1.36$，故至少 2 次测量 .

11.（–0.63，3.43）

## 总复习题七

1.（4.804，5.196）

2. C

3. $\hat{p}=1-\dfrac{B_2}{\bar{X}}$，$\hat{n}=\dfrac{\bar{X}^2}{\bar{X}-B_2}$ ，其中 $\bar{X}=\dfrac{1}{n}\sum\limits_{i=1}^{n}X_i$，$B_2=\dfrac{1}{n}\sum\limits_{i=1}^{n}\left(X_i-\bar{X}\right)^2$ .

4. $\hat{\theta}_1=\dfrac{2\bar{X}-1}{1-\bar{X}}$，$\hat{\theta}_2=-1-\dfrac{n}{\sum\limits_{i=1}^{n}\ln X_i}$，其中 $\bar{X}=\dfrac{1}{n}\sum\limits_{i=1}^{n}X_i$ .

5. $\hat{\theta}=1-\dfrac{\bar{X}}{2}$

6. $\hat{\theta}_1=\left(\dfrac{\bar{X}}{1-\bar{X}}\right)^2$，$\hat{\theta}_2=\dfrac{n^2}{\left(\sum\limits_{i=1}^{n}\ln X_i\right)^2}$ .

7. $\hat{\lambda}_1=\dfrac{2n}{\sum\limits_{i=1}^{n}X_i}=\dfrac{2}{\overline{X}}$； $\hat{\lambda}_2=\dfrac{2}{\overline{X}}$ .

8. $\hat{\theta}=\dfrac{4\overline{X}-1}{2}$

9. $\hat{\theta}_1=\overline{X}-1$，$\hat{\theta}_2=\overline{X}$ .

10.（1）$\hat{\theta}=\mu-\overline{X}$；（2）$\hat{\mu}=\min\{X_1,X_2,\cdots,X_n\}$ .

11. $\hat{\sigma}=\sqrt{\dfrac{1}{2n}\sum\limits_{i=1}^{n}X_i^{\,2}}$

12. $\hat{\mu}_1,\hat{\mu}_2$为无偏估计量，$\hat{\mu}_2$更有效 .

13.（1）$k_1+k_2=1$；（2）$k_1=\dfrac{1}{3},k_2=\dfrac{2}{3}$ .

14. $k=-1$

15.（1）（498.64，504.52）；（2）（16.20，93.04）.

16.（1）（2.119，2.129）；（2）（2.114，2.134）.

17. $n\geqslant\left(\dfrac{2\sigma_0 z_{\alpha/2}}{l}\right)^2$

18. $a=\dfrac{n_1}{n_1+n_2}$, $b=\dfrac{n_2}{n_1+n_2}$ .

19.（7.4，21.1）

20.（1）（0.0427，1.4625）；（2）（0.3636，0.4036）.

# 第八章　假设检验

## 习题 8.1

1. 略

2. 略

3. 认为包装机正常．步骤略．

## 习题 8.2

1. 这批货不合格 .
2. 认为新工艺事实上提高了灯管的平均寿命 .
3. 认为包装机工作正常 .

## 习题 8.3

1. 两厂生产的灯泡寿命有显著差异 .
2. 认为增施磷肥对玉米产量的改变有影响 .
3. 认为两车床加工精度无差异 .

## 总习题八

1. 新品种化肥促使大豆的平均重量提高了 .
2. 认为这批元件不合格 .
3. 醉酒会导致人的脉搏次数升高 .
4. 认为这种类型电池的寿命并不比公司宣称的寿命短 .
5. 认为这一地区男女生的数学考试成绩不相上下 .
6. 认为两厂生产的电阻值的方差不同 .
7. 认为平均工作温度比制造厂家所说的要高 .